MICROPROCESADORES

Microcomputador, memoria, PLC, Bios, instrucciones, temporizador, prácticas

ISBN: 9798395541840

Edición EMD

Índice general

7

Índice de figuras

17

24

Índice de cuadros

Unidad 1

Introducción a Microprocesadores

Esencialmente, un microprocesador es un circuito de alta escala de integración LSI, compuesto de muchos circuitos más simples como son los Fip-flops, contadores, registros, decodificadores, comparadores, unidad lógica aritmética, etc; todos ellos en una misma pastilla de silicio, de modo que el microprocesador puede ser considerado un dispositivo lógico de propósito general o universal (Figura 1.1).

Todos estos componentes que llevan a cabo físicamente la lógica y operación del microprocesador se denominan el hardware del micro.

Además tiene un conjunto de instrucciones que definen acciones que puede realizar el micro. Estas constituyen el lenguaje del micro o software.

Figura 1.1: Microprocesador

1.1. Microcomputador

Es un dispositivo de computación de sobremesa o portátil, que utiliza un microprocesador como su unidad central de procesamiento o CPU (Figura 1.2). Los microordenadores más comunes son las computadoras u ordenadores personales, PC, computadoras domésticas, computadoras para la pequeña empresa o micros. Las más pequeñas y compactas se denominan laptops o portátiles e incluso palm tops por caber en la palma de la mano. Cuando los microordenadores aparecieron por primera vez, se consideraban equipos para un solo usuario, y sólo eran capaces de procesar cuatro, ocho o 16 bits de información a la vez. Con el paso del tiempo, la distinción entre microcomputadoras y grandes computadoras corporativas o mainframe (así como los sistemas corporativos de menor tamaño denominados minicomputadoras) ha perdido vigencia, ya que los nuevos modelos de microordenadores han aumentado la velocidad y capacidad de procesamiento de datos de sus CPUs a niveles de 32 bits y múltiples usuarios.

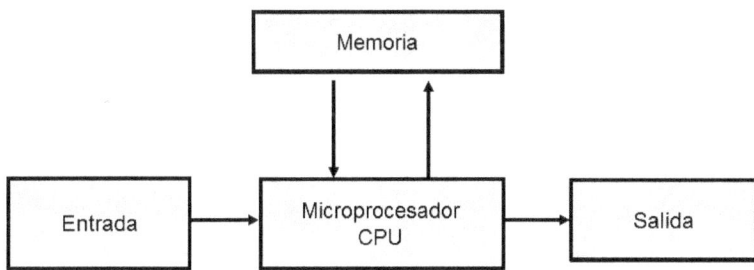

Figura 1.2: Arquitectura de un Microcomputador

1.2. Evolución de los Microprocesadores Intel

1.2.1. Intel 4004

El 15 de noviembre de 1971 Intel lanza su primer microprocesador: el Intel 4004 (Figura 1.3). el Intel 4004 (i4004), un CPU de 4 bits, fue el primer microprocesador en un solo chip, así como el primero disponible comercialmente. Con el Intel 4004 se conseguía situar en placas de 0,25 centímetros cuadrados un circuito integrado que contenía 2300 transistores.

El objetivo era reunir en un microprocesador todos los elementos necesarios para crear un ordenador, a excepción de los dispositivos de entrada y salida (teclado, pantalla, impresora, etc)imposibles de miniaturizar.

El 4004 fue diseñado e implementado por FEDERICO FAGGIN, entre 1970 y 1971. En cuanto ingresó a trabajar en Intel, Faggin creó una nueva metodología de "random logic design" con Silicon Gate, que no existía previamente, la cual se utilizó para encajar el microprocesador en un único chip, esta metodología fue usada en todos los primeros diseños de microprocesadores Intel. El 4004 fue diseñado originalmente por Intel para la compañía japonesa Busicom, para ser usado en su línea de calculadoras.

Este primer procesador tenía características únicas para su tiempo, como la velocidad del reloj, que sobrepasaba los 100 KHz (kilohertzio).

Figura 1.3: Microprocesador Intel 4004

28

1.2.2. Intel 8008

El 1 de Abril de 1972, Intel anunció una versión mejorada de su procesador anterior. Era el 8008 (Figura 1.4), y su principal ventaja frente a otros modelos, fue poder acceder a más memoria y procesar 8 bits. La velocidad de su reloj alcanzaba los 740KHz.

- Fue el primer microprocesador de 8 bits, implantado con tecnología PMOS, contaba con 48 instrucciones, podía ejecutar 300.000 operaciones por segundo y direccionaba 16 Kbytes de memoria.

Figura 1.4: Microprocesador Intel 8008

1.2.3. Intel 8080

En Abril de 1974 Intel lanzó el 8080 (Figura 1.5) con una velocidad de reloj que alcanzaba los 2 Mhz. Al año siguiente, aparece en el mercado el primer ordenador personal, de nombre Altair, basado en la microarquitectura del Intel 8080.

El procesador de este computador suponía multiplicar por 10 el rendimiento del anterior, gracias a sus 2 Mhz de velocidad.

- Este microprocesador también direccionaba 8 bits, tenía 78 instrucciones, su velocidad de operaciones era 10 veces mayor que la del 8008 y podía direccionar hasta 64 Kbytes de memoria.

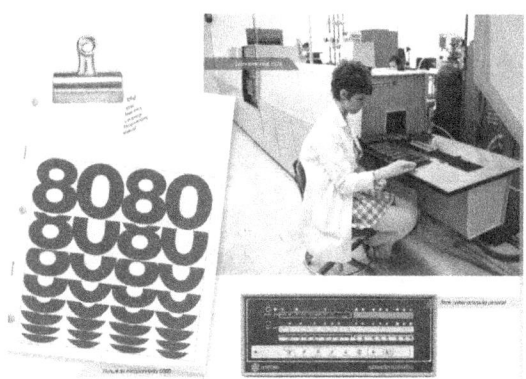

Figura 1.5: Microprocesador Intel 8080, Primer Ordenador Personal

1.2.4. Intel 8085

En 1977 sale al mercado el Intel 8085 (Figura 1.6), procesador de 8 bits, binariamente compatible con el anterior i8080, pero exigía menos soporte de hardware, así permitía sistemas de microordenadores más simples.

Figura 1.6: Microprocesador Intel 8085

1.2.5. Intel 8086/8088

En junio de 1978 y 1979 hacen su aparición los microprocesadores 8086 y 8088 que pasaron a formar el IBM PC, equipo que salió al mercado en 1981.

- Los i8086 e i8088 se basaron en el diseño del Intel 8080 y el Intel 8085, y de hecho son compatibles a nivel de ensamblador con el i8080.

- Ambos tienen cuatro registros generales de 16 bits, que también pueden ser accedidos como ocho registros de 8 bits, con cuatro registros.

1.2.6. Intel 80286

El 1 de Febrero de 1982, Intel daba un nuevo vuelco a la industria con la aparición de los primeros 80286 (el famoso ordenador "286") (Figura 1.7)con una velocidad entre 6 y 25 Mhz y un diseño mucho más cercano a los actuales microprocesadores. El 286 tiene el honor de ser el primer microprocesador.

Figura 1.7: Microprocesador Intel 80286

1.2.7. Intel 80386

El 16 de octubre de 1985 Intel lanza el i80386, con arquitectura de x86. Fue empleado como la unidad central de proceso de muchos computadores personales desde mediados de los años 80 hasta principios de los 90 (Figura 1.8).

- También conocido como 386, con una velocidad de reloj entre 16 y 40 Mhz. Este producto se destacó principalmente por ser un microprocesador con arquitectura de 32 bits.

Figura 1.8: Microprocesador Intel 80386

Intel 80386sx

En 1988, Intel desarrolla un sistema sencillo de actualizar los antiguos 286 gracias a la aparición del 80386SX (Figura 1.9), que sacrificaba el bus de datos para dejarlo en uno de 16 bits, pero a menor costo. Estos procesadores irrumpieron con la explosión del entorno gráfico Windows, desarrollado por Microsoft unos años antes, pero que aún no había tenido la suficiente aceptación por parte de los usuarios.

Figura 1.9: Microprocesador Intel 80386SX

1.2.8. Intel 80486

En 1989 Intel lanza el i486 (Figura 1.10), que alcanzó velocidades entre 16 y 100 MHz. Eran microprocesadores muy similares a los Intel 80386, con la principal diferencia que el i486 tiene un conjunto de instrucciones optimizado, una unidad de coma flotante y un caché unificado integrados en el propio circuito integrado del microprocesador y una unidad de interfaz de bus mejorada.

- Estas mejoras hacen que los i486 sean el doble de rápidos que un i386 y un i387 a la misma frecuencia de reloj.

Figura 1.10: Microprocesador Intel 80486

Microprocesador 80486DX

El 10 de abril de 1989 aparece el Intel 80486DX, de nuevo con tecnología de 32 bits y como novedad principal con la incorporación del caché de nivel 1 (L1) en el propio chip.
Estas características aceleran enormemente la transferencia de datos de este caché al procesador.

1.2.9. Intel Pentium

El 22 de marzo del 1993 ve la luz por primera vez el "Pentium" (Figura 1.11), también conocido por nombre clave P54C. Estos procesadores partían de una velocidad inicial de 60 MHz, llegando a los 200 MHz, algo que nadie había sido capaz de augurar unos años antes. Con una arquitectura real de 32 bits, se usaba de nuevo la tecnología de .8 micras, con lo que se lograba realizar más unidades en menos espacio. Poseía un bus de datos.

- El Pentium poseía una arquitectura capaz de ejecutar dos operaciones a la vez, gracias a sus dos pipeline de datos de 32 bits cada uno, uno equivalente al i486DX (u) y el otro equivalente al 486SX (u).

- Poseía un bus de datos de 64 bits, permitiendo un acceso de memoria de 64 bits.

Figura 1.11: Microprocesador Intel Pentium

1.2.10. Intel Pentium Pro

El 27 de Marzo de 1995, el procesador Pentium Pro (Figura 1.12) supuso para los servidores de red y las estaciones de trabajo un aire nuevo, tal y como ocurriera con el Pentium en el ámbito doméstico.

- El Pentium Pro es la sexta generación de arquitectura x86. Este producto buscaba reemplazar al Intel Pentium en toda gama de aplicaciones pero luego se centró como chip en el mundo de los servidores.

Figura 1.12: Micropresador Intel Pro

1.2.11.   Intel Pentium 2

El 7 de marzo de 1997 Intel lanza al mercado el Intel Pentium 2 (Figura 1.13), con arquitectura x86, basado en una versión modificada del núcleo P6, usado por primera vez en el Intel Pentium Pro.

- En comparación con su antecesor, este último mejora el rendimiento en la ejecución de código de 16 bits, añade el conjunto de instrucciones MMX y elimina la memoria caché de segundo nivel del núcleo del procesador, colocándola en una tarjeta de circuito impreso junto a este.

- Poseía 32 KB de memoria caché de primer nivel, repartida en 16 KB para datos y otros 16 KB para instrucciones.

Figura 1.13: Microprocesador Intel Pentium II

Intel Pentium 2 XEON

En 1998 aparece el primer procesador Xeon, con nombre Pentium II Xeon (Figura 1.14), que utilizaba tanto el chipset 440GX como el 450NX.
* En 2001, el Pentium III Xeon se reemplazó por el procesador Intel Xeon.

Figura 1.14: Microprocesador Pentium II XEON

1.2.12. Intel Pentium 3

El 26 de febrero de 1999 llega el Pentium III (Figura 1.15), microprocesador de arquitectura i686.

- Las primeras versiones eran muy similares al Pentium II, siendo la diferencia más importante la introducción de las instrucciones SSE. Al igual que con el Pentium II, existía una versión Celeron de bajo presupuesto y una versión XEON para quienes necesitaban mayor poder de cómputo.

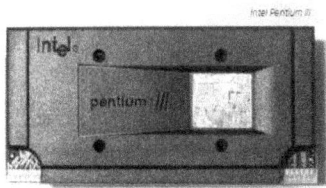

Figura 1.15: Microprocesador Pentium III

1.2.13. Intel Pentium 4

El 20 de noviembre de 2000 sale al mercado el Pentium 4, microprocesador de séptima generación, basado en la arquitectura X86 y con un diseño completamente nuevo (Figura 1.16).

- El 8 de agosto de 2008 Intel lanza el último Pentium 4, siendo sustituido por los Intel Core Duo.

Figura 1.16: Microprocesador Pentium IV

1.3. Vista Conceptual de Algunos MicroProcesadores

1.3.1. MicroProcesador 80486

Vista conceptual del microprocesador 80486 (Figura 1.17).

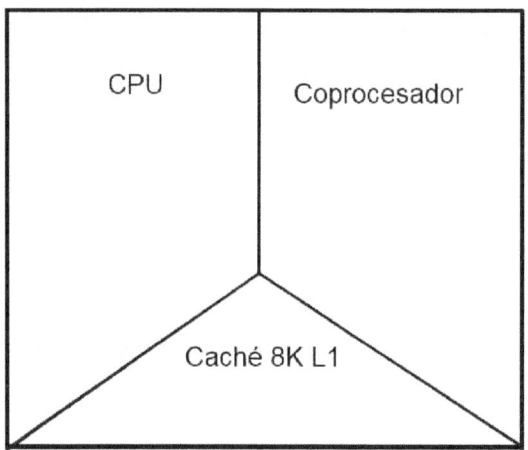

Figura 1.17: Vista Conceptual 80486

1.3.2. Microprocesador Pentium

Vista conceptual del microprocesador Pentium (Figura 1.18).

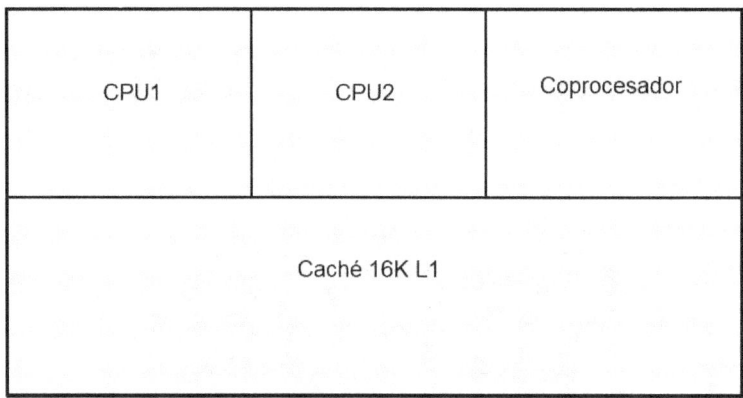

Figura 1.18: Vista Conceptual Pentium

38

1.3.3. Microprocesador Pentium Pro

Vista conceptual del microprocesador Pentium Pro (Figura 1.19).

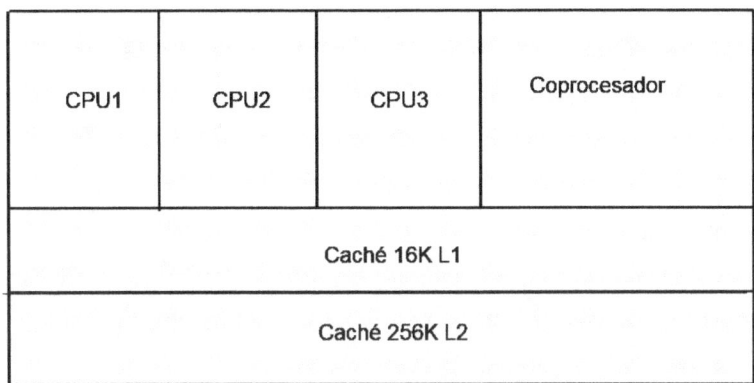

Figura 1.19: Vista Conceptual Pentium Pro

1.3.4. Microprocesador Pentium II-Pentium III-Pentium IV

Vista conceptual del microprocesador Pentium II-Pentium III-Pentium IV
(Figura 1.20).

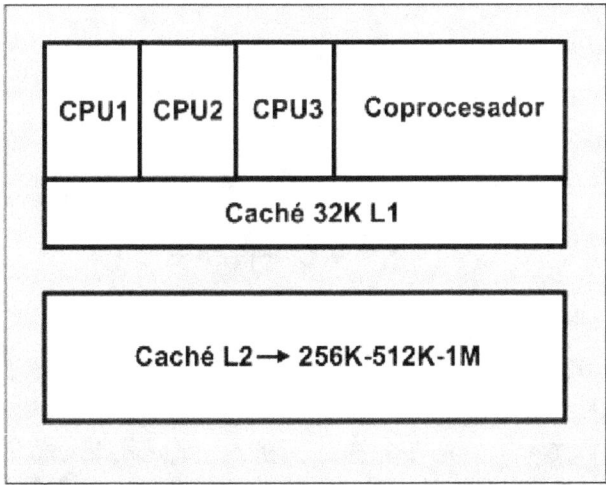

Figura 1.20: Vista Conceptual Pentium II-Pentium III-Pentium IV

1.4. Evolución de los Microprocesadores Intel

Tabla comparativa de la evolución de los Microprocesadores Intel (Cuadro 1.1).

Procesador	Año de Introducción	Transistor c Chip	MIPS Máximo	Frecuencia de reloj Máxima	Memoria Caché en el Chip	Máximo de Memoria Direccionable
8086	1978	29K	0.8	8 Mhz	•	1Mb
80286	1982	134K	2.7	12.5 Mhz	•	16Mb
80386	1985	275K	6	20 Mhz	•	4Gb
80486	1989	1.2K	20	25 Mhz	8K Level 1	4Gb
Pentium	1993	3.1K	100	60 Mhz	16K Level 1	4Gb
Pentium Pro	1995	5.5K	440	200 Mhz	16K Level 1.256K 512K Level 2	64Gb
Pentium II	1997	7M	466	266 Mhz	32K Level 1.256 512K Level 2	64Gb
Pentium III	1999	8.2M	1.000	500 Mhz	32K Level 1.512K Level 2	64Gb

Cuadro 1.1: Evolución de los Microprocesadores Intel

1.5. Intel Core Duo

El 26 de junio de 2006, Intel anuncia la nueva generación: Xeon Dual Core con tecnología de doble núcleo (Figura 1.21). Este nuevo procesador brindaba un 80 más de rendimiento por vatio y en un 60 más rápido que la competencia. Además, la nueva generación ofrecía más del doble de rendimiento que la generación anterior de servidores basados en el procesador Intel Xeon, que era capaz de ejecutar aplicaciones de 32 y 64 bits.

Figura 1.21: Microprocesador Intel Core Duo

- La marca Core 3 fue introducida el 27 de julio de 2006, abarcando las líneas SOLO (un núcleo), DUO (doble núcleo), QUAD (quad-core) y EXTREME (CPUs de dos o cuatro núcleos). Los procesadores Intel Core 2 con tecnología vPro (diseñados para negocios) incluyen los modelos de doble núcleo y cuatro núcleos.

40

- La marca Core 2 se refiere a una gama de CPUs comerciales de Intel de 64 bits de doble núcleo y CPUs 2x2 MCM (módulo multi-chip) de cuatro núcleos con el conjunto de instrucciones x86 – 64, basado en el Core Microarchitecture de Intel, derivado del procesador portátil de doble núcleo de 32 bits.

- El 2 de noviembre de 2006 aparece Intel Core 2 Quad, una serie de procesadores con 4 núcleos, asegurando ser un 65 % más rápidos que los Core 2 Duo disponibles anteriormente. Para poder crear este prócesador se tuvo que incluir 2 núcleos Core bajo un mismo empaque y comunicarlos mediante el bus del Sistema, para así totalizar 4 núcleos reales.

1.6. Intel Core i3

El lanzamiento de la sexta generación de este procesador fue anunciada oficialmente por Intel el 4 de Septiembre del 2015, este procesador es el más básico de esta familia, contiene dos núcleos que es equivalente a tener dos 'cerebros' en el mismo chip, adicional a esto viene incorporada la tecnología Hyper-Threading, esta tecnología permite a cada uno de los núcleos ejecutar dos tareas al mismo tiempo. Por último tiene incluido Smart Cache, que es una memoria de gran velocidad contenida en el procesador, incrementa considerablemente el desempeño ya que allí es donde se guardan las instrucciones y datos que el CPU emplea con mayor frecuencia, esta memoria se asigna de manera dinámica a cada núcleo del procesador dependiendo de cuanto trabajo desarrollen.

Figura 1.22: Microprocesador Intel Core i3

41

1.7. Intel Core i5

Su fecha de lanzamiento se dio dentro del tercer trimestre del 2015 (julio-septiembre). Este procesador es un poco más avanzado que el Core i3, ofrece todos los beneficios del mismo pero además incluye Turbo Boost, que acelera al procesador de manera inmediata cuando se necesite un desempeño adicional, esto quiere decir que el chip no trabajará a su máxima capacidad cuando esté realizando tareas sencillas. También ofrece soporte a una tecnología de Intel llamada Wireless Display, la cual permite visualizar en un televisor aquello que se encuentre en una laptop, ya sean fotos, videos, pero todo de manera inalámbrica. Core i5 viene con una memoria caché de mayor capacidad, ofrece velocidades de reloj más altas y traen modelos de hasta cuatro núcleos.

Figura 1.23: Microprocesador Intel Core i5

1.8. Intel Core i7

Al igual que los procesadores i3 e i5, éste tiene su fecha de lanzamiento dentro del tercer trimestre del 2015. Es el más avanzado de los tres, todo en este chip está enfocado a obtener la mayor velocidad. Es ideal para aquellas personas que desean tener el máximo rendimiento posible y que exigen al computador realizar varias tareas avanzadas al mismo tiempo, como es el caso de los amantes de los videojuegos, o los profesionales que editan estos juegos pesados de alta definición. En el mercado se encuentran modelos de 4 y 6 núcleos que en combinación con la tecnología Hyper-Threading, le dan a este procesador la capacidad de ejecutar hasta 12 tareas al mismo tiempo; incluye Smart Cache, como los anteriores chips de esta familia pero con una mayor capacidad, como en el caso de los modelos Core i7-3930K y Core i7-970 que es de 12 MB.

Figura 1.24: Microprocesador Intel Core i7

1.9. Microcomputadora

Esquemático de los buses de datos, dirección y control (Figura 1.25).

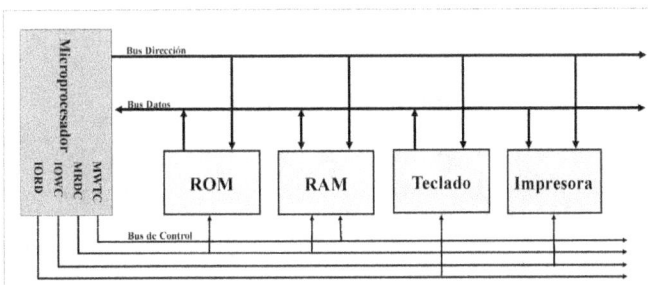

Figura 1.25: Buses de Datos: Dirección, Datos y Control

1.10. Memoria Principal

1.10.1. Memoria Principal

Memoria Principal es donde se almacenan las instrucciones y datos que van a ser procesadas inmediatamente por el CPU.

- ROM (Read Only Memory)
- RAM (Random Access Memory)
- Caché
- Registros

Memorias ROM Y RAM

ROMBIOS: contiene las instrucciones para arrancar la máquina y hacer revisión de ella.

- Actualmente se implementa en FLASH y puede ser actualizada directamente en el circuito.

RAM: almacena los datos y los programas que el procesador va a ejecutar.

- La RAM normalmente es mas lenta que el procesador.

Memoria Caché

- Más rápida que la RAM, pero más cara.

- Se coloca entre el microprocesador y la RAM.

- Sirve para almacenar temporalmente aquellos datos que están siendo procesados con mayor frecuencia.

- Caché nivel L1 viene generalmente empacada dentro del mismo procesador y trabaja a la velocidad de este.

- Mejora el rendimiento del sistema.

1.10.2. Memoria Secundaria

Memoria Secundaria es donde se almacenan los datos e instrucciones para ser archivados por un tiempo indefinido.

- Disco Duro: memoria secundaria principal, su estructura son discos con superficie magnética. Su tamaño se mide en GB.

- Diskettes: su capacidad se mide en KB y MB.

- CD-RW: su capacidad va de 650MB a 700MB.

- CD-DVD: su capacidad va de 4GB a 18GB.

- Pendrive: su capacidad de 1GB a 64GB.

1.10.3. Buses

- Los buses son los encargados de llevar los datos de un lugar a otro en el computador.

- El bus más importante es el que conecta el procesador con la memoria principal RAM.

- Este es el principal "cuello de botella" de una computadora moderna.

Otros Tipos de Buses

- ISA: tarjetas antiguas.

- PCI: tarjetas modernas.

- IDE: discos duros/CD/DVD.

- SCSI: discos duros de servidores.

- AGP: tarjetas de video y gráficos.

- PCMCIA: computadoras LAPTOP.

1.11. Microprocesador 8085

* Un procesador de 8 bits (Figura 1.26).

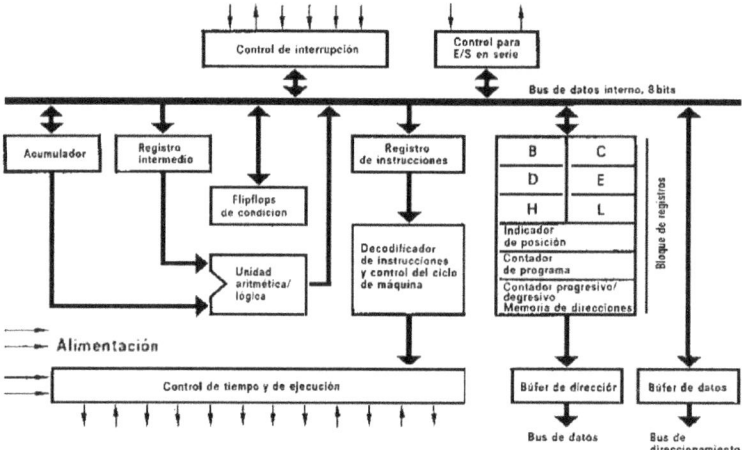

Estructura de un microprocesador tomando como ejemplo el SAB 8085

Figura 1.26: Microprocesador de 8085

1.11.1. Operaciones Frecuentes

Los tipos de operaciones más frecuentes son:

- CPU – Memoria: Los datos son tranferidos de la memoria al CPU o viceversa.

- CPU – E/S: Los datos son transferidos de los dispositivos de Entrada al CPU o del CPU a los dispositivos de Salida

- Procesamiento de Datos: El CPU debe realizar operaciones aritméticas o lógicas usando la unidad aritmética lógica (ALU)

- Control: Una instrucción puede especificar que la secuencia de operaciones sea alterada, por ejemplo: cambiar el IP para apuntar a una nueva dirección

1.12. Ciclo de Instrucción

En su operación básica todos los computadores modernos siguen un proceso que ha permanecido sin muchos cambios desde que Von Neumann introdujo su modelo. A este proceso lo llamamos Ciclo de Instrucción (Figura 1.27). Todas las computadoras tienen dos componentes básicos que son:

- CPU
- Memoria

La función del CPU es ejecutar programas que están almacenados en la memoria principal, eso se logra siguiendo los siguientes pasos:

- Fase de Búsqueda: el CPU lee la instrucción desde memoria.
- Fase de decodificación: Decodifica el OPCODE de la instrucción.
- Fase de Ejecución: ejecuta la instrucción.

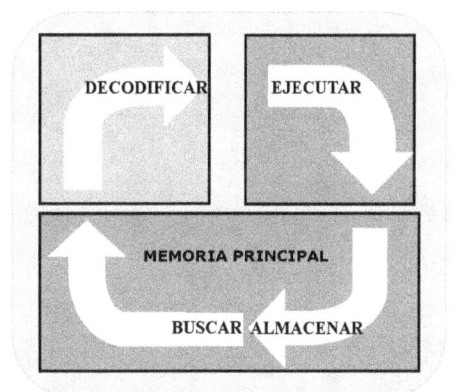

Figura 1.27: Ciclo de Trabajo

Este ciclo se repite con cada instrucción de un programa almacenado en memoria. Una vez que la instrucción ha sido cargada en el IR y la Unidad de Control la ha decodificado determinando las acciones a seguir, comienza el ciclo de ejecución. Los pasos que se siguen para realizar un ciclo de instrucción dependen del tipo de instrucción que se esté procesando; es decir que dependiendo del código de operación u opcode, se determina que pasos deben seguirse.

1.12.1. Ejemplo LDA "address"

Esta instrucción carga el registro A con un dato almacenado en memoria. La dirección del dato es "address".

- El procesador ejecuta la fase de búsqueda:
- T1: Bus Dirección <– IP
- T2: IP <– IP+1
- T3: IR <– código de operación
- Decodifica código de operación
- Ejecuta la instrucción

LDA "address": Fase de Ejecución
Las micro-operaciones generadas por la unidad de control son:

- T1: Bus Dirección <– IP
- T2: IP <– IP + 1
- T3: Z <– B2
- T1: Bus Dirección <– IP
- T2: IP <– IP + 1
- T3: W <– B3
- T1: Bus Dirección <– WZ
- T2 y T3: ACC <– dato

48

1.13.   Ciclo de Instrucción sin Pipeline

Ciclo de instrucción procesadores sin tuberías (Figura 1.28).

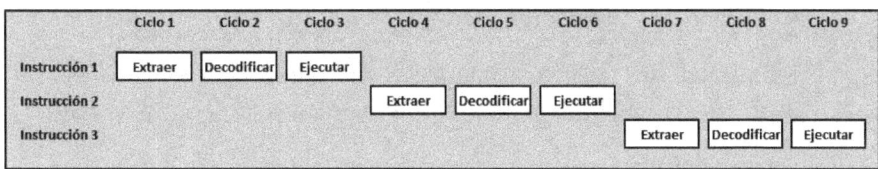

Figura 1.28: Procesadores Sin Tuberías

1.13.1.   Mejora del Ciclo de Instrucción

- Los primeros microprocesadores procesaban totalmente una instrucción antes de continuar con la siguiente. El procesador busca una instrucción la decodifica y la ejecuta, luego pasa a la siguiente instrucción repitiendo nuevamente el mismo proceso de búsqueda, decodificación y ejecución.

- Observe que se sub-utilizaba el bus entre el CPU y la memoria ya que este solo estaba ocupado en uno de los tres pasos.

- Por otra parte para los procesadores modernos, se ha desarrollado la técnica de tuberías o también llamadas pipelines por su nombre en inglés. Las tuberías son la forma más común de implementar procesadores hoy en día porque incrementan la capacidad del sistema.

- La idea detrás de las tuberías es que mientras se ejecuta la primera instrucción al mismo tiempo decodifica la segunda y busca la tercera; así de esta manera se logra sobrelapar los procesos.

1.13.2.   "Pipeline" de Múltiples Etapas

Las primeras tuberías introducidas eran de tres etapas. Este tipo de tuberías utilizan todos los recursos del sistema pero puede ocurrir conflictos que hace que las instrucciones no sean ejecutadas hasta que lo haya sido la anterior.

- Así el procesador puede ejecutar una instrucción por ciclo y no cada 3 como era anteriormente.

- Sabemos que con la técnica "pipeline" el procesador puede ejecutar todos los pasos de los ciclos de instrucción en paralelo.

49

- Por ejemplo, el Procesador Intel 80386 usa un ciclo de ejecución de seis etapas.

- Las seis etapas y las partes del procesador que las ejecutan se identifican en la siguiente transparencia.

- Para efectos de la explicación que vamos hacer asumir que cada etapa de ejecución en el procesador requiere de un solo período de reloj.

- Unidad de Interfase de Bus: accesa memoria y provee entrada-salida.

- Unidad de Pre-búsqueda: recibe código de máquina proporcionada por la unidad de interfase de bus y la inserta en la cola de instrucciones.

- Unidad de decodificación de instrucciones: decodifica instrucciones de la cola de instrucciones generando microcódigo.

- Unidad de ejecución: ejecuta el microcódigo generado por la unidad de decodificación.

- Unidad de Segmentación: convierte direcciones lógicas a direcciones lineales.

- Unidad de página: convierte direcciones lineales en direcciones físicas y mantiene una lista de las páginas recientemente accesadas.

1.14.   Ciclo de Instrucción con Pipeline

Ciclo de instrucción procesador con tuberías (Figura 1.29).

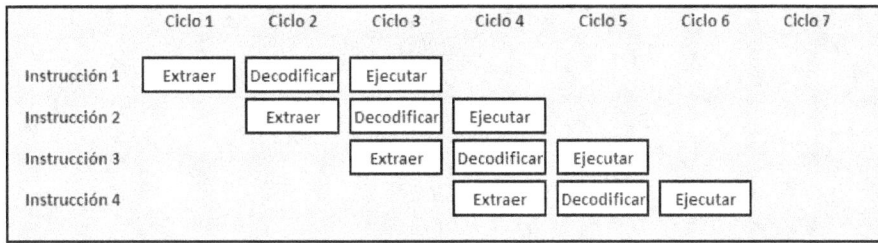

Figura 1.29: Procesador Con Tuberias

1.14.1.   Arquitectura Superescalar

- En la actualidad se desarrollan procesadores usando la tecnología superescalar .

- Un procesador superescalar tiene dos o más tuberías de ejecución haciendo posible que múltiples instrucciones se encuentren en la etapa de ejecución al mismo tiempo.

- Para n tuberías, n instrucciones pueden ejecutase durante el mismo ciclo de reloj.

- Pentium (2 tuberías) 2 instrucciones por ciclo.

- Pentium Pro (3 tuberías) 3 instrucciones por ciclo.

- Pentium 4 ejecuta hasta 6 instrucciones por ciclo.

1.15. Memoria Física 8088

Diagrama de memoria física del microprocesador 8088 (Figura 1.30).

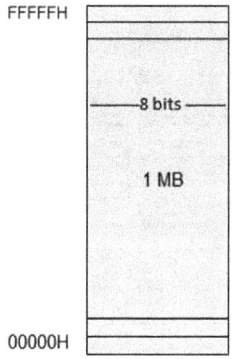

Figura 1.30: Memoria Física 8088

1.16. Memoria Física 8086

Diagrama de memoria física del microprocesador 8086 (Figura 1.31).

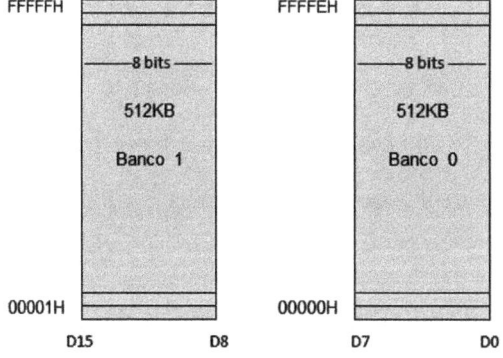

Figura 1.31: Memoria Física 8086

1.17. Memoria Física 80286

Diagrama de memoria física del microprocesador 80286 (Figura 1.32).

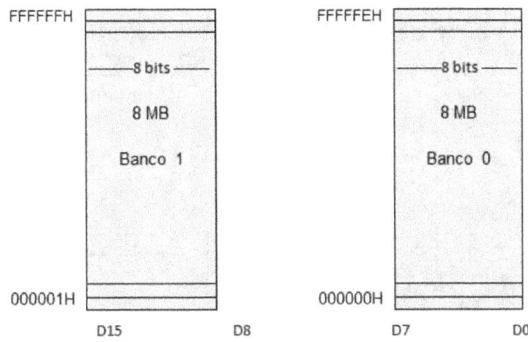

Figura 1.32: Memoria Física 80286

1.18. Memoria Física 80386

Diagrama de memoria física del microprocesador 80386 (Figura 1.33).

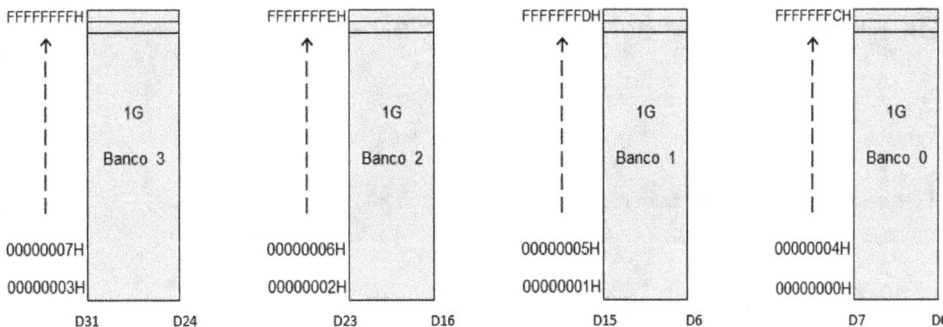

Figura 1.33: Memoria Física 80386

1.19. MICP 8086: Arquitectura Interna

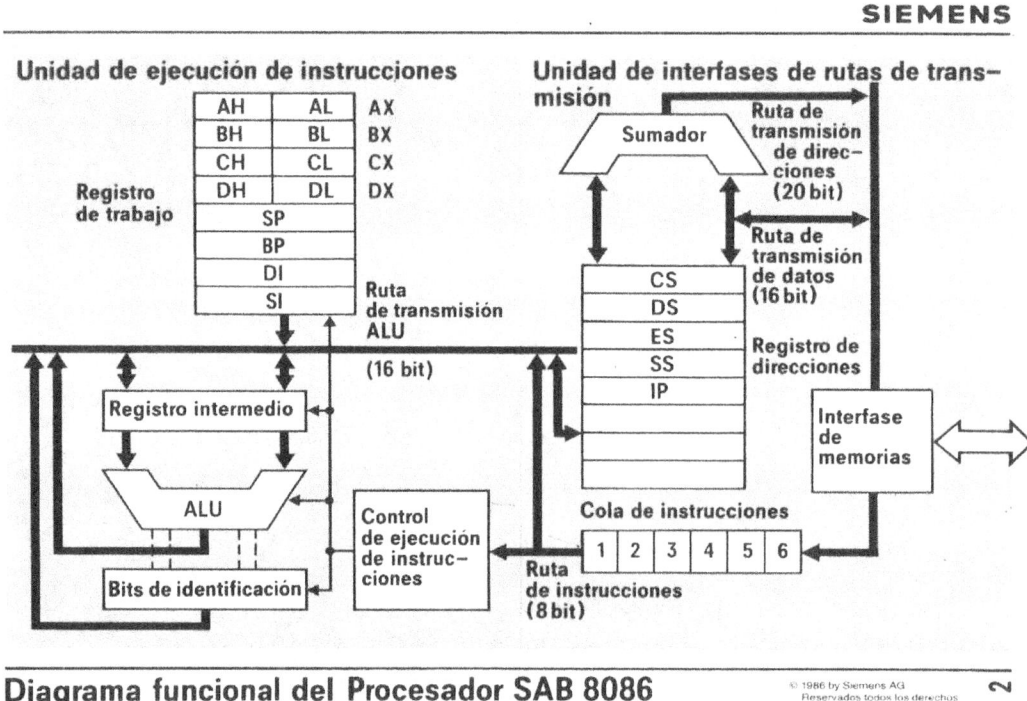

Diagrama funcional del Procesador SAB 8086

Figura 1.34: MICP 8086

Tiene dos unidades de procesamiento (Figura 1.34).

- Unidad de Bus

- Unidad de ejecución

La unidad de Bus tiene una cola de instrucciones de 6 bytes.
La cola de instrucciones alimenta a la unidad de ejecución que es la que decodifica y ejecuta.

1.20. MICP 80286: Arquitectura Interna

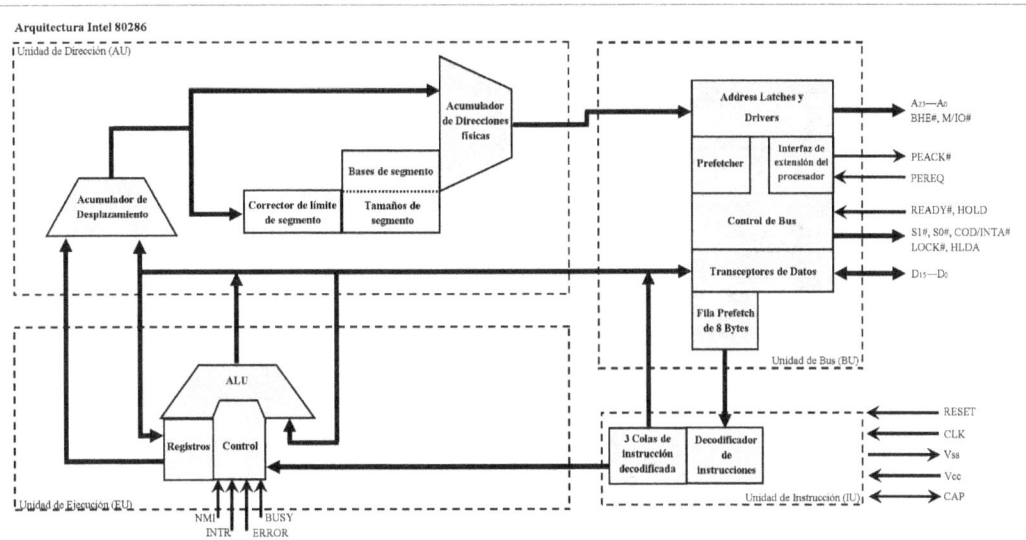

Figura 1.35: MICP 80286

Presenta cuatro unidades de procesamieto (Figura 1.35).

- Unidad de Bus

- Unidad de Instrucciones

- Unidad de Ejecución

- Unidad de Direcciones

Las cuatro unidades de procesamiento son independientes.
Este paralelismo ayuda a mejorar el rendimiento del microprocesador.

1.21. MICP 80386DX: Arquitectura Interna

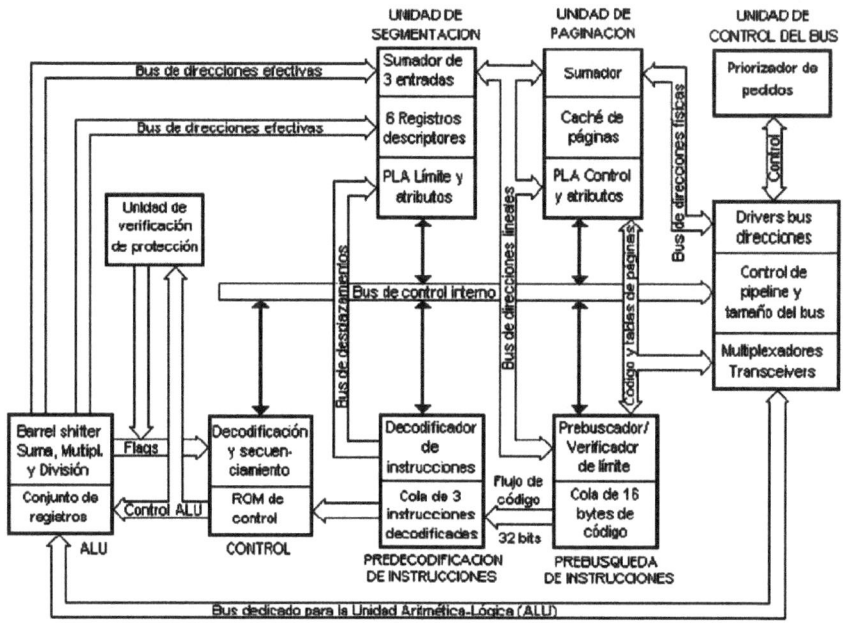

Figura 1.36: MICP 80386DX

Presenta 6 unidades de procesamiento (Figura 1.36).

- Unidad de Bus

- Unidad de Pre

- Búsqueda

- Unidad de Decodificación

- Unidad de Ejecución

- Unidad de Segmentación

- Unidad de Paginación

Esto permite la ejecución de instrucciones mediante la técnica de tuberías (pipeline) conocido también como "procesamiento en paralelo".

1.21.1. Características

Microprocesador de 32 bits

- Tipo de Datos de 8, 16, 32 bits

- 8 Registros de Propósito General GPR (32-bit) Espacio de Direcciones Grande

- 4 GB de Memoria Física

- 4 GB Tamaño Máximo de Segmento Unidad de Página+Unidad de Segmentación

- Proveen el Servicio Para Administrar Memoria

- Provee 4 Niveles de Protección durante ciclos de bus compatible con 80286

- Modo Real, Modo Protegido, Modo Virtual 8086

- Optimizado para un mejor rendimiento

    - Ejecución de Instrucciones mediante tuberías

    - Integra en el chip cachés para conversión de direcciones 20, 25, and 33 MHz clock

- 132 pin "Grid Array Package"

1.22. Lectura: Arquitectura del microprocesador 8086

1.22.1. Arquitectura del Microprocesador

Con la aparición de las computadoras personales (PC) y la reducción en el costo de las mismas, el microprocesador se convirtió en uno de los dispositivos electrónicos más importantes en la historia de la electrónica. Básicamente, un microprocesador es un circuito electrónico de muy alta escala de integración, capaz de realizar una infinidad de tareas de forma repetitiva a velocidades muy altas. Esto se logra por medio de la lógica dictada por un conjunto de instrucciones que el microprocesador interpreta y ejecuta y que recibe el nombre de programa. Desde su aparición en 1971 el microprocesador ha sufrido una gran cantidad de cambios, todos ellos hacia el lado de aumentar su capacidad y velocidad de procesamiento. Para poder utilizar todo el potencial que encierra un microprocesador, es necesario conocer y comprender su lenguaje natural, esto es: el lenguaje ensamblador.

1.22.2. Importancia del Lenguaje Ensamblador

El lenguaje ensamblador es la forma más básica de programar un microprocesador para que este sea capaz de realizar las tareas o los cálculos que se le requieran. El lenguaje ensamblador es conocido como un lenguaje de bajo nivel, esto significa que nos permite controlar el 100 de las funciones de un microprocesador, así como los periféricos asociados a este. A diferencia de los lenguajes de alto nivel, por ejemplo "Pascal", el lenguaje ensamblador no requiere de un compilador, esto es debido a que las instrucciones en lenguaje ensamblador son traducidas directamente a código binario y después son colocadas en memoria para que el microprocesador las tome directamente. Aprender a programar en lenguaje ensamblador no es fácil, se requiere un cierto nivel de conocimiento de la arquitectura y organización de las computadoras, además del conocimiento de programación en algún otro lenguaje.

Ventajas del Lenguaje Ensamblador:

- Velocidad de ejecución de los programas.

- Mayor control sobre el hardware de la computadora.

Desventajas del lenguaje ensamblador:

- Repetición constante de grupos de instrucciones.

- No existe una sintaxis estandarizada.

- Dificultad para encontrar errores en los programas (bugs).

1.22.3. Historia de los Procesadores

Con la aparición de los circuitos integrados, la posibilidad de reducir el tamaño de algunos dispositivos electrónicos se vio enormemente favorecida. Los fabricantes de controladores integrados, calculadoras y algunos otros dispositivos comenzaron a solicitar sistemas integrados en una sola pastilla, esto dio origen a la aparición de los microprocesadores.

Microprocesadores de 4 bits

En 1971, una compañía que se dedicaba a la fabricación de memorias electrónicas lanzó al mercado el primer microprocesador del mundo. Este microprocesador fue el resultado de un trabajo encargado por una empresa que se dedicaba a la fabricación de calculadoras electrónicas. El 4004 era un microprocesador de 4 bits capaz de direccionar 4096 localidades de memoria de 4 bits de ancho. Este microprocesador contaba con un conjunto de 45 instrucciones y fue ampliamente utilizado en los primeros videojuegos y sistemas de control.

Microprocesadores de 8 bits

Con la aparición de aplicaciones más complejas para el microprocesador y el gran éxito comercial del 4004, Intel decidió lanzar al mercado un nuevo microprocesador, el 8008, este fue el primer microprocesador de 8 bits. Las características de este microprocesador fueron:

- Capacidad de direccionamiento de 16 Kb.

- Memoria de 8 bits.

- Conjunto de 48 instrucciones.

Este microprocesador tuvo tanto éxito, que en cosa de dos años su capacidad de proceso fue insuficiente para los ingenieros y desarrolladores, por lo cual en 1973 se liberó el 8080. Este microprocesador fue una versión mejorada de su predecesor y las mejoras consistieron en un conjunto más grande de instrucciones, mayor capacidad de direccionamiento y una mayor velocidad de procesamiento.

Finalmente, en 1977, Intel anunció la aparición del 8085. Este era el último microprocesador de 8 bits y básicamente idéntico al 8080. Su principal mejora fue la incorporación del reloj temporizador dentro de la misma pastilla.

Microprocesadores de 16 bits

En 1978, Intel lanzó al mercado el 8086 y un poco más tarde el 8088. Estos dos microprocesadores contaban con registros internos de 16 bits, tenían un bus de datos externo de 16 y 8 bits respectivamente y ambos eran capaces de direccionar 1Mb de memoria por medio de un bus de direcciones de 20 líneas.

Otra característica importante fue que estos dos microprocesadores eran capaces de realizar la multiplicación y la división por hardware, cosa que los anteriores no podían.

Finalmente apareció el 80286. Este era el último microprocesador de 16 bits, el cual era una versión mejorada del 8086. El 286 incorporaba una unidad adicional para el manejo de memoria y era capaz de direccionar 16Mb en lugar de 1Mb del 8086.

Microprocesadores de 32 bits

El 80386 marco el inicio de la aparición de los microprocesadores de 32 bits. Estos microprocesadores tenían grandes ventajas sobre sus predecesores, entre las cuales se pueden destacar: direccionamiento de hasta 4Gb de memoria, velocidades de operación más altas, conjuntos de instrucciones más grandes y además contaban con memoria interna (caché) de 8Kb en las versiones más básicas.

Del 386 surgieron diferentes versiones, las cuales se listan a continuación (Cuadro 1.2).

MODELO	BUS DE DATOS	COPROCESADOR MATEMATICO
80386DX	32	Si
80386SL	16	No
80386SX	16	No
80486SX	32	No
80486DX	32	Si

Cuadro 1.2: Microprocesadores de 32 Bits

Terminales del MicroProcesador

En esta sección se realizará una breve descripción del conjunto de terminales del microprocesador más representativo de la familia 80x86.

El microprocesador 8086 puede trabajar en dos modos diferentes: el modo mínimo y el modo máximo. En el modo máximo el microprocesador puede trabajar en forma conjunta con un microprocesador de datos numérico 8087 y algunos otros circuitos periféricos. En el modo mínimo el microprocesador trabaja de forma más autónoma al no depender de circuitos auxiliares, pero esto a su vez le resta flexibilidad.

En cualquiera de los dos modos, las terminales del microprocesador se pueden agrupar de la siguiente forma:

- Alimentación.

- Reloj.

- Control y estado.

- Direcciones

- Datos.

El 8086 cuenta con tres terminales de alimentación: tierra (GND) en las terminales 1 y 20 y Vcc=5V en la terminal 40. En la terminal 19 se conecta la señal de reloj, la cual debe provenir de un generador de reloj externo al microprocesador. El 8086 cuenta con 20 líneas de direcciones (al igual que el 8088). Estas líneas son llamadas A0 a A19 y proporcionan un rango de direccionamiento de 1MB. Para los datos, el 8086 comparte las 16 líneas más bajas de sus líneas de direcciones, las cuales son llamadas AD0 a AD15. Esto se logra gracias a un canal de datos y direcciones multiplexado. En cuanto a las señales de control y estado tenemos las siguientes: La terminal MX/MN controla el cambio de modo del microprocesador. Las señales S0 a S7 son señales de estado, estas indican diferentes situaciones acerca del estado del microprocesador. La señal RD en la terminal 32 indica una operación de lectura. En la terminal 22 se encuentra la señal READY. Esta señal es utilizada por los diferentes dispositivos de E/S para indicarle al microprocesador si se encuentran listos para una transferencia. La señal RESET en la terminal 21 es utilizada para reinicializar el microprocesador. La señal NMI en la terminal 17 es una señal de interrupción no enmascarable, lo cual significa que no puede ser manipulada por medio de software. La señal INTR en la terminal 18 es también una señal de interrupción, la diferencia radica en que esta señal si puede ser controlada por software. Las interrupciones se estudian más adelante. La terminal TEST se utiliza para sincronizar al 8086 con otros microprocesadores en una configuración en paralelo. Las terminales RQ/GT y LOCK se utilizan para controlar el trabajo en paralelo de dos o mas microprocesadores. La señal WR es utilizada por el microprocesador cuando este requiere realizar alguna operación de escritura con la memoria o los dispositivos de E/S. Las señales HOLD y HLDA son utilizadas para controlar el acceso al bus del sistema.

Diagrama de Componentes Internos

La figura muestra la estructura interna del microprocesador 8086 (Figura 1.37) con base en su modelo de programación. El microprocesador se divide en dos bloques principales: la unidad de interfaz del bus y la unidad de ejecución. Cada una de estas unidades opera de forma asíncrona para maximizar el rendimiento general del microprocesador.

Unidad de Ejecución

Este elemento del microprocesador es el que se encarga de ejecutar las instrucciones. La unidad de ejecución comprende el conjunto de registros de propósito general, el registro de banderas y la unidad aritmético-lógica.

Unidad de Interfaz de Bus

Esta unidad, la cual se conoce como BIU (Bus Interface Unit), procesa todas las operaciones de lectura/escritura relacionadas con la memoria o con dispositivos de entrada/salida, provenientes de la unidad de ejecución. Las instrucciones del programa que se está ejecutando son leídas por anticipado por esta unidad y almacenadas en la cola de instrucciones, para después ser transferidas a la unidad de ejecución.

Unidad Aritmético-Lógica

Conocida también como ALU, este componente del microprocesador es el que realmente realiza las operaciones aritméticas (suma, resta, multiplicación y

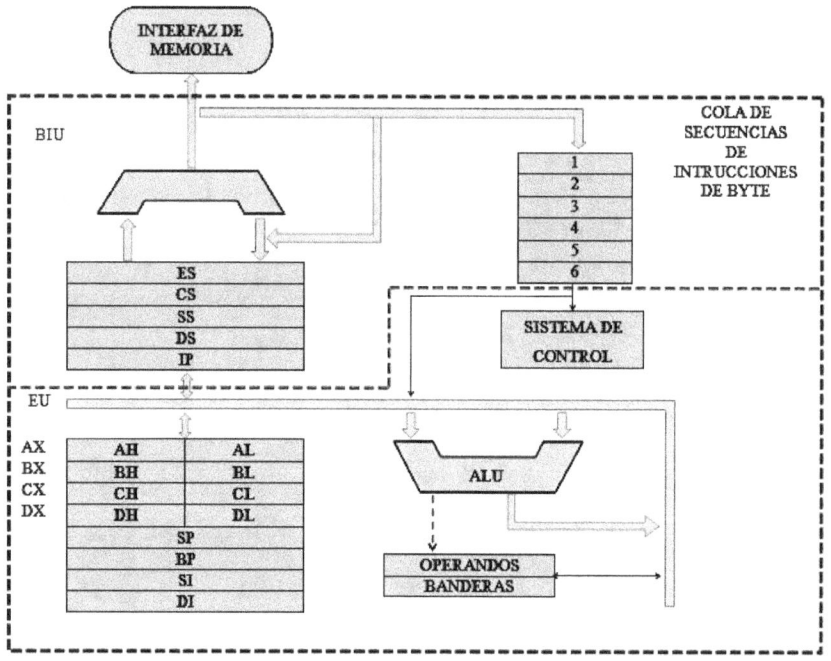

Figura 1.37: Arquitectura del 8086

división) y lógicas (and, or, xor, etc.) que se obtienen como instrucciones de los programas.

Buses Internos (Datos y Direcciones)

Los buses internos son un conjunto de líneas paralelas (conductores) que interconectan las diferentes partes del microprocesador. Existen dos tipos principales: el bus de datos y el bus de direcciones. El bus de datos es el encargado de transportar los datos entre las distintas partes del microprocesador; por otro lado, el bus de direcciones se encarga de transportar las direcciones para que los datos puedan ser introducidos o extraídos de la memoria o dispositivos de entrada y salida.

Cola de Instrucciones

La cola de instrucciones es una pila de tipo FIFO (primero en entrar, primero en salir) donde las instrucciones son almacenadas antes de que la unidad de ejecución las ejecute.

Registros de Propósito General

El microprocesador 8086 cuenta con cuatro registros de propósito general, los cuales pueden ser usados libremente por los programadores. Estos registros reciben los nombres siguientes:

AX (Acumulador) Este registro es el encargado de almacenar el resultado de algunas operaciones aritméticas y lógicas.

BX (Base) Este registro es utilizado para calcular direcciones relativas de datos en la memoria.

CX (Contador) Su función principal es la de almacenar el número de veces que un ciclo de instrucciones debe repetirse.

DX (Datos) Por lo general se utiliza para acceder a las variables almacenadas en la memoria.

Registros Apuntadores

El 8086 también cuenta con dos registros apuntadores SP y BP. Estos registros reciben su nombre por que su función principal es la de apuntar a alguna dirección de memoria especifica.

SP (Apuntador de pila) Se encarga de controlar el acceso de los datos a la pila de los programas. Todos los programas en lenguaje ensamblador utilizan una pila para almacenar datos en forma temporal.

BP (Apuntador Base) Su función es la de proporcionar direcciones para la transferencia e intercambio de datos.

Registros Índices

Existen dos registros llamados SI y DI que están estrechamente ligados con operaciones de cadenas de datos.

SI (Índice Fuente) Proporciona la dirección inicial para que una cadena sea manipulada.

DI (Índice Destino) Proporciona la dirección de destino donde por lo general una cadena será almacenada después de alguna operación de transferencia.

Registros de Segmento

El 8086 cuenta con cuatro registros especiales llamados registros de segmento.

CS (Segmento de código) Contiene la dirección base del lugar donde inicia el programa almacenado en memoria.

DS (Segmento de datos) Contiene la dirección base del lugar del área de memoria donde fueron almacenadas las variables del programa.

ES (Segmento extra) Este registro por lo general contiene la misma dirección que el registro DS.

SS (Segmento de Pila) Contiene la dirección base del lugar donde inicia el área de memoria reservada para la pila.

Registro Apuntador de Instrucciones

IP (Apuntador de instrucciones) Este registro contiene la dirección de desplazamiento del lugar de memoria donde está la siguiente instrucción que será ejecutada por el microprocesador.

Registro de Estado

Conocido también como registro de banderas (Flags), tiene como función principal almacenar el estado individual de las diferentes condiciones que son manejadas por el microprocesador. Estas condiciones por lo general cambian de estado después de cualquier operación aritmética o lógica:

CF (Acarreo) Esta bandera indica el acarreo o préstamo después de una suma o resta.

OF (Sobreflujo) Esta bandera indica cuando el resultado de una suma o resta de números con signo sobrepasa la capacidad de almacenamiento de los registros.

SF (Signo) Esta bandera indica si el resultado de una operación es positivo o negativo. SF=0 es positivo, SF=1 es negativo.

DF (Dirección) Indica el sentido en el que los datos serán transferidos en operaciones de manipulación de cadenas.

DF=1 es de derecha a izquierda y DF=0 es de izquierda a derecha.

ZF (Cero) Indica si el resultado de una operación aritmética o lógica fue cero o diferente de cero. ZF=0 es diferente y ZF=1 es cero.

IF (interrupción) Activa y desactiva la terminal INTR del microprocesador.

PF (paridad) Indica la paridad de un número. Si PF=0 la paridad es impar y si PF=1 la paridad es par.

AF (Acarreo auxiliar) Indica si después de una operación de suma o resta ha ocurrido un acarreo de los bits 3 al 4.

TF (Trampa) Esta bandera controla la ejecución paso por paso de un programa con fines de depuración.

Funcionamiento Interno (Ejecución de un Programa)

Para que un microprocesador ejecute un programa es necesario que este haya sido ensamblado, enlazado y cargado en memoria.

Una vez que el programa se encuentra en la memoria, el microprocesador ejecuta los siguientes pasos:

1. Extrae de la memoria la instrucción que va a ejecutar y la coloca en el registro interno de instrucciones.

2. Cambia el registro apuntador de instrucciones (IP) de modo que señale a la siguiente instrucción del programa.

3. Determina el tipo de instrucción que acaba de extraer.

4. Verifica si la instrucción requiere datos de la memoria y, si es así, determina donde están situados.

5. Extrae los datos, si los hay, y los carga en los registros internos del CPU.

6. Ejecuta la instrucción.

7. Almacena los resultados en el lugar apropiado.

8. Regresa al paso 1 para ejecutar la instrucción siguiente.

Este procedimiento lo lleva a cabo el microprocesador millones de veces por segundo.

1.22.4. Manejo de Memoria

Segmentación

El microprocesador 8086, como ya se mencionó, cuenta externamente con 20 líneas de direcciones, con lo cual puede direccionar hasta 1 MB (00000h–FFFFFh) de localidades de memoria. En los días en los que este microprocesador fue diseñado, alcanzar 1MB de direcciones de memoria era algo extraordinario, sólo que existía un problema: internamente todos los registros del microprocesador tienen una longitud de 16 bits, con lo cual sólo se pueden direccionar 64 KB de localidades de memoria. Resulta obvio que con este diseño se desperdicia una gran cantidad de espacio de almacenamiento; la solución a este problema fue la segmentación.

La segmentación consiste en dividir la memoria de la computadora en segmentos. Un segmento es un grupo de localidades con una longitud mínima de 16 bytes y máxima de 64KB.

La mayoría de los programas diseñados en lenguaje ensamblador y en cualquier otro lenguaje definen cuatro segmentos. El segmento de código, el segmento de datos, el segmento extra y el segmento de pila.

A cada uno de estos segmentos se le asigna una dirección inicial y esta es almacenada en los registros de segmento correspondiente, CS para el código, DS para los datos, ES para el segmento extra y SS para la pila.

Dirección Física

Para que el microprocesador pueda acceder a cualquier localidad de memoria dentro del rango de 1MB, debe colocar la dirección de dicha localidad en el formato de 20 bits.

Para lograr esto, el microprocesador realiza una operación conocida como cálculo de dirección real o física. Esta operación toma el contenido de dos registros de 16 bits y obtiene una dirección de 20 bits. La formula que utiliza el microprocesador es la siguiente:

Dir. Física = Dir. Segmento * 10h + Dir. Desplazamiento

Por ejemplo: si el microprocesador quiere acceder a la variable X almacenada en memoria, necesita conocer su dirección desplazamiento. La dirección segmento para las variables es proporcionada por el registro DS. Para este caso, supongamos que X tiene el desplazamiento 0100h dentro del segmento de datos y que DS tiene la dirección segmento 1000h, la dirección física de la variable X dentro del espacio de 1Mb será:

Dir. Física = 1000h * 10h +0100h

Dir. Física = 10000h + 0100h

Dir. Física = 10100h (dirección en formato de 20 bits)

Dirección Efectiva (Desplazamiento)

La dirección efectiva (desplazamiento) se refiere a la dirección de una localidad de memoria con respecto a la dirección inicial de un segmento. Las direcciones efectivas sólo pueden tomar valores entre 0000h y FFFFh, esto es porque los segmentos están limitados a un espacio de 64 Kb de memoria. En el ejemplo anterior, la dirección real de la variable X fue de 10100h, y su dirección efectiva o de desplazamiento fue de 100h con respecto al segmento de datos que comienza en la dirección 10000h.

Direccionamiento de los datos

En la mayoría de las instrucciones en lenguaje ensamblador, se hace referencia a datos que se encuentran almacenados en diferentes medios, por ejemplo: registros, localidades de memoria, variables, etc. Para que el microprocesador ejecute correctamente las instrucciones y entregue los resultados esperados, es necesario que se indique la fuente o el origen de los datos con los que va a trabajar, a esto se le conoce como direccionamiento de datos.

En los microprocesadores 80x86 existen cuatro formas de indicar el origen de los datos y se llaman modos de direccionamiento.

Para explicar estos cuatro modos, tomaremos como ejemplo la instrucción más utilizada en los programas en ensamblador, la instrucción MOV.

La instrucción MOV permite transferir (copiar) información entre dos operandos; estos operandos pueden ser registros, variables o datos directos colocados por el programador. El formato de la instrucción MOV es el siguiente:

Mov Oper1,Oper2

Esta instrucción copia el contenido de Oper2 en Oper1.

- Direccionamiento directo

  Este modo se conoce como directo, debido a que en el segundo operando se indica la dirección de desplazamiento donde se encuentran los datos de origen.

  Ejemplo:

Mov AX,[1000h] ;Copia en AX lo que se encuentre almacenado en ;
DS:1000h

- Direccionamiento inmediato

  En este modo, los datos son proporcionados directamente como parte
  de la instrucción.

  Ejemplo:

  Mov AX,34h ;Copia en AX el número 34h hexadecimal

  Mov CX,10 ;Copia en CX el número 10 en decimal

- Direccionamiento por registro

  En este modo de direccionamiento, el segundo operando es un registro,
  el cual contiene los datos con los que el microprocesador ejecutará la
  instrucción.

  Ejemplo:

  Mov AX,BX ;Copia en AX el contenido del registro BX

- Direccionamiento indirecto por registro

  Finalmente, en el modo indirecto por registro, el segundo operando es
  un registro, el cual contiene la dirección desplazamiento correspondiente a los datos para la instrucción.

  Ejemplo:

  Mov AX,[BX] ; Copia en AX el dato que se encuentre en la localidad
  de

  ;memoria DS:[BX]

  Los paréntesis cuadrados sirven para indicar al ensamblador que el
  número no se refiere a un dato, si no que se refiere a la localidad de
  memoria.

En los siguientes capítulos se muestran varios programas, en los cuales podrá
identificar los diferentes modos de direccionamiento de datos.

Unidad 2

Modo de Direccionamiento de Datos

2.1. Espacio de Direcciones de Memoria en Modo Real

- 80386DX en Modo Real: 1MB de memoria externa (Figura 2.1).

- Espacio de Direcciones de Memoria del 8086 = 1MB.

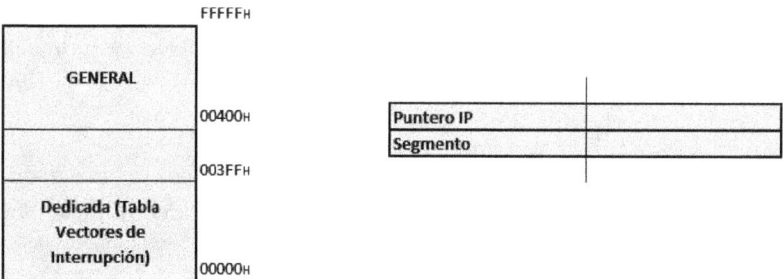

Figura 2.1: Dirección de Memoria en Modo Real

2.2. Modelo de Programación de 8086 = Pentium 4

- Modo Real: Compatible con el 8086 (Figura 2.2).

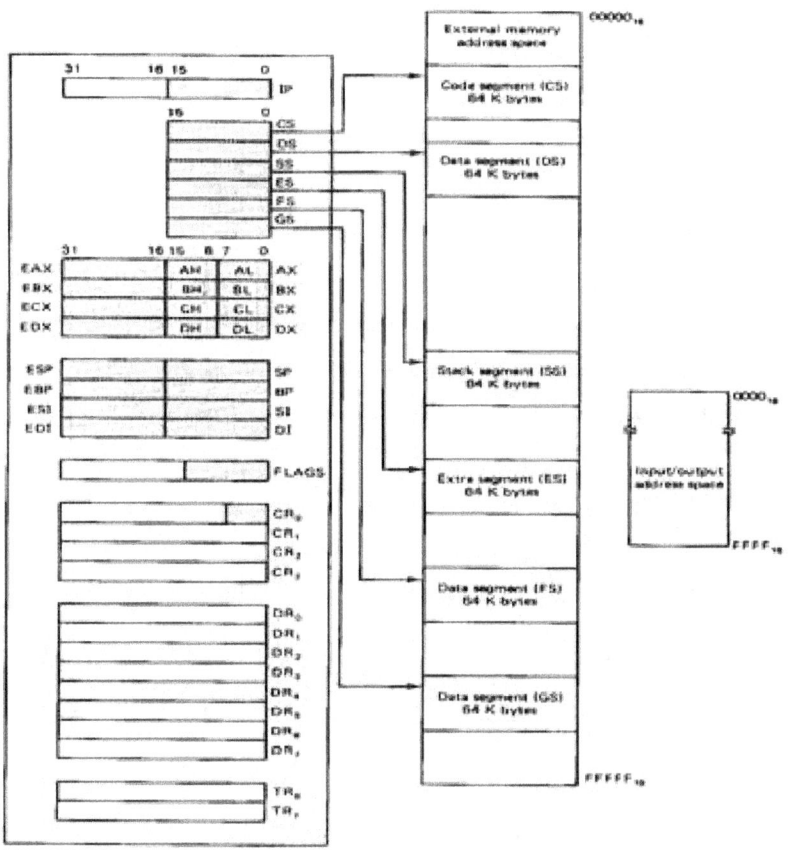

Figura 2.2: Modelo 80386DX

2.3. Segmentación de Memoria

- Segmentos de 64KB en el espacio de 1MB.

- CS: segmento de código.

- SS: segmento de pila.

- DS: segmento de datos.

- ES: segmento extra de datos.

- FS: segmento de datos F.

- GS: segmento de datos G

- Los segmentos pueden ser adyacentes, disjuntos y superpuestos.

- Direcciones Base de Segmentos : se recomienda un múltiplo de 4H.

2.4. Puntero de Instrucciones Registros de Propósito General

2.4.1. Puntero IP

- IP 16-bit en Modo Real.

  - Dirección de Próxima Instrucción : CS:IP.

2.4.2. Registros de Propósito General (Data Registers)

Diagrama de los registros de propósito general (Figura 2.3).

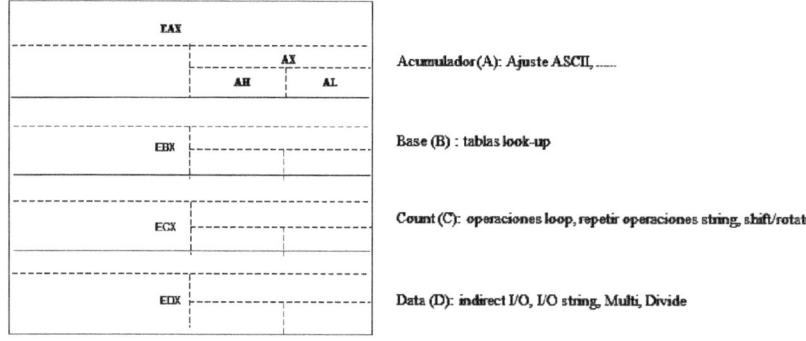

Figura 2.3: Data Registers

70

2.4.3. Registros de Propósito General

Registros de propósito general y funciones de los registros especiales (Figura 2.4).

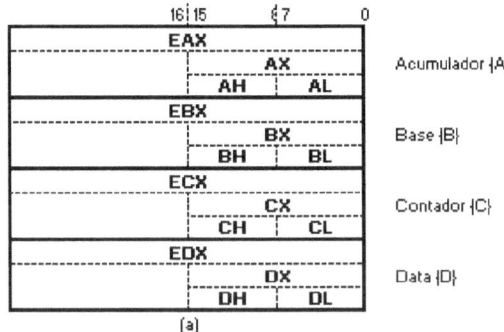

Resgistros	Operaciones
EAX, AX,AH,AL	Ajuste ASCII para suma/resta
	Convertir byte a palabra/palabra a doble palabra/
	doble palabra a cuádruple palabra
	Ajuste decimal para suma/resta
	Multiplicación/división sin signo
	División con signo
	Operaciones de entrada/salida
	Cargar/Guardar banderas
	Cargar/Comparar/Guardar operaciones de cadenas
	Traducciones Table-lookup
EBX,BX,BH,BL	Traducciones Table-lookup
ECX,CX,CH,CL	Operaciones de lazos
	Operaciones de repetir cadenas
	Operaciones de desplazamiento/rotación variable
EDX,DX,DH,DL	Operaciones de entrada/salida indirecta
	Operaciones de entrada/salida de cadenas
	Multiplicación sin signo de palabra/doble palabra
	División con signo de palabra/doble palabra
	División sin signo de palabra/doble palabra

(b)

Figura 2.4: (a)General-Purpose Data Register (b)Special Register Functions

2.5. Punteros y Registros Índices

- Dos registros índices (ESI, EDI) y dos punteros (EBP, ESP)(Figura 2.5).;

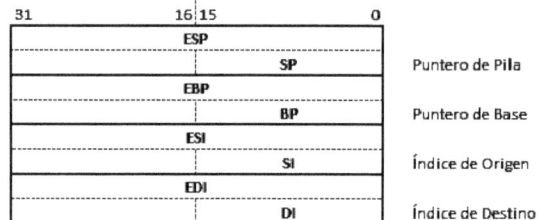

Figura 2.5: Punteros Y Registros Índices

- En general guardan "offsets" de direcciones (16-bit modo real: 64 KB).

- ESP(extended stack pointer) y EBP(extended base pointer).

- Combinados con el registro SS producen direcciones físicas de memoria: SS:SP, SS:BP.

  - TOS (top of stack) : SS:SP.
  - BP : un "offset" respecto de SS.

- ESI (extended source index register) y EDI (extended destination index register).

  - Combinan automáticamente con el registro de datos DS.

2.6. Registro de Banderas

- Es un registro de 32 bits. Pentium 4 define 18 banderas.

- En modo real solo 9 banderas se encuentran activas y se muestran a continuación (Figura 2.6):

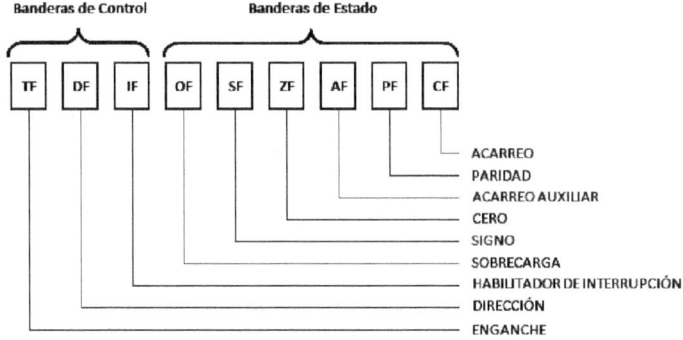

Figura 2.6: Estado y Control de Banderas

- Bandera de acarreo (CF) : enciende con carry-out, borrow-in.

- Bandera de paridad (PF): enciende con paridad par.

- Bandera acarreo auxiliar (AF): enciende con acarreo desde "nibble" bajo.

- Bandera cero (ZF): enciende con resultado cero aritmético o lógico.

- Bandera de signo (SF): "0" positivo "1" negativo.

- Bandera de sobrecarga (OF): enciende con resultado con signo fuera de rango.

- Bandera de "trampa" (TF): TF=1 habilita modo "paso a paso".

- Bandera de interrupción (IF): IF=1 habilita entrada INTR.

- Bandera de dirección (DF): Con DF=1 las operaciones "string"(cadena de caracteres) automáticamente decrementan el correspondiente puntero. Con DF=0 incrementan.

2.7. Dirección Física en Modo Real

- Dirección física en modo real 20 bits (Figura 2.7).

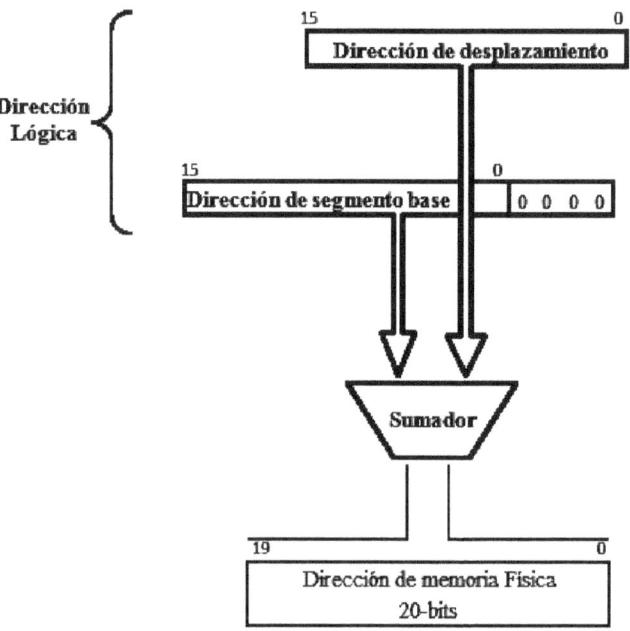

Figura 2.7: Dirección Física en Modo Real

2.7.1. Prefijo de Sustitución de Segmento

El prefijo para sustitución o cambio de segmento se puede agregar a casi cualquier instrucción en cualquier modo de direccionamiento de la memoria, permite al programador cambiar el segmento implícito.

- Variables, fuentes de cadenas : implícito DS; seg alterno : ES, FS, GS, SS, CS.

- Destino de cadenas : ES: seg alterno ninguno.

- BP usado como registro base: implícito SS; seg alterno: ES. FS, GS, DS, CS.

- BX usado como registro base: implícito DS; seg alterno: ES, FS, GS, SS, CS.

2.8. Stack (Pila)

- Instrucciones Call, Return, Push y Pop (Figura 2.9).

- En modo real, el stack es de tamaño 64K.

- A continuación se muestra la estructura del stack (Figura 2.8):

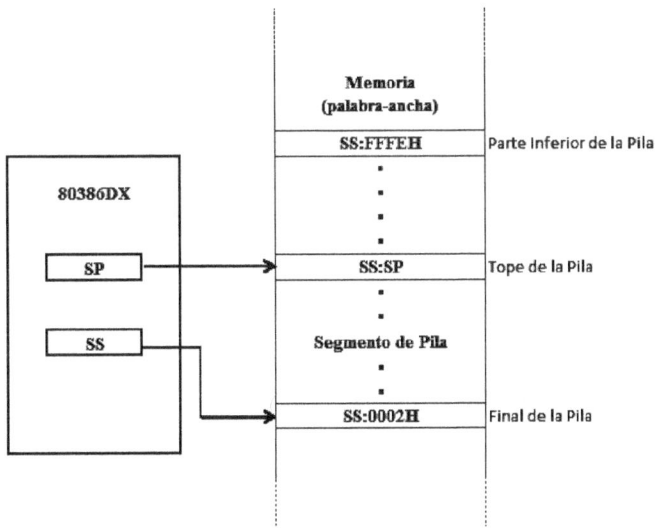

Figura 2.8: Pila de Segmento de Memoria

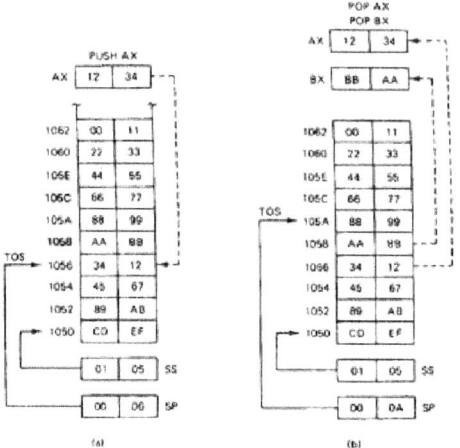

Figura 2.9: (a) Pila Con POP (b) Después de ejecutar POP

2.9. Espacio de Direcciones De Entrada/Salida (MODO REAL)

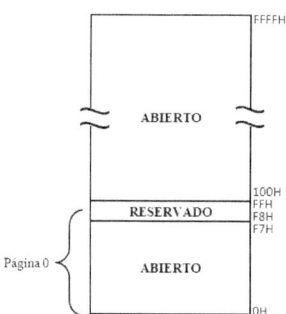

Figura 2.10: Direcciones de Entrada/Salida

- Es un espacio de direcciones separado del espacio de direcciones de memoria (entrada / salida aislada) (Figura 2.10).

- 64KB espacio de direcciones de E/S.

- 0000H –>FFFFH.

- Direccionamiento Indirecto: Usa Registro DX.

- Página 0 : 0000H hasta 00FFH –>direccionamiento directo.

2.10. Conjunto de Instrucciones XX86

- Núcleo básico de Instrucciones (Figura 2.11) = conjunto de instrucciones del 8086/8088

- Conjunto de Instrucciones Extendido : 80286; algunas instrucciones nuevas y modos de direccionamiento adicionales

- Conjunto de instrucciones específico del 80386:

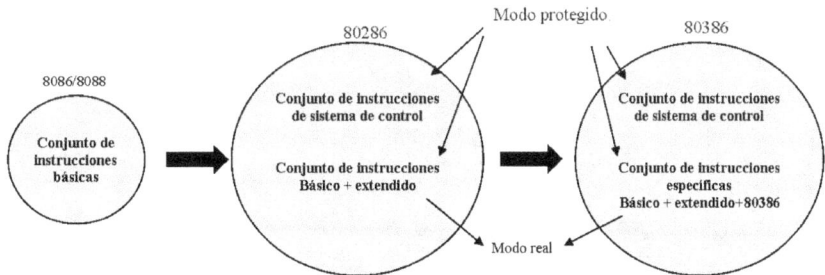

Figura 2.11: Instrucciones

2.11. Modos de Direccionamiento de Datos

Los modos de direccionamiento son los mecanismos que tiene el CPU para accesar los operandos (datos). Operandos: en registro, en la instrucción, en memoria, en puertos. Los modos de direccionamiento de datos son:

- Direccionamiento de Registro.

- Direccionamiento inmediato.

- Direccionamiento directo.

- Direccionamiento indirecto de Registro.

- Direccionamiento Base más índice.

- Direccionamiento de base relativa más índice.

- Direccionamiento de índice escalado Núcleo básico de Instrucciones = conjunto de instrucciones del 8086/8088

77

2.11.1. Direccionamiento de registro

Puede accesarse por bytes, palabras, palabras dobles (Figura 2.12).

- MOV AX, BX.

- Byte: AL, AH, BL, BH, CL, CH, DL, DH.

- Palabra: AX, BX, CX, DX, SP, BP, SI, DI, CS, DS, SS, ES, FS, GS.

- Palabra doble: EAX, EBX, ECX, EDX, ESP, EBP, ESI, EDI.

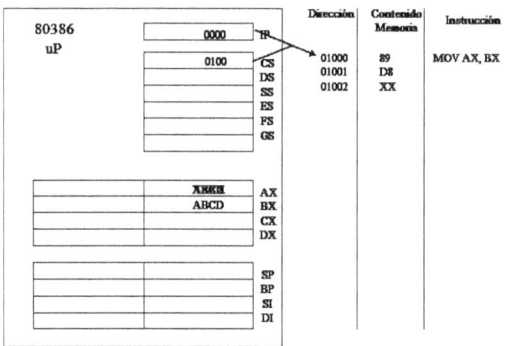

Figura 2.12: Direccionamiento de Registro

2.11.2. Direccionamiento Inmediato

* Un operando es parte de la instrucción * MOV AL, 15H (Figura 2.13). *
8 bits, 16 bits, y 32 bits

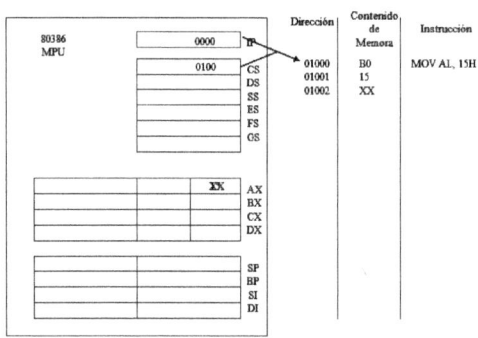

Figura 2.13: Direccionamiento Inmediato

2.11.3. Direccionamiento Directo

Operandos de 16 y 32 bits en memoria
* Dirección del dato = Segmento : EA (dirección efectiva)
* Dirección Segmento Base : localidad inicial del segmento
* EA : desplazamiento (offset)del operando desde el inicio del segmento
- EA = Base + Index + Desplazamiento
- Base = BX or BP, Index = SI o DI, desplazamiento = 8-bits o 16-bits
Ejemplo
PA = Segmento Base*16 + EA del dato
Ejemplo: MOV BX, [1234H] (Figura 2.14).

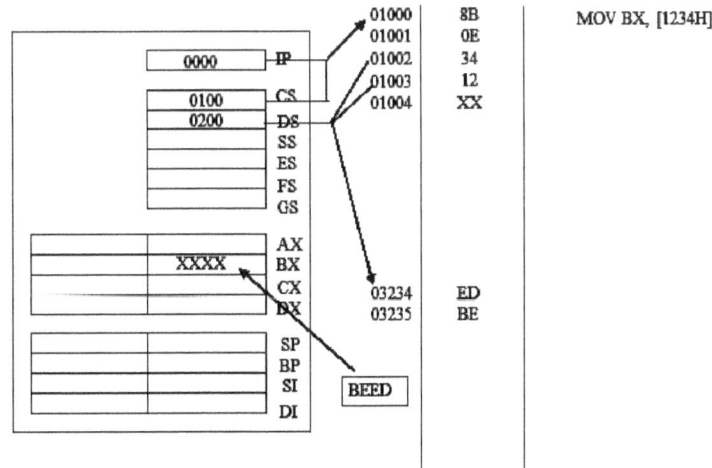

Figura 2.14: Direccionamiento Directo

2.11.4. Direccionamiento Indirecto

Ejemplo
Segmento Base : Dirección Indirecta BX,BP,SI,DI
Ejemplo : MOV AX, [SI] (Figura 2.15).

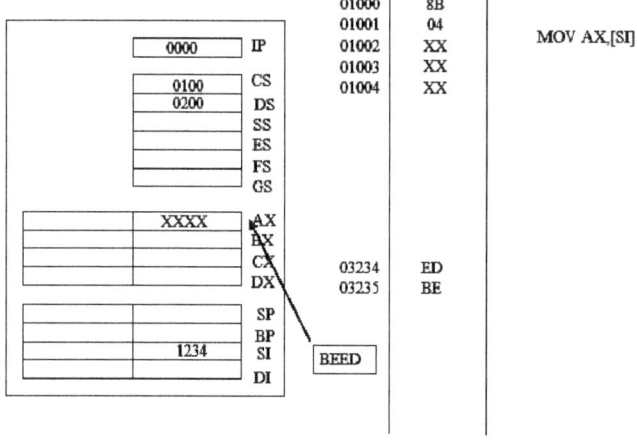

Figura 2.15: Direccionamiento Indirecto

2.11.5. Direccionamiento Base Relativa

* PA = Segmento*16 + BX o BP + desplazamiento de 8-bit o 16-bit
* Registro Base : comienzo de la estructura de datos
* Example: MOV [BX]+1234H, AL (Figura 2.16).

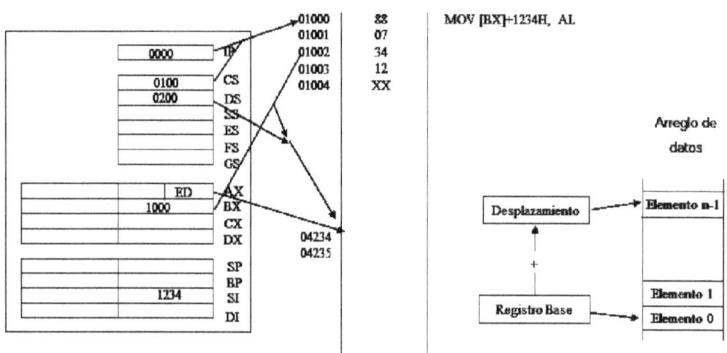

Figura 2.16: Direccionamiento Base Relativa

2.11.6. Direccionamiento Índice Relativo

PA = Segmento*16 + SI, DI + desplazamiento 8-bit o 16-bit
* Desplazamiento : dirección inicial de un arreglo
* Índice: selecciona elemento específico en el arreglo
Ejemplo: MOV AL, [SI]+1234H (Figura 2.17).

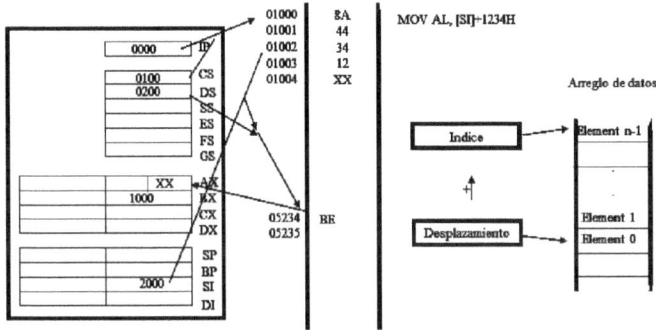

Figura 2.17: Direccionamiento Índice Relativa

2.11.7. Direccionamiento de Base Relativa+ Índice

Características:

- PA= Segmento*16 +BX, BP+SI,DI+desplazamiento 8-bit o 16-bit

- Usado para accesar estructuras complejas de datos (Figura 2.18).

- El desplazamiento (valor fijo) ubica el arreglo en memoria

- El registro base especifica la coordenada m

- El registro índice especifica la coordenada n

Ejemplo: MOV AH, [BX][SI]+1234H
opcode : 8A 44 34 12

81

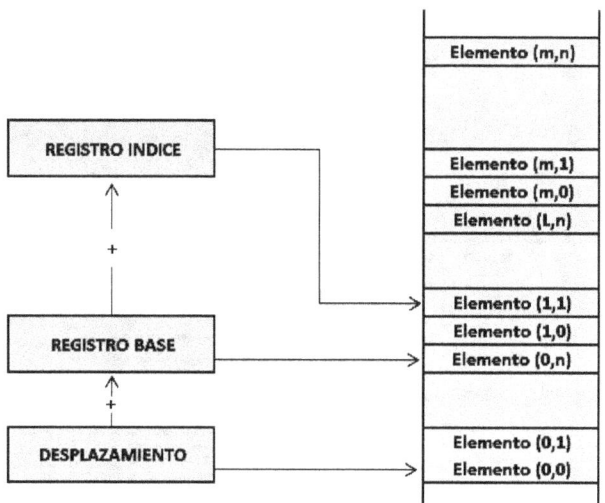

Figura 2.18: Direccionamiento de Base Relativa+ Índice

2.11.8. Direccionamiento Índice Escalado

Exclusivo de los microprocesadores 80386 hasta Pentium 4

- Factor de escala afecta a la dirección efectiva solamente.

- EA = Registro Base + (Registro Índice x factor de escala) + desplazamiento (Figura 2.19).

- * PA = Segmento Base*16 + EA.

$$PA = \begin{Bmatrix} CS \\ SS \\ DS \\ ES \\ FS \end{Bmatrix} : \begin{Bmatrix} AX \\ BX \\ CX \\ DX \\ SP \\ BP \\ SI \end{Bmatrix} + \begin{Bmatrix} AX \\ BX \\ CX \\ DX \\ BP \\ SI \end{Bmatrix} \times \begin{Bmatrix} 1 \\ 2 \\ 4 \end{Bmatrix} + \begin{Bmatrix} 8 - \text{BIT DISPLACEMENT NT} \\ 32 - \text{BIT DISPLACEMENT NT} \end{Bmatrix}$$

Figura 2.19: Direccionamiento Índice Escalado

2.12. Modos de direccionamiento de la memoria de programa (Instrucciones de Salto)

2.12.1. Modos de Direccionamiento de la Memoria de Programa

- Intra-segmento Directo.

- Intra-segmento Indirecto.

- Inter-segmento Directo.

- Inter-segmento Indirecto.

Direccionamiento Intra-Segmento Directo

Desplazamiento en la instrucción + IP = EA de salto (Figura 2.20).

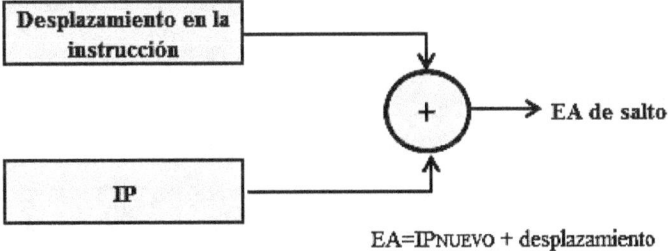

Figura 2.20: Direccionamiento Directo

Ejemplo1:
1000:0104 EB06 JMP 010C
Ejemplo 2:
1000:0104 E92D11 JMP 1234
Ejemplo 3:
2000:1007 EBF8 JMP 1001
Ejemplo 4:
2000:100B E9F2F0 JMP 0100
JMP NEXT
JMP SHORT NEXT
JMP NEAR NEXT

83

Direccionamiento Intra-Segmento Indirecto

La dirección efectiva EA del salto es el contenido de un registro o localidad de memoria que se accesa usando direccionamiento de datos.
IP <– EA
2000:1007 FF263412 JMP [1234];
DS:1234=1002
IP <– 1002
Ejemplos:
JMP BX
JMP [BX]
JMP WORD PTR [DI]
JMP WORD PTR [SI]

Direccionamiento Inter-Segmento Directo

Diagrama de direccionamiento Indirecto (Figura 2.21).

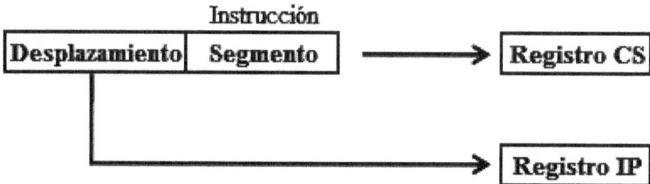

Figura 2.21: Direccionamiento Indirecto

Ejemplos:
1000:1007 EA34120020 JMP 2000:1234
JMP FAR NEXT

Direccionamiento Inter-Segmento Indirecto

Aquí IP y CS se cargan con el contenido de dos palabras consecutivas residentes en la memoria de datos. Estas dos palabras contienen la dirección del salto lejano (FAR) (Figura 2.22). Se excluye el modo de direccionamiento de datos por registro y el inmediato.

84

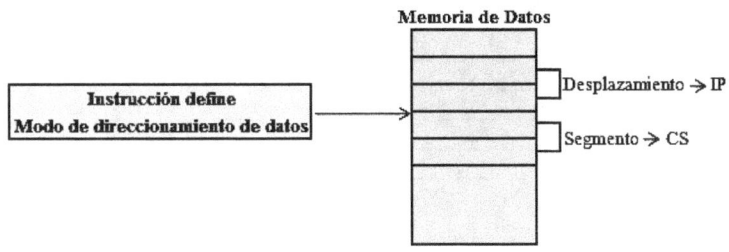

Figura 2.22: Direccionamiento Indirecto

Ejemplo:
JMP DWORD PTR [DI]
JMP DWORD PTR [BX]
CALL DWORD PTR [BX]

2.12.2. Instrucciones de salto del uP 8086

Instrucciones de salto del microprocesador 8086 (Figura 2.23 y 2.24).

Directiva	Alcance	Modo de direccionam	Especificado por
SHORT	Intra-segment +127/-128 bytes IP ← IP+offset	Inmediato	Palabra
NEAR PTR	Intra-segment IP ← Address	Inmediato Registro Memoria	Palabra Palabra Palabra
FAR PTR	Inter-segment IP ← Address CS ← Segment	Inmediato Memoria	Palabra Doble Palabra Doble

Figura 2.23: Instrucciones de Salto

Instrucción	Ejemplo	Significado
JMP	JMP FAR PTR[BX]	IP ←[BX], CS←[BX+2]
JNZ	JNZ ETIQ1	If(ZF=0) entonces IP ←offset de ETIQ1
JE ó JZ	JE ETIQ2	If(ZF=1) entonces IP ←offset de ETIQ2
JC	JC ETIQ3	If(CF=1) entonces IP ←offset de ETIQ3

Figura 2.24: Instrucciones de salto + Ejemplo

Salto Incondicional JMP

Operando
SHORT-ETIQUETA
NEAR-ETIQUETA
FAR-ETIQUETA
memptr16
regptr16
memptr32
regptr32

Figura 2.25: Salto Incondicional JMP

Hay tres tipos de saltos incondicionales (Figura 2.25 y 2.26): saltos cortos (SHORT), saltos cercanos (NEAR) y saltos lejanos (FAR)

Nemónico	Formato	Operación	Banderas afectadas
JMP	JMP operando	Salta a la dirección especificada por operando	Ninguna

Figura 2.26: Salto Incondicional JMP

Salto Condicional Jcc

Nemónico	Formato	Operación	Banderas afectadas
JCC	JCC operando	Si cc es verdadero, entonces salta a dirección especificada por operando, sino continúa con la próxima instrucción	Ninguna

Figura 2.27: Salto Condicional Jcc

Las instrucciones de salto condicionales son saltos cortos en el 8086 hasta el 80286, esto limita el salto al intervalo +127 bytes y -128 bytes, desde la localidad que sigue a la instrucción de salto.

Con el 80386 los saltos condicionales pueden ser cortos (short) y cercanos (near). Esto permite ejecutar saltos condicionales a cualquier localidad dentro del segmento de código actual.

Estas instrucciones basan las acciones de salto en las banderas de estado siguientes: Signo (S), Cero (Z), Acarreo (C), Paridad (P) y Sobrecarga (O). Si la condición es verdadera ejecuta el salto a la etiqueta indicada en la instrucción (Figura 2.27). Si la condición es falsa, ejecuta la próxima instrucción en la secuencia normal de instrucciones.

Instrucciones de salto Condicionales

Instrucciones que realizan saltos con condición (Figura 2.28).

cc	Descripción	Condiciones
JA	Salta si es mayor que	CF=0 ∧ZF=0
JAE	Salta si es mayor que o igual	CF=0
JB	Salta si es menor que	CF=1
JBE	Salta si es menor que o igual	CF=1∨ZF=1
JC	Salta por acarreo	CF=1
JE	Salta si es igual a cero	ZF=1
JG	Salta si es mayor que cero	ZF=0∧(SF=OF)
JGE	Salta si es mayor que o igual cero	SF=OF
JL	Salta si es menor que cero	SF⊕OF=1
JLE	Salta si es menor o igual que cero	((SF⊕OF)∨ZF)=1
JNC	Salta si no hay acarreo	CF=0
JNE o JNZ	Salta si es distinto de cero	ZF=0
JNO	Salta si no hay sobrecarga	OF=0
JNS	Salta si es positivo	SF=0
JNP o JPO	Salta si hay paridad impar	PF=0
JO	Salta si hay sobre carga	OF=1
JP o JPE	Salta si hay paridad par	PF=1
JS	Salta si es negativo	SF=1
JCXZ	Saltar si (CX) = 0	(CX)=0
JECXZ	Saltar si (ECX)=0	(ECX)=0

Figura 2.28: Instrucciones de salto Condicionales

Comparaciones

Cuando se comparan números con signo use: JG, JL, JGE, JLE, JE Y JNE.
Los términos "greater than" y "less than" se refieren a números con signo.
Cuando se comparan números sin signo use: JA, JB, JAE, JBE, JE Y JNE.
Los términos "above" y "below" se refieren a números sin signo.

Instrucción de Comparación CMP

La instrucción de comparación se usa para comparar dos números (Figura 2.29). Uno de los números puede residir en memoria.

Esta instrucción resta el operando fuente del operando destino y acondiciona las banderas de acuerdo con el resultado de la resta (Figura 2.30).

El resultado de la resta no queda registrado en ninguna parte.

Nemónico	Formato	Operación	Banderas afectadas
CMP	CMP D,S	D-S Acondiciona banderas	CF,AF,OF,PF,SF,ZF

Figura 2.29: Instrucción de Comparación CMP

Nemónico	Formato	Condiciones
CMP	CMP AX,BX	If(AX=BX) entonces ZF ←1 y CF ←0
		If(AX<BX) entonces ZF ←0 y CF ←1
		If(AX>BX) entonces ZF ←0 y CF ←0

Figura 2.30: CMP

Instrucción de Comparación CMP

Operandos válidos en la instrucción de comparación CMP (Figura 2.31).

Operando Destino	Operando Fuente
registro	registro
registro	memoria
memoria	registro
registro	inmediato
memoria	inmediato
acumulador	inmediato

Figura 2.31: Instrucción de Comparación CMP

2.12.3. Notación usada por Debug para las banderas

Notaciones que usa debug para los estados de cada bandera (Figura 2.32).

Bandera	Significado	Encendido	Apagado
OF	sobrecarga	OV	NV
DF	dirección	DN	UP
IF	interrupción	EI	DI
SF	signo	NG	PL
ZF	cero	ZR	NZ
AF	acarreo auxiliar	AC	NA
PF	paridad	PE	PO
CF	acarreo	CY	NC

Figura 2.32: Notación usada por Debug para las banderas

2.12.4. La instrucción LOOP

La Instrucción LOOP (Figura 2.33) es una combinación de las instrucciones DEC y JNZ.

Ejecuta un salto a la dirección asociada con la instrucción LOOP.

El número de veces que salta es igual al número almacenado en el registro CX.

Instrucción	Ejemplo	Significado
LOOP	LOOP	If(CX≠0) entonces IP ←offset ETIQ1
LOOPZ LOOPE	LOOPZ ETIQ2	If(CX≠0 o ZF=1) entonces IP ←offset ETIQ2
LOOPNZ LOOPNE	LOOPNZ ETIQ3	If(CX≠0 o ZF=0) entonces IP ←offset ETIQ3

Figura 2.33: Instrucciones LOOP

2.12.5. Estructura "Repeat-Until"

; Repetir hasta que CX = 0

-

MOV CX, CNT
otra vez: NOP
NOP

-

-

-

-

LOOP otra vez

-

DEBUG: ejemplo
MOV AL, 3
MOV CX,6
BUCLE: NOP
NOP
DEC AL ; AL=0 afecta bandera ZF
NOP
LOOPNZ BUCLE
NOP

Unidad 3

Conjunto de Instrucciones

3.1. Conjunto de Instrucciones

- Instrucciones para Movimiento de Datos.

- Instrucciones Aritméticas.

- Instrucciones Lógicas.

- Instrucciones de Salto.

- Instrucciones Loop.

- Instrucciones de Cadenas de Datos.

- Miscelánea.

3.1.1. Instrucciones para Movimiento de Datos

Instrucciones que permiten mover datos (Figura 3.1).

NEMONICO	DESCRIPCION	FORMATO	OPERACION	BANDERAS AFECTADAS
MOV	Transferencia	MOV D, S	D ← S	Ninguna
MOVSX	Transf con signo extendido	MOVSX D, S	D ← S	Ninguna
MOVZX	Transf con cero extendido	MOVZX D, S	D ← S	Ninguna
XCHG	Intercambio	XCHG D, S	D ↔ S	Ninguna
XLAT	Traduce	XLAT	AL ← (AL+BX)+DS*16	Ninguna
LEA	Carga R con EA	LEA R16,EA LEA R32, EA	R16 ← EA R32 ← EA	Ninguna
LDS	Carga R y DS	LDS R16, EA LDS R32, EA	R16 ← (EA) DS ← (EA+2) R32 ← (EA) DS ← (EA+4)	Ninguna
LSS	Carga R y SS	LSS R16, EA LSS R32, EA	R16 ← (EA) SS ← (EA+2) R32 ← (EA) SS ← (EA+4)	Ninguna
LES	Carga R y ES	LES R16, EA LES R32, EA	Similar	Ninguna

Figura 3.1: Instrucciones de Movimiento de Datos

3.1.2. MOVZX

Usada solamente con enteros sin signo.
Hay 3 variantes:

- MOVZX r32, r/m8

- MOVZX r32, r/m16

- MOVZX r16, r/m8

Operandos Registros:

- MOV BX,0A69BH

- MOVZ EAX, BX

- MOVZX EDX, BL

- MOVZX CX, BL

Operandos en Memoria

.DATA

BYTE1 BYTE 9BH

WORD1 WORD 0A69BH

.CODE

MOVZX EAX, WORD1

MOVZX EDX, BYTE1

MOVZX CX, BYTE1

MOVZX R16, R/M8

Variante Movzx R16, R/M8 (Figura 3.2).

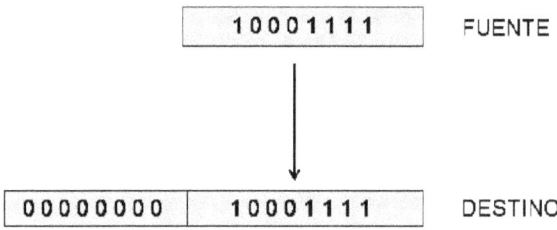

Figura 3.2: MOVZX R16, R/M8

3.1.3. MOVSX

Usada solamente con enteros con signo.
Hay 3 variantes:

- MOVSX r32, r/m8

- MOVSX r32, r/m16

- MOVSX r16, r/m8

Operandos Registros:

- MOV BX,0A69BH

- MOVSX EAX, BX

- MOVSX EDX, BL

- MOVSX CX, BL

MOVSX R16, R/M8

Variante Movsx R16,R/M8 (Figura 3.3).

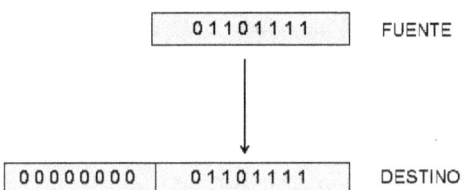

Figura 3.3: MOVSX R16, R/M8

MOVSX R16, R8/M8

Variante Movsx R16,R8/M8 (Figura 3.4).

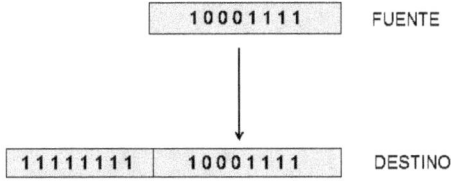

Figura 3.4: MOVSX R16, R8/M8

3.1.4. MOVIMIENTO DE DATOS

Ejemplos:

Movimiento de datos (Figura 3.5).

LEA AX, NUMERO
LEA EAX, NUMERO
LDS DI, LISTA
LDS EDI, LISTA
LES BX, DATA0
LFS DI, DATA1
LGS SI, DATA2
LSS SP, DATA3
LDS BX, [DI]
MOVSX EBX, AX   ;ASUMA AX=FFFFH
MOVZX CX, BYTE PTR [DI] ;ASUMA [DI] → FFH
XCHG [1234H], BX
LEA SI, [DI + BX + 5]
LDS SI, [200H]

Figura 3.5: Ejemplos

EJEMPLO: Ejecute con Debug

ASUMA QUE:

DS:0200 88H
DS:0201 99H
NOP
MOV AX,300H
XCHG AX,[0200]
MOV BX,[0200]
NOP

EL VALOR FINAL EN REGISTRO BX ES:??

3.1.5. Instrucciones para manejo de la Pila

OPERANDOS PERMITIDOS (Figura 3.6):

- INMEDIATO (solo PUSH)

- REGISTRO

- REGISTRO DE SEGMENTO

- MEMORIA

NEMONICO	DESCRIPCION	FORMATO	OPERACION	BANDERAS
PUSH	Guarda en pila	PUSH S	$(SP) \leftarrow S$ $SP \leftarrow SP - 2$	Ninguna
POP	Lee Pila	POP D	$D \leftarrow (SP)$ $SP \leftarrow SP + 2$	Ninguna
PUSHF	Guarda Banderas	PUSHF	$(SP) \leftarrow FLAGS$ $SP \leftarrow SP-2$	Ninguna
POPF	Carga Banderas		$FLAGS \leftarrow (SP)$ $SP \leftarrow SP+2$	Ninguna
PUSHA	Guarda registros de trabajo		Orden: AX, CX, DX, BX, SP, BP, SI, DI	Ninguna
POPA	Recupera registros de trabajo		orden: DI, SI, BP, SP, BX, DX, CX, AX	Ninguna
PUSHAD	Guarda registros trabajo 32 bits			Ninguna
POPAD	Recupera registros trabajo 32 bits			Ninguna

Figura 3.6: Instrucciones para el Manejo de Pila

3.1.6. Instrucciones para manejo de banderas

Formato de AH para las instrucciones LAHF y SAHF (Figura 3.7 y 3.8).

7	6	5	4	3	2	1	0
SF	ZF	—	AF	—	PF	—	CF

Figura 3.7: Manejo de Banderas

NEMONICO	DESCRIPCION	OPERACION	BANDERAS AFECTADAS
LAHF	Carga AH con banderas	AH ← FLAGS	Ninguna
SAHF	Carga banderas con AH	FLAGS ← AH	SF, ZF, AF, PF, CF
CLC	Apaga CF	CF ← 0	CF
STC	Enciende CF	CF ← 1	CF
CMC	Complementa CF	CF ← $\overline{CF}$	CF
CLI	Apaga IF	IF ← 0	IF
STI	Enciende IF	IF ← 1	IF

Figura 3.8: Instrucciones para el manejo de Banderas

LAHF y SAHF

.data
FLAGS1 BYTE ?
.code
LAHF
MOV FLAGS1,AH
MOV AH,FLAGS1
SAHF

3.2. Instrucciones Aritméticas

Instrucciones que permiten realizar cálculos aritméticos y ajustes (Figura 3.9).

NEMONICO	DESCRIPCION	FORMATO	OPERACION	BANDERAS AFECTADAS
ADD	Suma	ADD D, S	D ← D+S CF ← Cy	OF, SF, ZF, AF, PF, CF
ADC	Suma con acarreo	ADC D, S	D ← D+S+CF CF ← Cy	" "
INC	Incremento	INC D	D ← D+1	OF, SF, ZF, AF, PF
DAA	Ajuste decimal	DAA		SF, ZF, AF, PF, CF
AAA	Ajuste ASCII	AAA		AF, CF, SF, ZF, PF, OF
SUB	Resta	SUB D, S	D ← D-S CF ← Bw	OF, SF, ZF, AF, PF,CF
SBB	Resta con préstamo	SBB D-S	D ← D-S-CF CF ← Bw	" "
DEC	Decremento	DEC D	D ← D-1	OF, SF, ZF, AF, PF
NEG	Complemento de dos	NEG D	D ← 0 – D CF ← Cy	OF, ZF, SF, AF, PF, CF

Figura 3.9: Instrucciones Aritméticas

3.2.1. ADD destino, fuente

.data
var1 DWORD 10000H
var2 DWORD 20000H

.code
MOV EAX, VAR1
ADD EAX, VAR2 ;EAX=30000H

Las banderas CF, ZF, SF, OF, CA y PF cambian en concordancia con el resultado dejado en el operando destino.

3.2.2. SUB destino, fuente

.data
var1 DWORD 30000H
var2 DWORD 10000H

.code
MOV EAX, VAR1
SUB EAX, VAR2 ;EAX=20000H

Las banderas CF, ZF, SF, OF, CA y PF cambian en concordancia con el
resultado dejado en el operando destino.

3.2.3. NEG reg/mem

.data
VAL1 SWORD 26
VAL2 SWORD 30

.code
MOV EAX, VAL1
NEG EAX ;EAX=-26
NEG VAL2 ;VAL2=-30

NEG invierte el signo de un número evaluando su complemento de dos.
Las banderas CF, ZF, SF, OF, CA y PF cambian en concordancia con el
resultado dejado en el operando destino.

3.2.4. Expresiones Aritméticas

Implementar la expresión
R=-X+(Y-Z)
.data
R SWORD ?
X SWORD 26
Y SWORD 30
Z SWORD 40
.code
MOV EAX, X
NEG EAX ;EAX=-26
MOV EBX, Y
SUB EBX, Z ;EBX=-10
ADD EAX, EBX
MOV R, EAX ;R=-36

3.2.5. Banderas ZF y SF: Ejemplos

MOV CX,1
SUB CX,1 ;CX=0, ZF=1
MOV AX,0FFFFH
INC AX ;AX=0, ZF=1
INC AX ;AX =1, ZF=0
MOV CX,0
SUB CX, 1 ;CX=-1, SF=1
ADD CX,2 ;CX=1, SF=0

3.2.6. Bandera CF

La bandera CF es relevante cuando el CPU ejecuta aritmética sin signo. Si el resultado de una operación sin signo es demasiado grande o demasiado pequeña para el operando destino, la bandera CF se enciende.

MOV AL,0FFH
ADD AL,1 ;CF=1, AL=00H, ZF=1
MOV AX, 00FFH
ADD AX, 1 ;CF=0, AX=0100H
MOV AX, 0FFFFH
ADD AX, 1 ;CF=1, AX=0000H, ZF=1
MOV AL, 1
SUB AL, 2 ;CF=1, AL=-1, SF=1

3.2.7. Bandera OF (aritmética con signo)

La bandera OF (sobrecarga) es relevante solamente con operaciones con signo. Específicamente se enciende cuando una operación aritmética genera un resultado con signo que no calza en el operando destino.

MOV AL,+127
ADD AL, 1 ;OF=1
MOV AL, -128
SUB AL,1 ;OF=1
OF=1 si se suman dos cantidades positivas y da como resultado una cantidad negativa.
OF=1 si se suman dos cantidades negativas y da como resultado una cantidad positiva.
OF=0 cuando los signos de los operandos son diferentes.

3.2.8. Ejemplos de Instrucciones Aritméticas

Ejemplos (Figura 3.10):

ADD [BX+DI], DL
ADD BX, TEMP [DI]
ADD BYTE PTR [DI], 3
ADD BX, [EAX+2*ECX]
SUB ECX, DATO1
SUB DI, TABLA [BX]
SUB EAX, 23456H
SBB BYTE PTR [DI], 6
INC WORD PTR [SI]
INC BYTE PTR [BX]
INC CNT1
DEC DATO1
DEC WORD PTR [BP]
NEG [BX]
NEG BX

Figura 3.10: Ejemplos de Instrucciones aritméticas

102

3.3. Aritmética BCD

3.3.1. DAA: ajuste decimal después de la suma

MOV AL, 97H ; dos dígitos BCD
MOV BL, 96H ; dos dígitos BCD
ADD AL, BL ;
DAA ; ajuste decimal
Después de ejecutar DAA: AL = 93H CF = 1, OF no se afecta
Nota:
DAA chequea el dígito menos significativo de AL, si es >9 ó si AF=1 entonces suma 06 a AL. Si AL>9F ó CF=1, entonces suma 60H a AL; CF <- 1.

DAA convierte el resultado binario AL de ADD o ADC en formato decimal empaquetado.

3.3.2. DAS: ajuste decimal después de la resta

MOV BL, 48H;dos dígitos BCD
MOV AL,85H ;dos dígitos BCD
SUB AL, BL ;AL=3DH
DAS ;AL=37H
DAS convierte el resultado binario AL de SUB o SBB en formato decimal empaquetado.

3.4. Aritmética ASCII

3.4.1. AAA: Ajuste ASCII después de suma

MOV AH, 0 ;ENCERAR AH
MOV AL, 38H ; código ASCII del 8
MOV BL, 34H ; código ASCII del 4
ADD AL, BL
AAA ; ajuste ASCII
OR AX, 3030H
Después de ejecutar AAA: AX = 0102H, después de la OR
AX = 3132H ASCII del 12.
Nota:
AAA chequea el dígito menos significativo de AL, si es >9 ó si AF=1 entonces suma 06 a AL y encera el dígito más significativo de AL y suma 1 a AH.

3.4.2. AAS: Ajuste ASCII después de resta

MOV AH, 0
MOV AL, '8'
SUB AL, '9' ;AX=00FFH
AAS ;AX=FF09H
PUSHF ; guarda CY
OR AL,30H ;AX=FF39H
POPF ;recupera CY

Observe que el ajuste es necesario solamente cuando la resta genera un resultado negativo

3.4.3. Multiplicación

- Multiplicación con signo
  IMUL S

- Multiplicación sin signo
  MUL S

- S puede ser un registro o localidad de memoria pero no una constante.

- Ejemplo de IMUL
  MOV BL,0FEH

MOV AL,0E5H
IMUL BL
BL = -2 AL = -27

- Después de IMUL
  AX = 0036H (54D)
  CF = OF = 0 (resultado entra en un byte)

- Enteros de 8 bits
  AX <– AL*S8

- Enteros de 16 bits
  DX: AX <– AX*S16

- Enteros de 32 bits
  EDX: EAX <– EAX*S32

- Afecta CF y OF

- SF, ZF, AF, PF no definidas

- Ejemplo de MUL
  MOV BL, 0FEH
  MOV AL, 0E5H
  MUL BL

- BL = 254 AL = 229

- Después de MUL
  AX = 0E336H (58166D)
  CF=OF=1 (resultado requiere una palabra)

Ejemplo de IMUL

MOV AWORD,-136
MOV AX, 6784
IMUL AWORD

AWORD contiene 0FF78H ——AX = 1A80H
Después de IMUL
DX: AX = FFF1H:EC00H (-922624D)
CF = OF = 1 (resultado entra en doble palabra)

Ejemplo de MUL

MOV AWORD, -136
MOV AX, 6784
MUL AWORD
AWORD=0FF78H (65400D)
AX=1A80H
Después de MUL
DX: AX=1A71EC00H (443673600D)
CF=OF=1 (resultado requiere de palabra doble)

3.4.4. AAM: Ajuste ASCII después de multiplicación

MOV BL, 08;un solo digito BCD desempaquetado
MOV AL, 09;un solo digito BCD desempaquetado
MUL BL ;AX=0048H
AAM ;AX=0702H
OR AX, 3030H ;AX=3732H
;AH=37H ASCII de 7
;AL=32H ASCII de 2
Observe que AAM convierte el resultado binario de MUL a formato BCD desempaquetado

3.4.5. División

- División con signo
  IDIV divisor

- División sin signo
  DIV divisor

- Divisor puede ser un registro o localidad de memoria pero no una constante.

- Para IDIV, si Q es positivo y mayor que 7FFFH o si Q es negativo y menor que 8001H, entonces ocurre una interrupción tipo "0".

- Para DIV, si Q es FFH para 8 bits, FFFFH para 16 bits o FFFFFFFFH para 32 bits, entonces ocurre una interrupción tipo "0".

- División de 8 bits
  AL <- Q (AX/divisor)
  AH <- R (AX/divisor)

- División de 16 bits
  AX <- Q (DX: AX / divisor)
  DX <- R (DX: AX / divisor)

- División de 32 bits
  EAX <- Q (EDX: EAX / divisor)

EDX <– R (EDX: EAX / divisor)

- Banderas no definidas

- Para IDIV
  Signo de dividendo=Signo del residuo

Preparando el Dividendo

- Dividir una palabra en AX para una palabra de 16 bits, AX debe convertirse en una palabra doble en DX: AX.

  - Con signo: usar CWD (extensión de signo)
  - Sin signo: usar MOV DX, 0

- Conversión de un byte (en AL) en una palabra (en AX)

  - Con signo: usar CBW (esto no afecta banderas)
  - Sin signo: usar MOV AH, 0

Ejemplo de DIV e IDIV

MOV AL, 64H
MOV AH, 0
MOV CL, 4
DIV CL
Después de DIV
AX=0019H
MOV AL, -64H
CBW
MOV CL, 7
IDIV CL
Después de IDIV
AX=FEF2H
AL=F2H (-14D) cociente
AH=FEH (-2D) residuo
Signo de residuo = signo del dividendo

Ejemplo: Visualizar en pantalla el equivalente decimal de un número binario de 8 bits.

```
MOV AL, 48H;número binario
AAM ;convierte a BCD desempaquetado
OR AX, 3030H;convierte a ASCII
MOV DL, AH ;mostrar dígito más significativo
MOV AH, 2
PUSH AX ;guardar dígito menos significativo
INT 21H
POP AX ;recuperar dígito menos significativo
MOV DL, AL ;mostrar dígito menos significativo
INT 21H
NOTA: EJ14 (en carpeta PRÁCTICAS)
```

3.4.6. AAD: Ajuste ASCII antes de división

```
MOV BL, 9 ;
MOV AX, 0702H ;
AAD ;AX=0048H
DIV BL ;AX=0008H
;AH=00 residuo
;AL=08 cociente
```

Ejemplo: Implementar var4=(var1+var2) * var3

```
mov ax, var1
add ax, var2
mul var3
jc overflow
mov var4, ax
jmp lp1
overflow: . . . . .
lp1: . . . . . . . . . .
```

Ejemplo: implementar var4=(var1 * 5) / (var2 – 3)

```
mov ax, var1
mov bx, 5
mul bx ; DX:AX =producto
mov bx, var2
sub bx, 3
div bx
mov var4, ax
```

Ejemplo: implementar var4=(var1* -5) / (-var2/var3)

```
mov eax, var2
neg eax
cdq ; acondiciona dividendo edx:eax
idiv var3; edx=residuo, eax=cociente
mov ebx, eax
mov eax, -5
imul var1; edx:eax=lado izq.
idiv ebx ; edx=residuo, eax=cociente
mov var4, eax
```

3.5. Instrucciones Lógicas

Instrucciones para realizar operaciones lógicas (Figura 3.11).

Nemónicos	Formato	Operación	Banderas afectadas
AND	AND D, S	$(D) \leftarrow (S) \wedge (D)$	OF, SF, ZF, PF, CF, AF indefinido
OR	OR D, S	$(D) \leftarrow (S) \vee D)$	OF, SF, ZF, PF, CF, AF indefinido
XOR	XOR D, S	$(D) \leftarrow (S) \oplus (D)$	OF, SF, ZF, PF, CF, AF indefinido
NOT	NOT D	$(D) \leftarrow \overline{D}$	Ninguna

Figura 3.11: Instrucciones Lógicas

3.5.1. Ejemplo:

Ejecute la siguiente secuencia de instrucciones.
MOV AL, 01010101B
AND AL, 00011111B
OR AL, 11000000B
XOR AL, 00001111B
NOT AL

3.5.2. Aplicaciones de AND

- Despejar un bit

  - AND AH, 01111111B
    Esto fija bit 7 a 0 (de AH) y deja todos los otros bits intactos

- Despejar bits no deseados

  - AND AX, 000FH
    Despeja 12 bits de AX, excepto los 4 bits menos significativos

111

3.5.3. Aplicaciones de OR

- Encendido de un bit

  - OR BX, 0400H
    Esto enciende bit 10 de BX, deja todos los demás intactos

- Verificando el valor de ciertas banderas de estado

  - OR AX,AX
    Esto fija banderas, no cambia AX
    Bit 15=bit de signo (JS, JNS, JG)
    (ZF=1 si AX=0 (JZ, JNZ)

3.5.4. Convirtiendo Datos

- DL contiene código BCD 0 - 9
  OR DL,00110000B
  DL ahora contiene ASCII 0 – 9

- AH contiene letras ('A' – 'Z').
  OR AH,00100000B
  ahora AH contiene letra minúscula.
  'a'=61H 'A'=41H

- ASCII para dígito x (0 – 9) es 3x.

  - Observe que al encender bits 4 y 5 convertirá un código BCD almacenado en un byte en ASCII

- Observe que letras minúsculas altas (a......o)difieren solamente en bit 5 (1=letra minúscula)

112

3.5.5. Aplicación de XOR

Conmutar un bit
>XOR AH,10000000B
>Esto cambia bit 7(solamente) de AH
Despejando un byte o word
>XOR AX, AX
>Esto carga AX con 0

Instrucción TEST
TEST D, S
Ejecuta operación AND, no almacena resultado
Acondiciona banderas tal como la hace AND

Ejemplo: TEST CL,10000001B
JZ par positivo
JS negativo

3.6. Instrucciones de Desplazamiento

Instrucciones que permiten realizar desplazamiento (Figura 3.12):

Mnemónico	Formato	Operación	Banderas afectadas
SAL/SHL	SAL/SHL D, Cont	Desplaza D a la izquierda Cont veces, llena con ceros las posiciones vacantes a la derecha. El bit MSB termina en CF	SF, ZF, PF, CF, AF no definido OF no definido si Cont≠1
SHR	SHR D, Cont	Desplaza D a la derecha Cont veces, llena con ceros las posiciones vacantes a la izquierda. El bit LSB termina en CF	SF, ZF, PF, CF, AF no definido OF no definido si Cont≠1
SAR	SAR D, Cont	Desplaza D a la derecha Cont veces, llena las posiciones vacantes a la izquierda con MSB original . El último LSB termina en CF	SF, ZF, PF, CF, AF no definido OF no definido si Cont≠1

Figura 3.12: Instrucciones de Desplazamiento

Ejemplos:

* Usando DEBUG evalue los resultados de:
MOV AX, -9
MOV BL, 2
IDIV BL; divide -9 para 2, resultado=FCH
Resultado en AX
MOV AX, -9
SAR AX,1;divide -9 para 2, result=FBH
??

* IDIV redondea para arriba

* SAR redondea para abajo

* MOV AX, 1234H
SHL AX, 1
MOV CL, 2
SHR AX, CL
SAR AX, CL

* MOV AX, 091AH
MOV CL, 2
SAR AX, CL

* MOV AL, -5
CMP AL, -9
CMP AL, -2
CMP AL,-5
CMP AL, +7
INT 3

3.7. Instrucciones de Rotación

Instrucciones que permiten realizar rotación (Figura 3.13).

Mnemónico	Formato	Operación	Banderas Afectadas
ROL	ROL D,Cont	Rotar D a la izquierda Cont veces. Cada MSB de D rota a LSB. MSB afecta a CF.	CF OF no definido si Cont≠1
ROR	ROR D, Cont	Rotar D a la derecha Cont veces. Cada LSB de D rota a MSB. LSB afecta a CF.	CF OF no definido si Cont≠1
RCL	RCL D, Cont	Lo mismo que ROL ecepto que ahora se adhiere CF a D	CF OF no definido si Cont≠1
RCR	RCR D, Cont	Lo mismo que ROR ecepto que ahora se adhiere CF a D	CF OF no definido si Cont≠1

Figura 3.13: Instrucciones de Rotación

3.8. Instrucciones de Desplazamiento: Operandos Permitidos

Operandos permitidos para las instrucciones de desplazamiento (Figura 3.14).

Destino	Contador
Registro	1
Registro	CL
Registro	Inm8
Memoria	1
Memoria	CL
Memoria	Inm8

Figura 3.14: Instrucciones de Desplazamiento: Operandos Permitidos

3.9. Instrucciones de Desplazamiento de doble presición

Instrucciones que realizan el desplazamiento con doble presición (Figura 3.15).

Mnemónico	Formato	Operación	Banderas afectadas
SHRD	SHRD D1,D2,Cont	Desplaza D1 a la derecha Cont veces. D2 suministra los bits a cargarse en D1. Se desplaza de LSB de D2 a MSB de D1. El valor de D2 no cambia. El último bit desplazado fuera de D1 cae en CF.	SF, ZF, PF, CF, OF, AF no definido
SHLD	SHLD D1,D2,Cont	Desplaza D1 a la izquierda Cont veces. D2 suministra los bits a cargarse en D1. Se desplaza de MSB de D2 a LSB de D1. El valor de D2 no cambia. El último bit desplazado fuera de D1 cae en CF.	SF, ZF, PF, CF, OF, AF no definido

Figura 3.15: Instrucciones de Desplazamiento de doble presición

3.10. Instrucciones de Desplazamiento de Doble Presición: Operandos Permitidos

Operandos permitidos en las instrucciones de desplazamiento de doble presición (Figura 3.16).

D1	D2	Contador
Reg16	Reg16	Inm8
Reg16	Reg16	CL
Reg32	Reg32	Inm8
Reg32	Reg32	CL
Memoria16	Reg16	Inm8
Memoria16	Reg16	CL
Memoria32	Reg32	Inm8
Memoria32	Reg32	CL

Figura 3.16: Operandos Permitidos

3.11. Macros

- Un macro es un grupo de instrucciones que realizan una tarea, tal como lo hace un procedimiento o subrutina.

- La diferencia esta en que un procedimiento se accede por medio de una instrucción CALL, mientras que el macro se inserta en el programa como nuevo código que contiene una secuencia de instrucciones.

- Un macro es un nuevo código que usted produce y se ejecuta con mayor rapidez que un procedimiento porque no necesita de la instrucción call.

- Las instrucciones definidas dentro del macro son colocadas en el programa por el ensamblador en el punto en que se las invoca.

- Para definir un macro se usan las directivas MACRO y ENDM.

- Los MACROS deben definirse antes de usarse, razón por la que en general se ubican siempre AL INICIO del segmento de código antes de la directiva ASSUME.

3.11.1. Macro: Cursor

- Este macro fija posición del cursor.

```
* CURSOR MACRO FILA,COL
MOV AH,2;fija pos cursor
MOV BH,0;página 0
MOV DH,FILA
MOV DL,COL
INT 10H
ENDM
```

3.11.2. Macro: Display

- Este macro visualiza una cadena de caracteres.

```
* DISPLAY MACRO CADENA
MOV AH,9;
LEA CADENA
INT 21H
ENDM
```

3.11.3. Macro: LIMPNTLLA

- Este macro limpia pantalla.

```
* LIMPNTLLA MACRO
MOV AX,0600H
MOV BH,7;atri.
MOV CX,0
MOV DX,184FH
INT 10H
ENDM
```

3.12. Directivas: .LALL, .SALL, .XALL

- Controlan la expansión de un macro dentro del fischero listable (.lst).

- .LALL Pone en lista(.LST) todos las instrucciones y comentarios precedidos de un solo ; los comentarios con doble; no se enlistan.

- .SALL suprime todo: suprime listado del cuerpo del macro y sus comentarios.

- XALL (usada por defecto) se usa para visualizar la parte del macro que genera "opcodes".

Ejemplos:

```
Ejemplo.
MOVER MACRO A, B
;A y B son variables tipo byte
PUSH AX
MOV AL, B
MOV A, AL
POP AX
ENDM
......................................................................................
MOVER VAR1, VAR2
......................................................................................
MOVER VAR3, VAR4
```

3.12.1. Variables Locales en un MACRO

- A veces, los macros contienen variables locales. Una variable local es aquella que aparece en el macro, pero no esta disponible fuera de él.

- Para definir una variable local se usa la directiva LOCAL.

- La directiva LOCAL siempre debe seguir de inmediato a la directiva MACRO sin que haya ningún espacio ni texto entre ellas. Si aparece texto o espacio entre la directiva MACRO y LOCAL, el ensamblador indica un error y no acepta a la variable como local.

3.12.2. Directiva LOCAL

Reglas que deben observarse en el cuerpo de un macro.

1. Todas la etiquetas deben declararse como LOCAL.

2. La directiva LOCAL viene inmediatamente después de la directiva MACRO, antes de comentarios.

3. Ejemplo: MACRO
   LOCAL nombre1, nombre2, nombre3
   o una a la vez
   LOCAL nombre1
   LOCAL nombre2
   LOCAL nombre3

MACRO: multiplica dos palabras.

```
MULT MACRO NUM1,NUM2,RESULT
LOCAL ATRAS
MOV BX,NUM1;multiplicador
MOV CX,NUM2;multiplicando
SUB AX,AX
MOV DX,AX
ATRAS: ADD AX,BX
ADC DX,0
LOOP ATRAS;cont. hasta cx=0
MOV RESULT,AX
MOV RESULT+2,DX
ENDM
```

3.12.3. Cadenas de Datos

- Es un arreglo de bytes, palabras, o palabras dobles que residen en localidades sucesivas de memoria

- Operaciones que soportan las cadenas de datos

  - Copiar (de memoria a memoria)
  - Almacenar (escribir)
  - Leer Cadena Datos
  - Comparar
  - Buscar

Características Básicas

- Fuente DS: SI, Destino ES: DI

  - Asegurar segmentos correctos DS y ES
  - Asegurar que SI y DI sean los "offsets" de DS y ES respectivamente

- Bandera de Dirección DF

  - DF=0 Incrementa Direcciones
  - DF=1 Decrementa Direcciones

- Control de DF

Copiar Datos

MOVSB, MOVSW, MOVSD
>Copia de memoria a memoria
ES: DI<- DS: SI
>SI <- SI +/- 1, 2 ó 4
>DI <- DI +/- 1, 2 ó 4
>DF = 0 autoincremento
>DF = 1 autodecremento
>CX contiene un factor de repetición
>REP MOVSB ó REP MOVSW automáticamente ejecutará la transferencia
(CX) veces, deja (CX)=0

3.12.4. Almacenar Cadena de Datos

STOSB, STOSW, STOSD
* Destino ES: DI <- (AL, AX ó EAX)
* DI <- DI +/- 1, 2 ó 4 (depende de DF)
Comúnmente usadas con el prefijo REP , con número de repeticiones en CX
No afecta las banderas

3.12.5. Leer Cadena de Datos

* LODSB, LODSW, LODSD
>(AL, AX o EAX) <- DS: SI
>SI <- SI +/- 1, 2 ó 4
* Comúnmente forman parejas con STOSB, STOSW o STOSD en un lazo
para procesar cada componente de un arreglo
* No hay razón para usar el prefijo REP con estas instrucciones

Ejemplo: Procesar Arreglo

;arreglo a (fuente)contiene ASCII mayúsculas
;Convertir arreglo a en un arreglo b que
;contenga los correspondientes ASCII minúsculas

mov di,offset arreglo b ; destino
mov si, offset arreglo a ; fuente
mov cx,30 ; tamaño arreglo
cld ;auto -incremento

lzo: lodsb ;obtener próximo byte de DS: SI
or al,20h ;convertir a minúscula
stosb ;almacenar en próx. loc. en ES: DI
loop lzo

3.12.6. Comparar Cadena de Datos

CMPSB, CMPSW, CMPSD
DS: SI - ES: DI
SI <- SI +/- 1, 2 ó 4
DI <- DI +/- 1, 2 ó 4
Banderas afectadas: CF, PF, AF,ZF,SF,OF

121

Ejemplo: Comparación de Cadenas

```
MATCH PROC NEAR
MOV SI, OFFSET LÍNEA
MOV DI, OFFSET TABLA
CLD
MOV CX, 10
REPE CMPSB
RET
MATCH ENDP
```

REPE hace que la comparación continúe mientras exista igualdad.

3.12.7. Rastreo de Cadena de Datos

SCASB, SCASW, SCASD
(AL, AX ó EAX) – ES: DI
DI <– DI +/- 1, 2 ó 4

Banderas afectadas: CF, PF, AF,ZF,SF,OF

Ejemplo: Rastreo de un Dato

```
SALTO PROC NEAR
MOV DI, OFFSET TABLA
CLD
MOV CX, 256
MOV AL,20H
REPNE SCASB
RET
SALTO ENDP
```

REPNE repite la comparación mientras exista desigualdad (buscando un 20H), sale con la condición de igualdad.

Unidad 4

Lenguaje Ensamblador: Fundamentos Básicos

4.1. Líneas de Programa

Cada línea de programa puede ser:

- Una instrucción.

- Una directiva del programa ensamblador.

- Un comentario

4.1.1. Sintaxis de Instrucciones

Una Instrucción consta de cuatro campos (Figura 4.1):

Figura 4.1: Sintaxis de Instrucciones

Ejemplo:
Inicio: MOV CX, 10 ; carga CX con 10
MOV AX, BX ; carga AX con BX
CLC ; limpia bandera de acarreo

4.1.2.   Sintaxis de seudo-instrucciones o "directivas"

Sintaxis de las directivas (Figura 4.2):

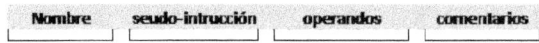

Figura 4.2: Sintaxis de seudo-intrucciones

Ejemplo:

tabla1 BYTE 1,2,3,4,5,6; arreglo de 6 bytes
lista DB 10,20,30,40;arreglo de 4 bytes

4.1.3.   Constantes Enteras: Ejemplos

* 26 decimal
* 26D decimal
* 1AH hexadecimal
* 0A3H hexadecimal
* 10101010B binario
* 36Q octal
* 42O octal

4.1.4. Constantes tipo "character" y "string"

4.1.5. Constantes tipo "character"

'A'
'X'
'd'

4.1.6. Constantes tipo "string"

'ABC'
'4096'
'Buenos días profesor'
'Diga "Gracias", Pedro'

4.1.7. Constantes Reales

Ejemplos de constantes Reales
2.
+3.0
-44.2E+05
26.E5
Observe que al menos debe haber un dígito y un punto decimal. Sin el punto decimal sería una constante entera

4.1.8. Expresiones Enteras

La expresión se evalúa a un entero que se almacena en 32 bits. Los operadores aritméticos se muestran en la siguiente tabla (Figura 4.3).

Operador	nombre	Orden de prioridades
( )	paréntesis	1
+,-	Mas , menos unitario	2
*,/	Multiplicación, división	3
MOD	Módulo	4
+,-	Suma, resta	5

Figura 4.3: Expresiones Enteras

4.1.9. Ejemplos de expresiones enteras

4+5*2
12-8MOD5
-5+2
(4+2)*6
16/5=3
-(3+4)*(6-1)
-3+4*6-1=20
25 MOD 3 =1

4.2. Identificadores

- Identificador es un nombre escogido por el programador. Podría identificar a una variable, a una constante o a una etiqueta.

- Al crear identificadores mantenga en mente lo siguiente:

  - Puede contener entre 1 y 247 caracteres

  - Insensitivo a mayúsculas y minúsculas

- El primer caracter puede ser una letra A..Z, a..z o guión bajo , @, ?, . Los demás caracteres pueden también ser dígitos.

- Un identificador no puede ser igual a palabras reservadas del ensamblador.

4.2.1. Ejemplos válidos de identificadores

* var1 principal contador Máximo Subrutina12 primero 12345 * El sentido común nos sugiere crear identificadores descriptivos y fáciles de entender.

4.3. Directivas

- Una directiva es una ORDEN que el ensamblador reconoce y responde durante el proceso de ensamblaje del programa fuente.

- Las directivas se usan para definir segmentos lógicos, para escoger un modelo de memoria, para definir variables, para definir procedimientos, etc. etc.

- Las directivas forman parte de la sintaxis del programa ensamblador, pero no están relacionadas con las instrucciones del procesador, es decir, no generan código de máquina.
  .DATA identifica el área de un programa que contiene variables.
  .CODE identifica el área de un programa que contiene instrucciones.
  Nombre PROC identifica el inicio de un procedimiento (subrutina).
  Nombre puede ser cualquier identificador
  Nombre ENDP identifica el fin de un procedimiento.
  Estudiar todas las directivas del ensamblador tomaría mucho tiempo, razón por la que nos concentraremos en las directivas más usuales

4.3.1. Directivas de Datos de MASM

Las directivas se muestran en la siguiente tabla (Figura 4.4):

Tipo	Uso
BYTE	Entero sin signo de 8 bits.
SBYTE	Entero con signo de 8 bits
WORD	Entero sin signo de 16 bits.
SWORD	Entero con signo de 16 bits
DWORD	Entero sin signo de 32 bits
SDWORD	Entero con signo de 32 bits
FWORD	Entero de 48 bits (Puntero FAR en modo protegido
QWORD	Entero de 64 bits
TBYTE	Entero de 80 bits (10 bytes)
REAL4	Real corto de 32 bits (4 bytes), estándar de IEEE.
REAL8	Real largo de 64 bits (8 bytes), estándar de IEEE.
REAL10	Real extendido de 80 bits (10bytes), estándar de IEEE.

Figura 4.4: Directivas de Datos de MASM

4.3.2. Ejemplos de BYTE y SBYTE

* Valor1 BYTE 'A'; constante tipo caracter
* Valor2 BYTE 0; byte más pequeño sin signo
* Valor BYTE 255; byte más grande sin signo
* Valor4 SBYTE -128; byte con signo más pequeño
* Valor5 SBYTE +127; byte con signo más grande
* Valor6 BYTE ? ; variable sin inicializar
* Lista1 BYTE 10, 20, 30, 40; arreglo de enteros
* Lista2 BYTE 32, 'A', 41h, 00100010b

4.3.3. Cadena de caracteres

Mensaje1 BYTE "Buenos Días"
Mensaje2 BYTE "Una cadena puede distribuirse"
BYTE "en varias líneas sin necesidad", 0dh,0ah
BYTE "de repetir la etiqueta en cada línea"
BYTE "como se ilustra en este ejemplo",0dh, 0ah
Los bytes 0Dh y 0Ah son los caracteres de fin de línea.
El byte 0Dh es "retorno de cursor".
El byte 0Ah es "avance de línea".

4.3.4. El operador DUP

El operador DUP designa localidades de memoria repetidas, usando una expresión constante como contador.
BYTE 20 DUP(0); 20 bytes, todos igual a cero
BYTE 20 DUP(?); 20 bytes sin inicializar
BYTE 4 DUP("STACK"); 20 bytes:"stackstackstackstack"
BYTE 2 DUP(1,2,5, 2DUP(6,7),8,9,10)

4.3.5. WORD y SWORD

* Palabra1 WORD 65535;valor mas grande sin signo
* Palabra2 SWORD -32768;valor mas pequeño con signo
* Palabra3 WORD ?; sin inicializar, sin signo
* Versiones viejas del ensamblador usan la directiva DW para definir palabras con y sin signo.

Valor1 DW 65535; sin signo
valor2 DW -32768; con signo

* Lista WORD 1, 2, 3, 4, 5, 6; arreglo de 6 palabras
* Arreglo WORD 5 DUP(?); 5 palabras sin inicializar

4.3.6.   DWORD y SDWORD

* Valor1 DWORD 12345678h; sin signo
* Valor2 SDWORD -2147483648; con signo
* Valor3 DWORD 20 DUP(?)
* Versiones viejas del ensamblador usan la directiva DD para definir palabras dobles con y sin signo.

Valor1 DD 12345678h; sin signo
valor2 DD -2147483648; con signo

* Lista DWORD 1, 2, 3, 4, 5; arreglo de palabras dobles

4.3.7.   QWORD y TBYTE

- QWORD designa localidades para valores de 8 bytes (4 palabras).
  Valor1 QWORD 1234567812345678h
  Usted puede usar DQ por compatibilidad con ensambladores viejos.

- TBYTE designa localidades para valores de 10 bytes (enteros de 80 bits). Se puede usar DT por compatibilidad con ensambladores viejos.
  Valor1 TBYTE 1000000000123456789Ah

4.3.8.   REAL4, REAL8 y REAL10

REAL4 define una variable real de 4 bytes.
REAL8 define una variable real de 8 bytes.
REAL10 define una variable real de 10 bytes.
Ejemplos
rvalor1 REAL4 -2.1
rvalor2 REAL8 3.2E-260
rvalor3 REAL10 4.6E+4096
arreglo REAL4 20 DUP(0.0)

4.3.9.   Ejemplo: Suma y Resta

Esta secuencia de instrucciones suma y resta enteros de 32 bits.
MOV EAX, 10000H; EAX=10000H

```
ADD EAX, 40000H; EAX=50000H
SUB EAX, 20000H; EAX=30000H
```

4.3.10. Ejemplo de Suma y Resta usando variables

Esta secuencia de instrucciones suma y resta enteros sin signo de 32 bits y almacena el resultado en una variable.

```
Valor1 DWORD 10000h
valor2 DWORD 40000h
valor3 DWORD 20000h
resultado DWORD

MOV EAX, valor1
ADD EAX, valor2
SUB EAX, valor3
MOV resultado, EAX
```

4.3.11. Constantes Simbólicas

- Una constante simbólica se define asociando un identificador (un símbolo) con una expresión entera o con texto.

- A diferencia de una variable, la cual reserva memoria, una constante simbólica no usa memoria.

- Las constantes simbólicas se usan solamente durante el ensamblado del programa, ellas no cambian durante la ejecución del programa (runtime).

4.3.12. Directiva =

La directiva = asocia el nombre de un símbolo con una expresión entera. La sintaxis es:
nombre = expresión
contador = 500
mov ax, contador
lo que se genera y ensambla es
mov ax, 500

4.3.13.   Ejemplos:

* esc-key = 27
mov al, esc-key
* Contador = 100
arreglo DWORD contador DUP(0)
* El símbolo definido con = puede ser redefinido cualquier número de veces:
CNT = 5
mov al, CNT ; AL = 5
CNT = 10
mov al, CNT ; AL = 10
CNT = 100
mov al, CNT ; AL = 100

4.3.14.   Cálculo del tamaño de arreglos

* lista BYTE 10, 20, 30, 40, 50 tamaño-lista = (s - lista)
MASM usa el operador s(contador de localidades) para devolver el desplazamiento asociado con la localidad actual.

* mi-cadena BYTE "Esta es una cadena"
BYTE "larga que contiene"
BYTE "cualquier número de"
BYTE "caracteres"
tamaño-cadena = (s - mi-cadena)

4.3.15.   Directiva EQU

La directiva EQU asocia el nombre de un símbolo con una expresión entera o con texto. Hay tres formatos:

nombre EQU expresión
nombre EQU símbolo
nombre EQU <texto>

En el primer formato, expresión debe ser una expresión entera válida.
En el segundo formato, símbolo es el nombre de un símbolo previamente definido con = o EQU.
En el tercer formato cualquier texto puede aparecer dentro de <......>.
Cada vez que el ensamblador encuentra nombre sustituye por valor entero, texto o símbolo.

4.3.16. Ejemplos

* EQU es muy útil para definir cualquier valor que no evalúa a entero. Por ejemplo:
PI EQU <3.1415926>

* matriz1 EQU 10*10
matriz2 EQU <10*10>
....
M1 WORD matriz1
M2 WORD matriz2
El ensamblador genera:
M1 WORD 100
M2 WORD 10*10

* BBB EQU AA + 5
BBB EQU AA + 10: ilegal

4.3.17. MAS DIRECTIVAS

Directiva TITLE [línea de texto]: marca la línea entera como comentario, permite poner título al programa.

Ejemplo: TITLE Ordenar Números

Directiva INCLUDE [nombre archivo]: permite usar y copiar definiciones necesarias e información de configuración desde un archivo de texto.

4.3.18. PROC-ENDP y END

Directivas PROC y ENDP: define procedimientos (subrutinas)
nombre PROC FAR (o NEAR); procedimiento
. ..... ; dentro del
. ..... ; segmento
. ret ; de código
nombre ENDP
Directiva END: especifica el FIN del programa fuente.

4.3.19. SEGMENT - ENDS

El formato general para un segmento es:

nombre SEGMENT (align) (combine) ('class')
....
nombre ENDS

Todos los operandos o atributos son opcionales.
Estas dos directivas definen segmentos completos.

4.3.20. Atributos de la directiva SEGMENT

El operando de la directiva SEGMENT puede tener tres tipos de atributos (opcionales):

- Atributos de alineación: PARA, WORD, BYTE

- Atributos de combinación: STACK, COMMON, PUBLIC, AT

- Atributos de clase: CODE, DATA, STACK estos atributos entre apóstrofes son usados para agrupar segmentos relacionados cuando ejecutamos el LIGADOR.

Atributos de alineación PARA: el segmento inicia en una dirección divisible para 16 (10H)
WORD: el segmento inicia en una dirección divisible para 2
BYTE: el segmento inicia en cualquier dirección
Nota: en caso de omisión el ensamblador asume PARA

Atributos de combinación STACK : el ensamblador y ligador automáticamente cargan SS y SP y el segmento forma parte la pila durante la corrida.
COMMON: sobrepone segmentos que tienen el mismo nombre.
PUBLIC: concatena segmentos que tienen el mismo nombre.
AT expresión: ubica el segmento en una dirección dada por expresión.

4.3.21. ORG y ASSUME

La directiva ORG address le dice al ensamblador que inicie la generación de código a partir del desplazamiento de dirección indicado por address. Se ubica inmediatamente después de la directiva que define un segmento.

ORG 100H

La directiva ASSUME le informa al ensamblador los nombres que han sido escogidos para los segmentos de datos, código, extra de datos y pila. Se ubica después de la directiva segment 'code'.

Assume cs:code sg, ds:data sg, ss:stack sg

4.4. Organización de la memoria

- Las directivas de segmento simplificado esconde muchos detalles de la definición de segmento y asume las mismas normas de Microsoft usadas con los lenguajes de nivel alto.

- Las definiciones de segmento completo requieren de una sintaxis más compleja, pero en cambio provee un control completo sobre cómo el ensamblador genera los segmentos.

- Esto implica escribir directivas más complejas para manejar todas las tareas, que las directivas de segmento simplificado ejecutan automáticamente.

4.4.1. Directivas de Segmento Simplificado

* Algunas directivas de segmento simplificado:

.MODEL
.CODE
.DATA
.STACK

4.5. Modelos de Memoria

Cada modelo define la manera como un programa se almacena en la memoria del sistema.

Por ejemplo, el modelo "Tiny" se usa para crear archivos .COM en lugar de archivos .EXE

Los archivos .COM son diferentes porque todos los datos y código calzan en un solo segmento y usan como origen la dirección 100H.

Los archivos .COM se ejecutan más rápido que los archivos .EXE.

Para la mayoría de las aplicaciones se usa los archivos .EXE y el modelo de memoria SMALL.

Tiny
* Se combina datos y código en el mismo segmento, debe ser menor que 64K. Este modelo permite crear archivos .COM el cual se origina en la localidad 100H.
Small
* Contiene dos segmentos separados
* Code <= 64K y Data <= 64K
Medium
* Contiene un segmento de datos y cualquier número de segmentos de código.
Compact
* Contiene un segmento de código y cualquier número de segmentos de datos.
Large
* Permite cualquier número de segmentos de datos y código.
Huge
* Igual que Large, pero los segmentos de datos pueden tener más de 64K.

Unidad 5

Interrupciones en la PC

5.1. Definición

- Una interrupción es un evento que hace que el CPU deje de procesar el programa actual (principal) y pase a ejecutar una tarea específica (otro programa) de servicio a la interrupción (Figura 5.1).

- Finalidad de las interrupciones:
  las interrupciones son de particular utilidad cuando se conectan dispositivos de E/S que requieren o suministran datos a velocidades de transferencia más o menos bajas.

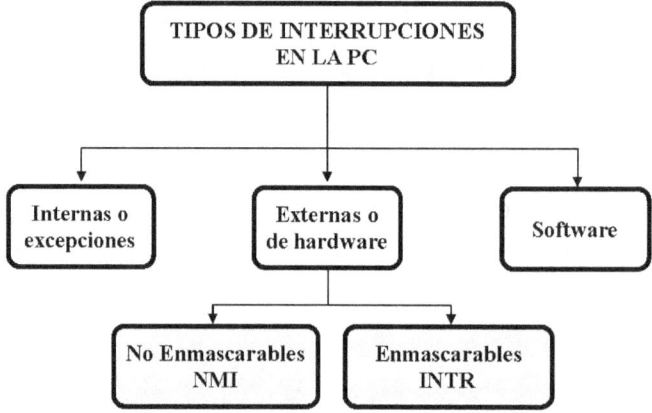

Figura 5.1: Interrupciones de la Pc

138

5.2. Mecánica de la Interrupción

Mecánica de la Interrupción (Figura 5.2).

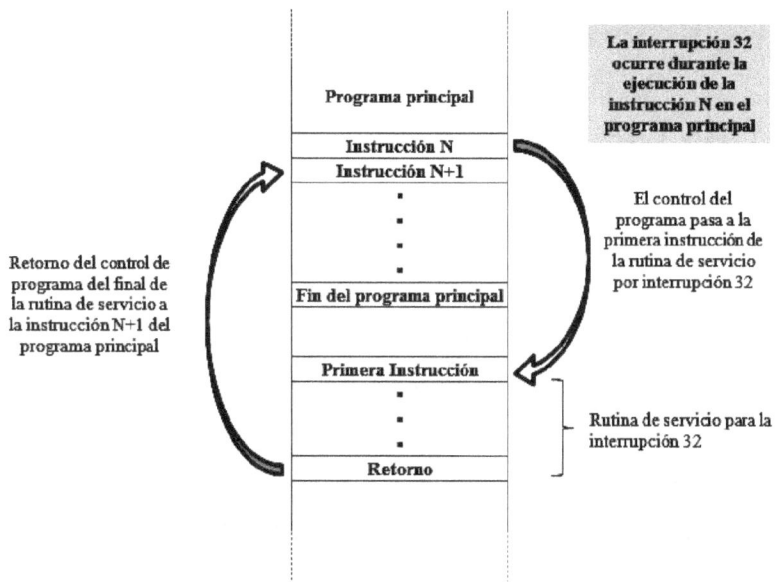

Figura 5.2: Mecánica de la Interrupción

5.3. Interrupciones por "software"

CLI; IF <– 0
STI; IF <– 1
=====================================
INT n
((SP)-2) <– Flags
TF <– 0, IF <– 0
((SP)-4) <– (CS)
(CS) <– (4xn+2)
((SP)-6) <– (IP)
(IP) <– (4xn)

IRET
(IP) <– ((SP))
(CS) <– ((SP)+2)
(Flags) <– ((SP)+4)
(SP) <– (SP)+6

5.4. La Tabla de Vectores de Interrupción de la PC

La tabla de vectores de interrupción (Figura 5.3) contiene las direcciones de las rutinas de servicio de las interrupciones que realizan las funciones asociadas con las interrupciones.

Las rutinas del BIOS inicializa la tabla de vectores. al momento de "bootear", con las direcciones de las rutinas suministradas por el código en la ROM BIOS y después el DOS y nuestros programas de aplicación agregan sus respectivos vectores a los vectores de esta tabla, conforme son cargados.

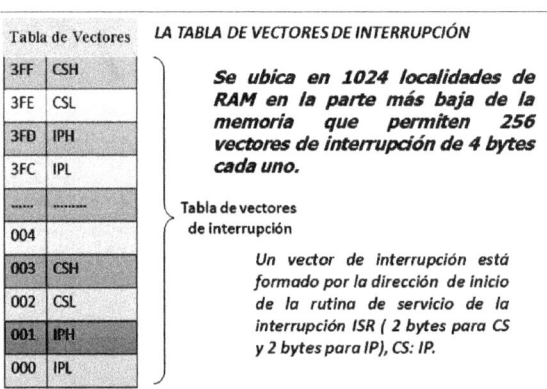

Figura 5.3: Tabla de Interrupciones

5.5. Descripción de la Tabla de Vectores de Interrupción y su Tipo

Descripción de los vectores de interrupción (Figuras 5.4, 5.5, 5.6,5.7 y 5.8).

Int. Num.	Address In I.V.T.	Description
0	00-03	CPU divide by zero
1	04-07	Debug single step
2	08-0B	Non Maskable Interrupt (NMI input on processor)
3	0C-0F	Debug breakpoints
4	10-13	Arithmetic overflow
5	14-17	BIOS provided Print Screen routine
6	18-1B	Reserved
7	1C-1F	Reserved
8	20-23	IRQ0, Time of day hardware services
9	24-27	IRQ1, Keyboard Interface
A	28-2B	IRQ2, ISA Bus cascade services for second 8259
B	2C-2F	IRQ3, Com 2 hardware
C	30-33	IRQ4, Com1 hardware

Figura 5.4: Vectores de Interrupción 1

D	34-37	IRQ5, LPT2, hardware de puerto paralelo (Disco duro en XT)
E	38-3B	IRQ6, Adaptador de disquete
F	3C-3F	IRQ7, LPT1, hardware de puerto paralelo
10	40-43	Servicios de video
11	44-47	Chequeo de equipos
12	48-4B	Determinación del tamaño de memoria
13	4C-4F	Rutinas de entrada/salida de disco
14	50-53	Rutinas de entrada/salida seriales
15	54-57	Usado para servicios de cinta
16	58-5B	Rutinas de entrada/salida de teclado
17	5C-5F	Rutinas de entrada/salida de impresora
18	60-63	Apunta al interpretador básico en una PC IBM "real"
19	64-67	Cargador de arranque
1A	68-6B	Servicios de horario

Figura 5.5: Vectores de Interrupción 2

141

1B	6C-6F	Servicios de Ctrl-Break
1C	70-73	Tic tacs del temporizador (provee 18.2 tic tacs por segundo)
1D	74-77	Parámetros de video
1E	78-7B	Parámetros de disco
1F	7C-7F	Gráficos de video
20	80-83	Terminación de programa (obsoleto)
21	84-87	Todos los servicios del DOS disponibles mediante esta interrupción
22	88-8B	Terminar dirección
23	8C-8B	Dirección de salida de Ctrl-break
24	90-93	Operador de errores críticos
25	94-97	Sectores de lectura lógica

Figura 5.6: Vectores de Interrupción 3

26	98-9B	Escribe sectores lógicos
27	9C-9F	Termina y mantiene rutinas residentes (obsoleta)
28 a 3F	A0-A3 a FC-FF	Reservada para DOS
40 a 4F	100-103 a 13C-13F	Reservada para BIOS
50	140-143	Reservada para BIOS
51	144-147	Funciones de Mouse
52 a 59	148-14B a 164-167	Reservada para BIOS
5A	168-15B	Reservada para BIOS
5B	16C-16F	Reservada para BIOS
5D	174-177	Reservada para BIOS
5E	178-17B	Reservada para BIOS
5F	17C-17F	Reservada para BIOS
60 a 66	180-183 a 198-19B	Reservada para programas de Usuario
67	19C-19F	Usada para funciones EMS

Figura 5.7: Vectores de Interrupción 4

68 a 6F	1 A0-1 A3 a 1BC-1BF	No usada
70	1C0-1C3	IRQ8, ISA Reloj de bus de tiempo real
71	1C4-1C7	IRQ9, toma el lugar de IRQ2
72	1C8-1CB	IRQ10 (habilita interrupción por hardware)
73	1CC-1CF	IRQ11 (habilita interrupción por hardware)
74	1D0-1D3	IRQ12 (habilita interrupción por hardware)
75	1D4-1D7	IRQ13, co-procesador matemático
76	1D8-1DB	IRQ14, ISA bus controlador de disco duro
77	1DC-1DF	IRQ15, (habilita interrupción por hardware)
78 a 7F	1E0-1E3 a 1FC-1FF	No usada
80 a 85	200-203 a 214-217	Reservada para basic
86 a F0	218-21B a 3C0-3C3	Usada por basic
F1 a FF	3C4-3C7 a 3C4-3FF	No usada

Figura 5.8: Vectores de Interrupción 5

En general:

La familia de microprocesadores de Intel pueden reconocer 256 diferentes interrupciones, cada una con un código único de TIPO (número) con el que el microprocesador lo identifica.

El procesador usa este código de TIPO, un número entre 00 y FF en hexadecimal, para apuntar a una localidad dentro de la tabla de vectores de interrupción.

5.6. INTERRUPCIONES EN LA PC

Cuando una interrupción ocurre, independientemente de la fuente, el microprocesador realiza lo siguiente:

- El CPU guarda push el registro de banderas en el STACK

- La CPU guarda en el STACK la dirección de retorno lejano, segmento:offset, primero el valor del segmento.

- La CPU determina la causa de la interrupción, esto es, lee el número o tipo de la interrupción y toma los 4 bytes del vector de interrupción de la dirección 0000:vector*4.

- La CPU transfiere el control a la rutina especificada por la tabla de vectores de interrupción.

Después de completados estos pasos, la rutina de servicio de la interrupción toma el control. Cuando la interrupción desea regresar el control al programa principal , debe ejecutar una instrucción IRET, Interrupt Return. El retorno desde una interrupción recupera del STACK la dirección de retorno lejano y las banderas.

5.6.1. Operación de las instrucciones INT e IRET

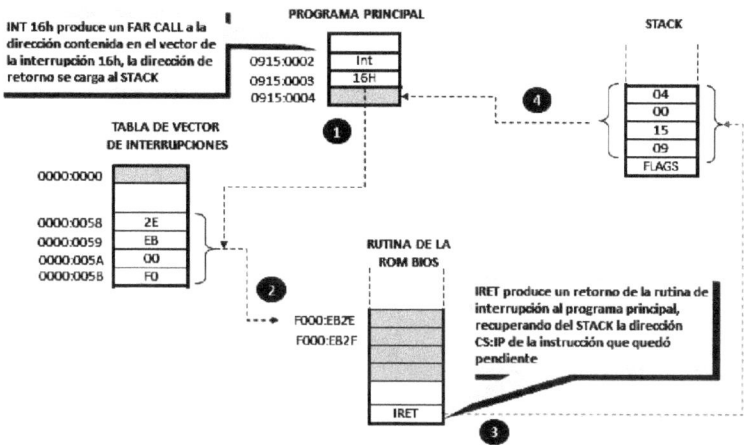

Figura 5.9: INT e IRET

La CPU no puede dejar una instrucción a medio ejecutar, sensa las interrupciones en el último ciclo de máquina de la instrucción en curso y responde al finalizar la instrucción en curso (Figuras 5.9 y 5.10).

5.6.2. INTERRUPCIONES INTERNAS O EXCEPCIONES:

Las genera la propia CPU cuando se produce una situación anormal o cuando llega el caso (Figura 5.11). Por desgracia, IBM se saltó olímpicamente la especificación de Intel que reserva las interrupciones 0-31 para el procesador.

INT 0: error de división, generada automáticamente cuando el cociente no cabe en el registro o el divisor es cero. Sólo puede ser generada mediante DIV o IDIV.

INT 1: paso a paso, se produce tras cada instrucción cuando el procesador está en modo traza (utilizada en depuración de programas).

INT 2: interrupción no enmascarable, tiene prioridad absoluta y se produce incluso aunque estén inhibidas las interrupciones (con CLI) para indicar un hecho muy urgente (fallo en la alimentación o error de paridad en la memoria).

INT 3: utilizada para poner puntos de ruptura en la depuración de programas, debido a que es una instrucción de un solo byte muy cómoda de utilizar.

145

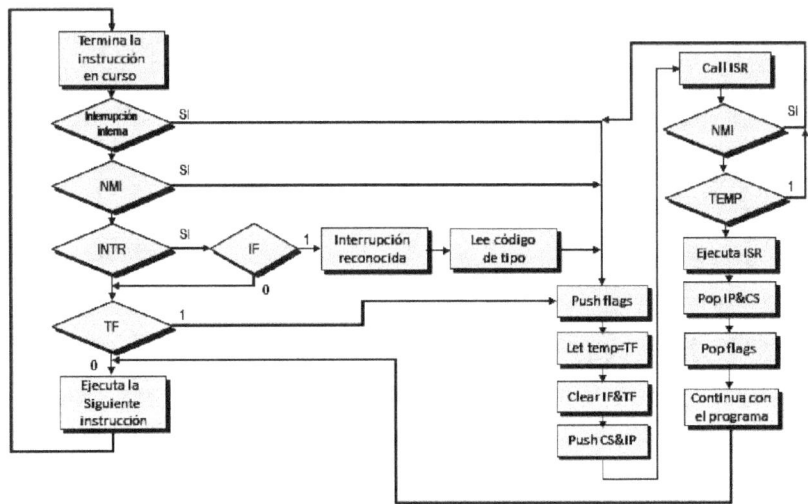

Figura 5.10: Instrucciones del CPU

INT 4: desbordamiento, se dispara cuando se ejecuta un INTO y había desbordamiento.

INT 5: rango excedido en la instrucción BOUND (sólo 286 y superiores). Ha sido incorrectamente empleada por IBM para volcar la pantalla por impresora.

INT 6: código de operación inválido (sólo a partir del 286). Se produce al ejecutar una instrucción indefinida, en la pila se almacena el CS:IP de la instrucción ilegal.

INT 7: dispositivo no disponible (sólo a partir del 286).

Producidas por el propio programa usando la instrucción INT para invocar ciertas subrutinas.

La BIOS y el DOS utilizan algunas interrupciones a las que se puede llamar con determinados valores en los registros para que realicen ciertos servicios.

- Son generadas por dispositivos periféricos externo a través de una señal eléctrica.

- Se solicita la atención de la CPU aplicándole la señal a sus terminales INT y NMI

- Las Enmascarables por INT : activa a nivel alto

- Las No Enmacarables por NMI: activa en flanco de subida

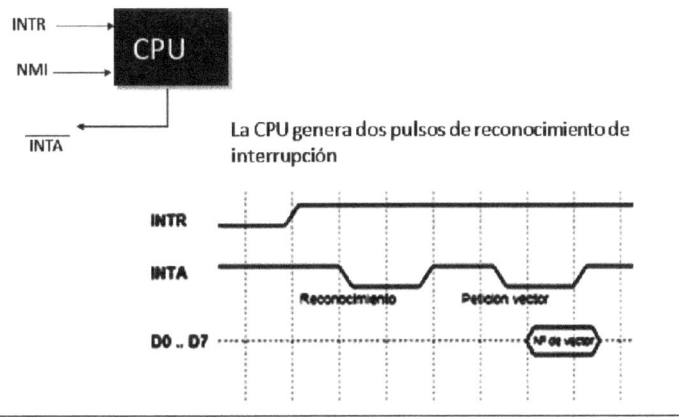

Figura 5.11: Pulsos de Reconocimiento

5.6.3. INTERRUPCIONES ENMASCARABLES

SE HABILITAN O DESHABILITAN POR PROGRAMA:

- Con la instrucción STI se habilitan las interrupciones y pone la bandera IF a 1

- Con la instrucción CLI se inhiben todas las posibles interrupciones de este tipo y se pone la bandera IF a 0.

LA CPU RESPONDE AL SER ACEPTADA LA INTERRUPCIÓN, CON UNA SEÑAL EN SU TERMINAL INTA (INTERRUPT ACNOWLWDGE) (Figura 5.12).

Son solicitadas por periféricos externos, a través de un Controlador de interrupciones programable (Programmable Interrupts Controller : PIC) que se conecta a la terminal INT del mprocesador, La aceptación o no depende del status de la bandera de interrupciones IF

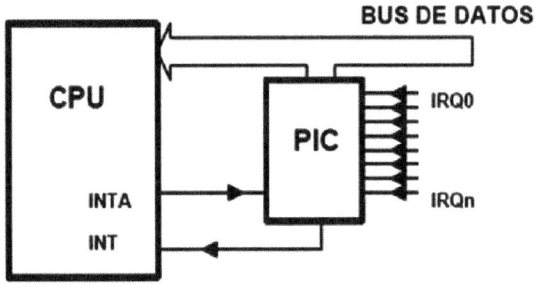

Figura 5.12: Interrupciones Enmascarables

La IBM PC original usó el controlador de interrupciones 8259.
Este permitía que se pudieran generen hasta 8 señales de interrupción (numeradas de 0 a 7).
Estas líneas de interrupción son llamadas líneas de "Interrupt Request" requerimiento de interrupción o IRQs

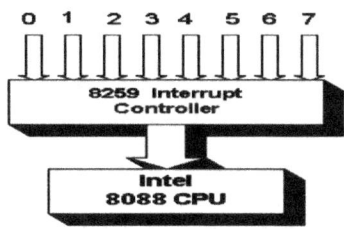

Figura 5.13: Intel CPU 8088

A partir de la IBM AT se incluyen 2 controladores de interrupción (Figuras 5.13 y 5.14), donde el segundo controlador (ESCLAVO) está conectado en cascada a la línea de interrupción 2 del primer controlador (MAESTRO). Las líneas de interrupción del segundo controlador están numeradas de 8 a 15.

Debido a este "cascadeo", la línea de interrupción 2 no está disponible. Sin embargo; para compatibilidad con la PC original, la línea de interrrupción 2 es conectada a la línea 9 del segundo controlador (tal que, si un dispositivo en la PC es configurado para la interrupción 2, en realidad este usa la interrupción 9)

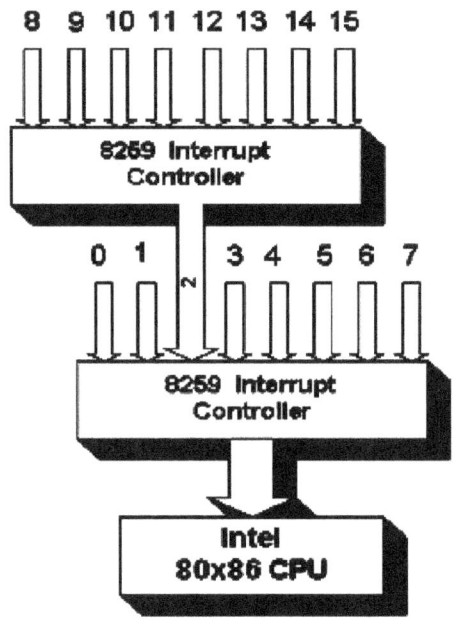

Figura 5.14: Control de Interrupciones

Interrupciones reservadas:

(Figura 5.15)
IRQ0 Temporizador (Timer)
IRQ1 Teclado
IRQ8 Reloj de tiempo real
IRQ13 Errores del coprocesador
IRQ14 Controlador de disco duro
IRQ3 Puerto serie COM1
IRQ4 Puerto serie COM2
IRQ6 Controlador de diskette
IRQ7 Puerto paralelo

Al inicio del sistema se especifica:
PIC MAESTRO INT = IRQ + 8
PIC ESCLAVO INT = IRQ + 70h

PIC MAESTRO Dir E/S = 20h, 21h
PIC ESCLAVO Dir E/S = A0h, A1h

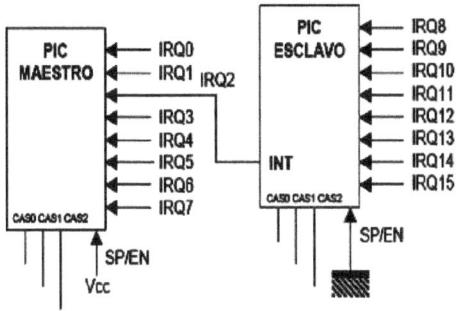

Figura 5.15: Instrucciones Reservadas

5.7. Procesamiento de interrupciones: RESUMEN

Cuando el microprocesador 8088/8086 procesa una interrupción (software o harware) ejecuta los pasos siguientes:

- Guarda en la pila el registro de banderas PSW.

- Encera las banderas IF=0, TF=0.

- Guarda en la pila CS actual.

- Guarda en la pila IP actual.

- El tipo de interrupción (n=0,1,2, 255) se multiplica por 4 para obtener la dirección física de la tabla de vectores y buscar la pareja CS:IP de la subrutina de servicio.

- Con esta dirección CS:IP el CPU busca y ejecuta las instrucciones de la subrutina de servicio.

- La última instrucción de la subrutina de servicio debe ser IRET, que recupera IP, CS y PSW para que el CPU recobre la ejecución del programa principal.

5.7.1. Desinstalación de un Vector de Interrupción

La función 35H de INT 21H lee un vector de interrupción de la tabla de vectores.

Entrada:
AH : 35H
AL : número del vector de interrupción

Salida:
ES : BX = dirección archivada en el vector
BX : IP de subrutina de servicio de Int.
ES : CS de subrutina de servicio de Int.

5.7.2. Instalación de un vector de Interrupción

La función 25H de INT 21H instala el vector de interrupción en tabla de vectores.

Entrada:
* AH = 25H
* AL = número del vector de interrupción
* DS = DX dirección de subrutina de servicio
* DS = CS de subrutina de servicio
* DX = IP de subrutina de servicio

Unidad 6

Funciones del BIOS y del MSDOS

6.1. Interface DOS-BIOS

Diagrama de la Interface DOS-BIOS (Figura 6.1).

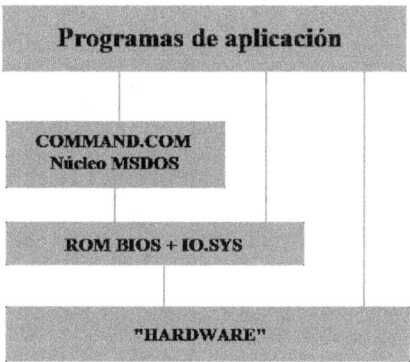

Figura 6.1: Interface DOS-BIOS

6.1.1. El ROM-BIOS

- El ROM-BIOS (Basic Input Output System) es parte del sistema de control en ROM de una IBM PC o compatible, provee los servicios de entrada y salida básicos para la operación de un computador. BIOS es una colección de procedimientos o subrutinas que implementan funciones específicas tales como: leer caracteres desde el teclado, escribir caracteres en pantalla, leer información desde un disco, etc. Los servicios de BIOS más importantes son:

- Servicios para periféricos.

  Interrupción Uso

  10H Despliegue de datos en pantalla

  13H Control de diskettes

  14H Control puertos seriales

  15H Sevicios para Caseteras

  16H Servicios Estándares de Teclado

  17H Servicios para Control de impresora

Servicios del estado de dispositivos

Interrupción Uso

11H Determinación de Equipos

12H Determinación de Memoria

Servicio Hora / Fecha

Interrupción Uso

1AH Servicio de Hora y Fecha

Servicio de Impresión de pantalla

Interrupción Uso

05H Imprimir Pantalla

Servicios Especiales

Interrupción Uso

18H Activa ROM Basic

19H Activa Subrutina "bootstrap start-up"

6.1.2. Funciones del INT 10H

Función 00H: Selecciona Modo de Video

AH = 00H

AL = Número de modo

Ejemplo: AL = 03H pantalla color tipo texto 25 filas X 80 columnas

Función 01H: Fija tamaño de Cursor.

AH = 01H

CH = (bits 4-0) = línea inicial (0)

CL = (bits 4-0) = línea final (13 monocromático, 7 para color)

Función 02H: Posición del Cursor

AH = 02H

BH = Número página (normalmente 0)

DH = Número de fila

DL = Número de columna

Función 06H: Buscar con avance de página

AH = 06H

AL = Número filas para buscar(0 borra ventana)

BH = atributo de caracteres

CH = fila superior para buscar

CL = Columna izquierda para buscar

DH = última fila para buscar

DL = columna derecha para buscar

Función 09H: despliegue de atributo o carácter en la posición del cursor.

AH = 09H

AL = código ASCII

BH = Número de página

BL = atributo del Carácter

CX = Número de veces que la función exhibe el carácter en pantalla

Función 0AH: despliegue de un carácter en la posición actual del cursor.

AH = 0AH

AL = código ASCII

BH = Número de página

CX = Número de caracteres repetidos

Nota: esta función no avanza el cursor

BIOS: Función 07H de INT 10H

AH=07H

AL= con 0 borra ventana

BH= atributo de caracteres

CH= primera fila superior de ventana

CL= columna izquierda superior

DH= última fila de ventana

DL= columna derecha inferior

6.1.3.   Pantalla Modo Texto

- El modo texto se usa para el despliegue normal de los caracteres ASCII en la pantalla. Provee el acceso al conjunto completo de 256 caracteres ASCII.

- El Byte Atributo en modo texto determina las características de cada caracter en pantalla.

- Cuando un programa fija un atributo, permanece fijo; es decir, todos los demás caracteres enviados a pantalla poseen el mismo atributo hasta que otra operación lo cambie.

6.1.4.   Byte Atributo

Descripción de los bits del Byte de atributo (Figura 6.2).

7	6	5	4	3	2	1	0
BL	R	G	B	I	R	G	B

BACKGROUND   FIJA   FOREGROUND

ALTA

INTENSIDAD

Figura 6.2: Byte Atributo

Despliegue de Colores

Codificación de los colores que se pueden obtener al configurar los bits I,R,G,B del Byte de atributo (Figura 6.3).

COLOR	IRGB	COLOR	IRGB
Negro	0 0 0 0	Gris	1 0 0 0
Azul	0 0 0 1	Celeste	1 0 0 1
Verde	0 0 1 0	Verde claro	1 0 1 0
Cyan	0 0 1 1	Cyan claro	1 0 1 1
Rojo	0 1 0 0	Rojo claro	1 1 0 0
Magenta	0 1 0 1	Magenta claro	1 1 0 1
Café	0 1 1 0	Amarillo	1 1 1 0
Blanco	0 1 1 1	Blanco de alta intensidad	1 1 1 1

Figura 6.3: Despliegue de Colores

156

Atributos Típicos

Combinación de colores de Back-ground y Fore-ground típicos (Figura 6.4).

Fondo	Frente	Fondo				Frente				HEX
		BL	R	G	B	I	R	G	B	
Negro	Negro	0	0	0	0	0	0	0	0	00
Negro	Azul	0	0	0	0	0	0	0	1	01
Azul	Rojo	0	0	0	1	0	1	0	0	14
Verde	Cyan	0	0	1	0	0	0	1	1	23
Blanco	Magenta Claro	0	1	1	1	1	1	0	1	7D
Verde	Gris (parpadeo)	1	0	1	0	1	0	0	0	A8

Figura 6.4: Atributos Tipicos

6.2. Subrutinas del MSDOS

Cuando usted arranca una PC se ejecuta automáticamente varias tareas. Una es cargar el sistema operativo del disco duro a la memoria RAM. MS-DOS carga tres archivos en RAM: IBMBIO.COM, IBMDOS.COM y COMMAND.COM.

El archivo IBMDOS contiene las subrutinas de servicio del DOS. Hay diez interrupciones del DOS que son:

Interrupción Uso

20H Termina un Programa
21H Funciones del DOS
22H Dirección Terminal."ojo" no usar en sus progrmas
23H Dirección de ruptura (brake address)
24H Manejador de error crítico
25H Lee direcciones absolutas de Disco
26H Escribe en direcciones absolutas de disco
27H Termina y permanece Residente (TSR)
2FH Interrupción Multiplex. Involucra comunicación entre Programas
33H Manejador de Ratón

6.2.1. Funciones del INT 21H

A través de la interrupción INT 21H se pueden llamar 115 funciones. Las más importantes son:

- Función 01H: Leer teclado con eco
  Espera por una entrada desde teclado. La función retorna uno de los dos códigos:
  AL = ASCII de la tecla pulsada
  AL = 00 significa que el usuario pulsó una de las teclas de funciones extendidas- home, page up...
  La función responde a CTRL + BREAK.

- Función 02H: Exhibir un carácter en pantalla. El carácter ASCII ha exhibirse se carga en DL.

- Función 06H: Lectura directa de teclado y despliegue de datos en pantalla

158

- Entrada de datos: cargar 0FFH en DL. Si no hay caracteres en el buffer del teclado se enciende ZF y no espera por una entrada. Si hay caracteres esperado en el buffer entonces DL se carga con el código ASCII del carácter y despeja ZF. La función no rebota el carácter en pantalla ni responde a CTRL + BREAK.

- Despliegue de datos en pantalla: cargar el código ASCII en DL.

- Función 07H: Lectura directa de teclado sin eco.Opera de manera similar que la función 06H con DL = 0FFH, pero no retorna de la función hasta que se presione una tecla. Retorna en AL el código ASCII.

- Función 08H: Lee entrada estándar sin eco. Similar a la función 07H, excepto que lee el dispositivo de entrada estándar. Puede asignarse como dispositivo estándar el teclado o el puerto COM. Responde a CTRL + BREAK mientras que 06H y 07H no. Retorna con código ASCII en AL.

- Función 09H: Exhibe una cadena de caracteres. La cadena de caracteres debe terminar con un ASCII (24H). La cadena puede ser de cualquier longitud y puede contener caracteres de control tales como LF (0AH) y CR (0DH).

```
mensaje db Buenos Días,s ;.....ó
mensaje db Buenos Días
DS:DX ->dirección de cadena de caracteres
```

- Función 0AH: Lee teclado con Buffer. Esta función requiere de una lista de parámetros. Necesita saber la longitud máxima del dato que entra, para alertar al usuario con un beep en el parlante cuando ingresen demasiados caracteres. Llena también uno de los campos con el número de caracteres ingresados. Veamos un ejemplo.

```
LISTA-PARA LABEL BYTE
LONG-MAX DB 20
LONG-ACT DB ?
BUFFER-TECL DB 20 DUP(?)
```
La dirección del buffer de datos se carga en DS:DX: lea dx, lista-para. Si tipeamos el nombre MANUEL la lista de parámetro es (Figura 6.5):

20		M	A	N	U	E	L	CR			...
14	06	4D	41	4E	55	45	4C	0D	20	20	.....

Figura 6.5: Ejemplo Funciones del INT 21H

6.3. Recursos del Sistema: Servicios del DOS y de la BIOS

El DOS y el BIOS del PC proveen de algunas rutinas de servicio que se pueden utilizar para incrementar la versatilidad de los programas del usuario. A estas rutinas se las llama utilizando las características de la interrupción por software del microprocesador 8086.

6.3.1. Fin de programa

INT 21H AX = 4C00H
Descripción: Esta rutina finalizará el programa y devolverá el control al DOS. Debe llamar a esta rutina para finalizar los programas.

Uso: Entrada: AX = 4C00H
Salida: Ninguna
Registros afectados: Ninguno

6.3.2. Status del teclado

INT 21H AH = 0BH
Descripción: La función de esta rutina es detectar si se ha pulsado una tecla.

Uso: Entrada: AH = 0BH
Salida: AL = FF si caracter disponible
AL = 0 si caracter no disponible
Registros afectados: AL

6.3.3. Entrada de un caracter desde teclado

INT 21H AH = 8H
Descripción: La función de esta rutina es esperar un carácter del teclado sin escribirlo por pantalla y almacenarlo en el registro AL en forma de código ASCII.

Uso: Entrada: AH = 8H
Salida: AL = car cter ASCII de la tecla pulsada
Registros afectados: AL

6.3.4. Leer una línea de programa

INT 21H AH = 0AH
Descripción: La función de esta rutina es la de obtener una línea de datos
del teclado (que finaliza al pulsar el retorno de carro) y almacenarlos en un
área de memoria. Los caracteres son mostrados en la pantalla al ser tecleados.

Uso: Entrada: AH = 0AH
DS contiene la dirección del segmento de memoria en el cual se almacenan
los datos introducidos.
DX contiene la dirección del offset de la zona de memoria del segmento an-
terior en la que se almacenan los datos. En el primer byte del área debe
indicarse el máximo número de caracteres a introducir sin superar 255.
Salida: Ninguna en registro
En el segundo byte del área se almacena el número de caracteres tecleados
sin contar el retorno de carro.
Registros afectados: Ninguno

6.3.5. Salida de un caracter por pantalla

INT 21H AH = 2H
Descripción: La función de esta rutina es visualizar un carácter.

Uso: Entrada: AH = 2H
DL contiene el código ASCII del carácter a visualizar.
Salida: Ninguna
Registros afectados: Ninguno

6.3.6. Sacar un string a la pantalla

INT 21H AH = 9H
Descripción: Su función es la de sacar una cadena de caracteres ASCII por
pantalla.

Uso: Entrada: AH = 9H
DS contiene el valor de la dirección del segmento del comienzo de la cadena
de caracteres a sacar.
DX contiene el offset de dicha cadena en el segmento anterior.

El último byte de la cadena de caracteres debe ser el caracter s, que no se muestra en pantalla.
Salida: Ninguna
Registros afectados: AX

6.3.7. Establecer nuevo vector de interrupción

INT 21H AX = 25H
Descripción: Esta rutina establece un nuevo vector de interrupción.

Uso: Entrada: DS:DX Dirección de la rutina de servicio
AL: Número de la interrupción
Salida: Actualización de la tabla de vectores
Registros afectados: Ninguno

6.3.8. Obtiene número de interupción

INT 21H AX = 35H
Descripción: Esta rutina devuelve el vector de interrupción del número de interrupción que se especifique en AL.

Uso: Entrada: AL Número de la interrupción
Salida: ES:BX Vector de la interrupción
Registros afectados: Ninguno

6.3.9. Posicionar el cursor

INT 10H AH = 02H
Entrada: DH = fila (0-24)
DL = columna (0-79)
BH = número de página

6.3.10. Escribir un caracter en pantalla, donde está el cursor

INT 10H AH = 0AH
Entradas: BH = número de página
AL = caracter a escribir

6.3.11. Leer caracter y atributo de la posición actual del cursor

INT 10H AH = 08H
Entradas: BH = número de página
Salidas: AL = caracter leído
AH = atributo del caracter leído

6.3.12. Escribir caracter y atributo en la posición actual del cursor

INT 10H AH = 09H
Entradas: BH = número de página
BL = atributo del caracter
CX = número de caracteres a escribir
AL = caracter a escribir

Unidad 7

Microcontrolador 8051/8052 y sus Derivados

7.1. Introducción

Un microprocesador de propósito general (Figura 7.1) presenta las siguientes características:

* CPU para Computadores
* No hay RAM, ROM, I/O en CPU
* Ejemplo Intel xx86, Motorola 680x0

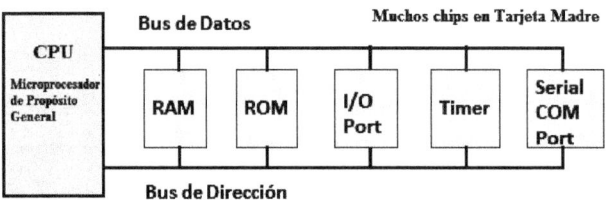

Figura 7.1: Sistema Basado en un Microprocesador de Propósito General

7.2. Microcontrolador:

Un microcontrolador (Figura 7.2), a diferencia del microprocesador, presenta lo siguiente:

* Un computador más pequeño
* Incorpora RAM, ROM, I/O ports...

164

* Ejemplo Motorola 6811, Intel 8051, Zilog Z8 and PIC 16X

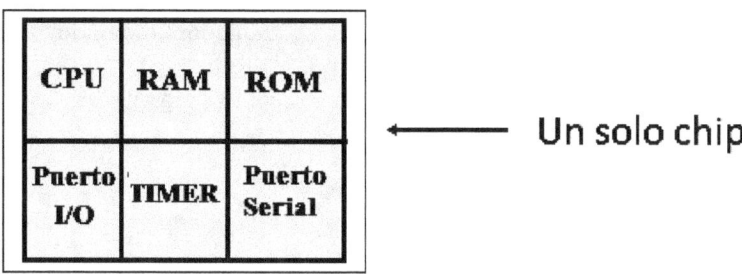

Figura 7.2: Microcontrolador

7.3. Microprocesador vs. Microcontrolador

A continuación se presenta un cuadro comparativo entre las características del microcontrolador y las del microprocesador (cuadro 7.1).

Microprocesador	Microcontrolador
CPU es autónomo (independiente)	CPU, RAM, ROM, I/O y temporizador todos en un mismo chip.
RAM, ROM, I/O y timer son módulos separados	Cantidad fija de ROM, RAM, puertos de E/S para aplicaciones en que costo, potencia y espacio son críticos
El diseñador decide la cantidad de ROM, RAM y ports de E/S.	Aplicaciones puntuales.
Sistema abierto, se puede expander.	•
Versatil	•

Cuadro 7.1: Microprocesador vs Microcontrolador

7.3.1. Tres criterios para escoger un Microcontrolador

1. Que satisfaga las necesidades de eficiencia y costo.
* velocidad, la cantidad de ROM y RAM, número de puertos de E/S y temporizadores, tamaño, tipo de envoltura, consumo de energía.

165

* Fácil de actualizar.
* Costo por unidad.
2. Disponibilidad de las herramientas de software para desarrollo.
* Ensambladores, depuradores, compilador C, emulador, simulador, soporte técnico
3. Disponibilidad y fuentes confiables de microcontroladores.

7.4. Diagrama de Bloques

Es importante conocer como se encuentra estructurado un microcontrolador, razón por la cual se muestra el diagrama de bloques (figura 7.3) que indica cada una de las funciones principales llevadas a cabo dentro del microcontrolador.

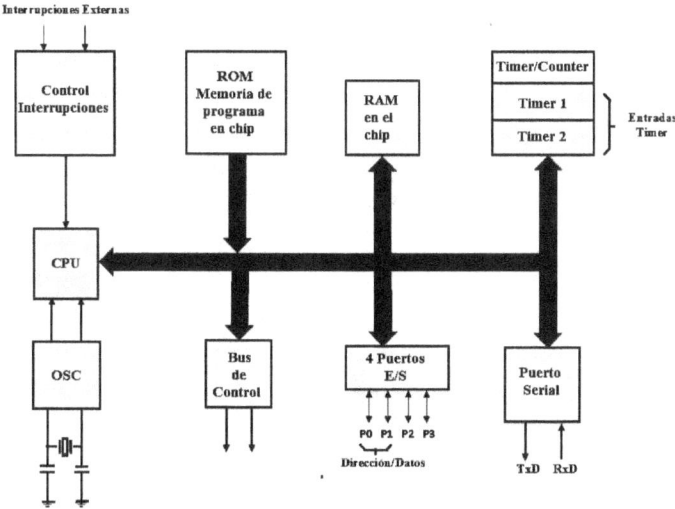

Figura 7.3: Diagrama de Bloques

A continuación se indica la estructura del microcontrolador Intel 8051 (Figura 7.4)

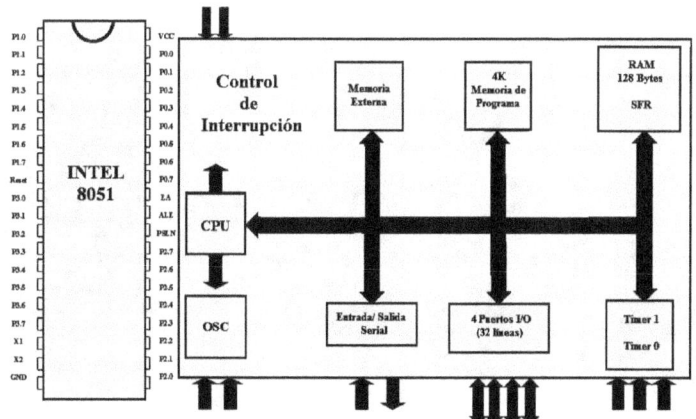

Figura 7.4: Diagrama de Bloques 2

167

Recurso	8051	8052	8031
ROM	4K	8K	0K
RAM	128	256	128
Timers	2	3	2
E/S Pins	32	32	32
Puerto Serial	1	1	1
Fuentes de Interrupción	6	8	6

Cuadro 7.2: comparación familia 8051

7.5. Comparación de miembros de la Familia 8051

En esta sección se describen las características de las 3 principales familias de microcontroladores (cuadro 7.2) 8051, 8052 y 8031.

7.6. Diagramas de Bloque

En el diagrama mostrado a continuación (figura 7.5) se puede apreciar de manera detallada la distribución interna los pines correspondientes a los diferentes puertos de un microprocesador.

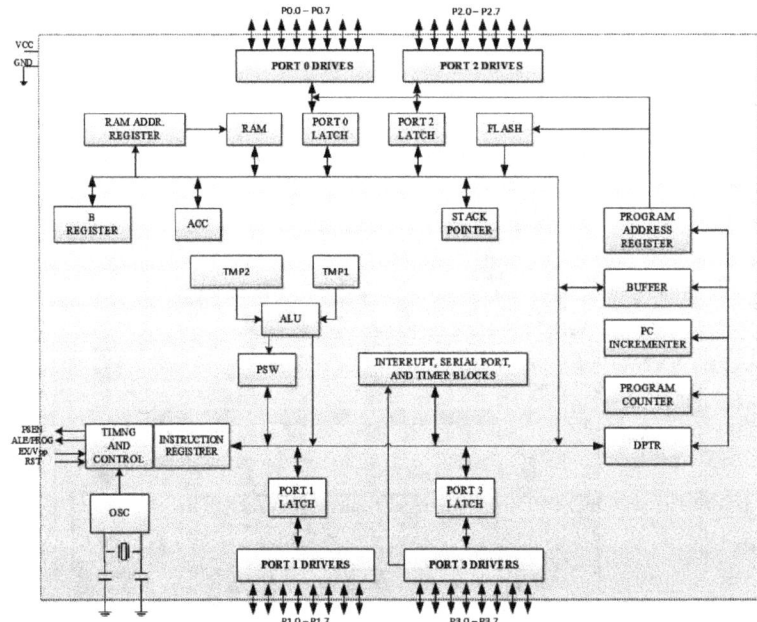

Figura 7.5: Diagrama de Bloques 3

7.7. Descripción de pines del 8051

Para comprender de mejor manera lo observado anteriormente, se muestra la misma distribución de pines a nivel externo para el microcontrolador 8051 (figura 7.6)

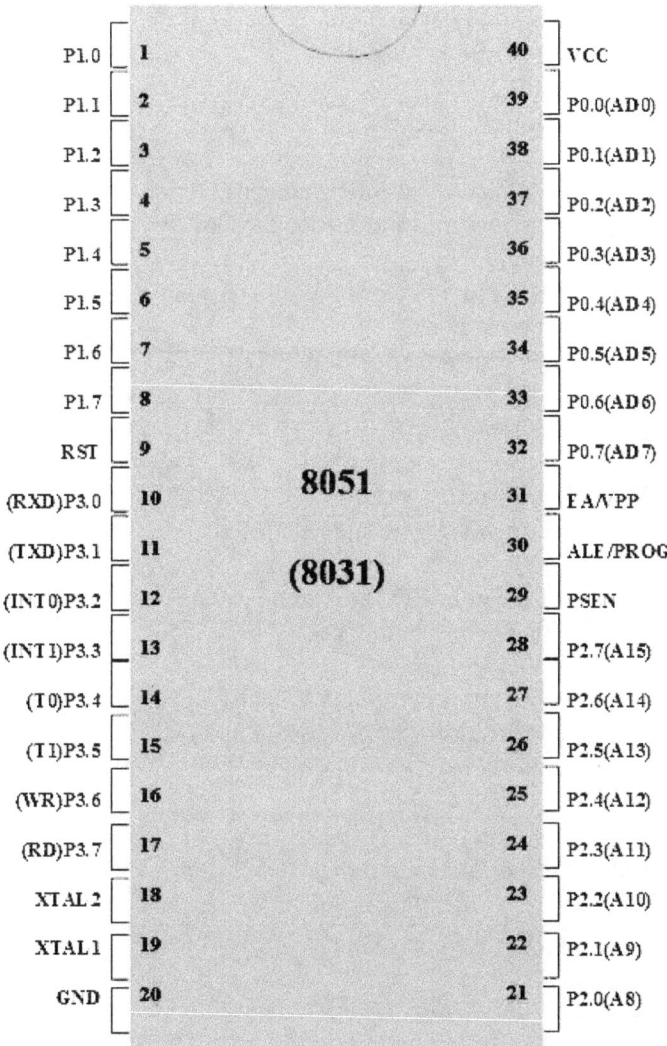

Figura 7.6: Pines del 8051

7.7.1. Pins del 8051

* Vcc-pin 40

Vcc fuente de poder para el chip.

Fuente de voltaje es +5V.

* GND-pin 20 tierra

* XTAL1 y XTAL2-pins 19,18

Estos dos pines proveen el reloj externo.

1-usando oscilador de cristal de cuarzo

2-usando un oscilador TTL

El siguiente ejemplo muestra la relación entre XTAL y el ciclo de máquina.

* RST-pin 9 reset

Es un pin de entrada activo en alto-normalmente bajo.

El pulso debe permanecer en alto al menos 2 ciclos de máquina.

Reset durante el encendido.

Con pulso alto en RST, el microcontrolador activa su reset, y todos los valores en los registros se pierden.

Valores de algunos registros del 8051 después del reset.

1-Circuito "Power-on RESET"

2-"Power-on reset" sin rebotes

* EA-pin 31 acceso externo

No hay ROM en el chip 8031 y 8032.

El pin /EA se conecta a GND para indicar que el codigo se almacena externamente.

PSEN ALE son usados con la ROM externa.

Con el 8051, el pin /EA se conecta a Vcc.

OJO: "/" significa activo en bajo.

* PSEN-pin 29 significa "Program Store ENable"

Es un pin de salida y se conecta al pin OE de la ROM.

Ver interface con memoria externa (más adelante).

* ALE-pin 30 address latch enable

Pin de salida activo en alto.

Port0 provee tanto dirección como datos.

El pin ALE se usa para el-demultiplexaje de dirección y datos conectándolo al pin G del latch 74LS373.

* Pins de E/S

Los 4 puertos P0, P1, P2, y P3.

Cada uno tiene 8 pins.

Todos los pins de E/S son bi-direccionales.

7.8. Conección XTAL para 8051

Usando un oscilador de cristal de cuarzo.
Podemos observar la frecuencia en el pin XTAL2 (Figura 7.7).

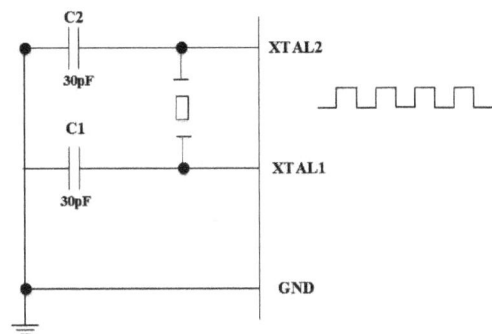

Figura 7.7: XTAL para 8051

7.9. Conección XTAL para una fuente de reloj externa

Usando oscilador TTL.
XTAL2 no se conecta(Figura 7.8)

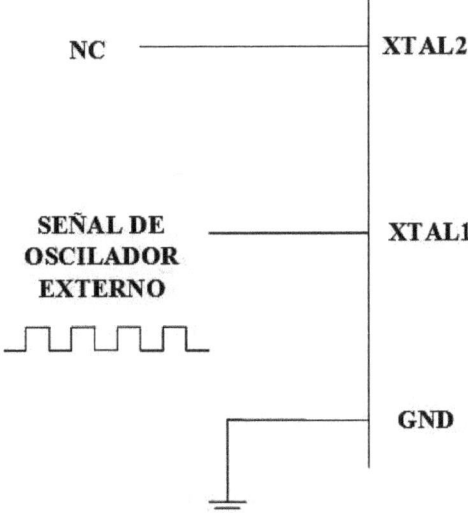

Figura 7.8: XTAL para fuente externa

171

7.10. Valores RESET de algunos Registros del 8051:

Al momento de programar en lenguaje ensamblador resulta importante conocer los valores que obtienen los registros al momento de producir un reset (cuadro 7.3), pues esto ayudará al programador a conocer los diferentes desplazamientos que podrían ocurrir en la memoria.

Registro	Valor RESET
PC	0000
ACC	0000
B	0000
SP	0000
DPTR	0007
RAM	Todo Cero

Cuadro 7.3: Valores RESET de algunos Registros del 8051

7.11. Circuito "Power-On RESET"

A continuación se presenta a detalle el circuito denominado "Power-on reset"(Figura 7.9)

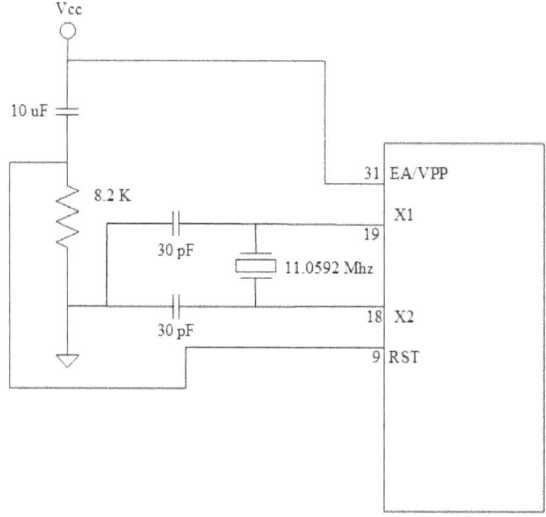

Figura 7.9: Circuito "Power-On RESET"

7.12. "Power-On RESET" sin Rebotes

Una versión mejorada del circuito "Power-on reset"resulta ser el circuito "Power-on reset"sin rebotes (Figura 7.10), mostrado a continuación:

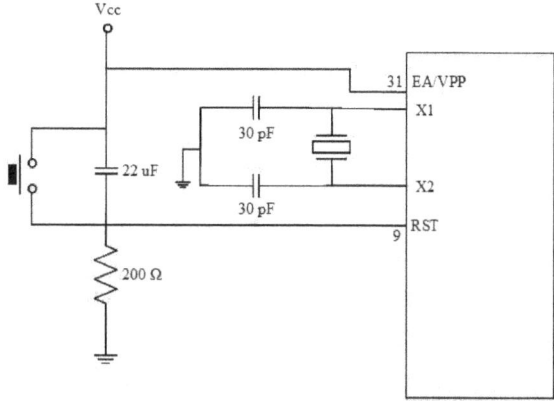

Figura 7.10: "Power-On RESET"sin Rebotes

7.13. "Pins" de un PUERTO de E/S

* El 8051 tiene 4 puertos de E/S
-PUERTO 0 (pins 32-39) P0(P0.0-P0.7)
-PUERTO 1 (pins 1-8) P1(P1.0-P1.7)
-PUERTO 2 (pins 21-28) P2(P2.0-P2.7)
-PUERTO 3 (pins 10-17) P3(P3.0-P3.7)
-Cada PUERTO tiene 8 pins.
. Nombrados P0.X (donde X=0,1,...,7), P1.X, P2.X, P3.X
. Ejemplo P0.0 es el bit 0(LSB)de P0
. Ejemplo P0.7 es el bit 7(MSB)de P0
. Estos 8 bits forman un byte.
* Cada puerto puede usarse como entrada o salida (bi-direccional).

7.13.1. Registros

A continuación se detallan los diferentes registros que pertenecen al micro-procesador (Figura 7.11)

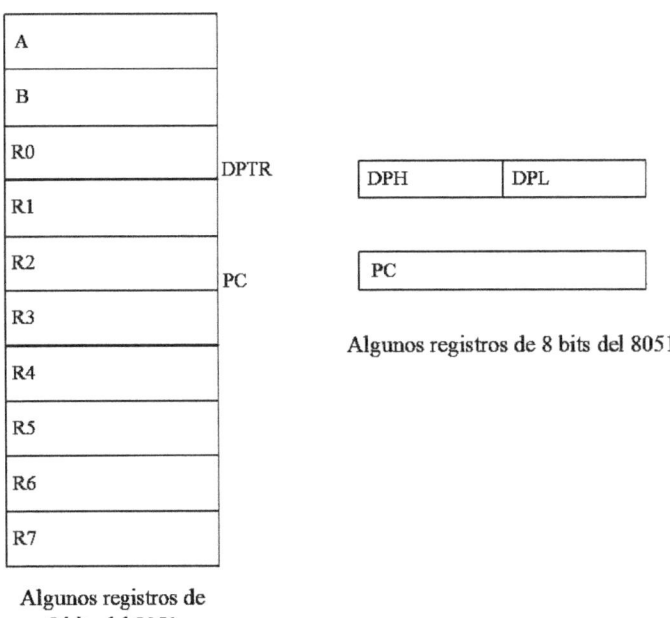

Algunos registros de 8 bits del 8051

Algunos registros de
8 bits del 8051

Figura 7.11: Registros

174

Unidad 8

Organización de Memoria

8.1. Memoria de Programa

* El microcontrolador 8051 permite direccionamiento de 64Kbytes de memoria de programa y 64Kbytes de memoria de datos.

* Además dispone de una memoria RAM interna de 128bytes.

* Memoria de programa se denomina a la memoria en la que se encuentra el código de máquina que ejecuta el procesador.

* Mientras que en la memoria de datos se encuentran los datos manipulados por el procesador.

* Esta separación de funciones se traduce en modos de acceso y direccionamientos diferentes.

* La memoria de código -o memoria de programa- es una memoria de solo lectura destinada a contener el programa a ejecutar por el 8051. El uC solamente puede ejecutar las instrucciones que residan en este tipo de memoria. El 8051 dispone de 4 Kbytes de memoria de código interna, que puede expandirse hasta 64 Kbytes utilizando chips de memoria externa. La memoria de código es una memoria no volátil -los datos permanecen al quitar la alimentación- de tipo ROM, EPROM o FLASH.

* Es posible utilizar combinaciones de memoria interna y externa. Un ejemplo típico es el que utiliza los 4Kbytes de ROM en el chip y el resto hasta completar como máximo los 64Kbytes en chips de memoria EPROM.

* Para direccionar la memoria de código el 8051 usa siempre direcciones de 16 bits. Si la patilla /EA (External Address) se encuentra a nivel alto, el 8051 ejecuta instrucciones de la ROM interna, a menos que la dirección que se esté leyendo sea superior a 0x0FFF -supere los 4 Kbytes internos-, en cuyo caso los accesos van dirigidos a la memoria de código externa. Si la patilla /EA se encuentra a nivel bajo, el 8051 trata de leer todas las instrucciones desde la memoria externa de código.

* Dentro de la memoria de programa, las primeras direcciones están reservadas para los vectores de interrupción así como para el comienzo de programa

según se muestra a continuación (Figura 8.1):

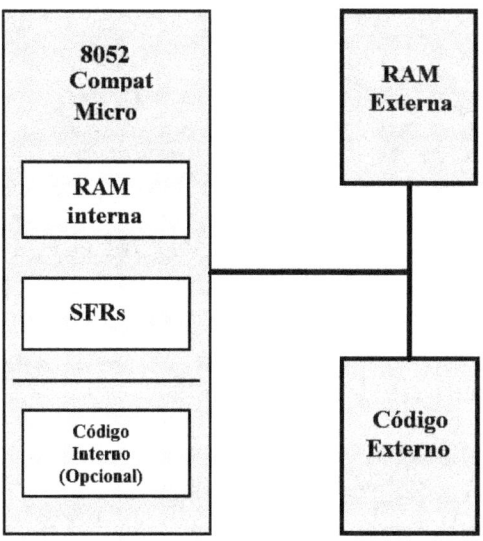

Figura 8.1: Memoria del Programa

8.2. Expansión de Memoria

* Cuando la memoria interna (RAM o FLASH) no es suficiente es posible añadir dos chip de memoria externos con 64 KB cada uno.

* Los puertos P2 y P0 se usan para su direccionamiento y transmisión de datos.

* El micc 8051 tiene dos pins para sincronizar la lectura de ratos, RD y PSEN. Ambos pins son activos en bajo.

* RD se usa para leer datos desde la RAM externa, mientras que PSEN se usa para leer datos desde la memoria de programa externa.

* Un ejemplo típico de expansión de memoria se ilustra a continuación (Figura 8.2):

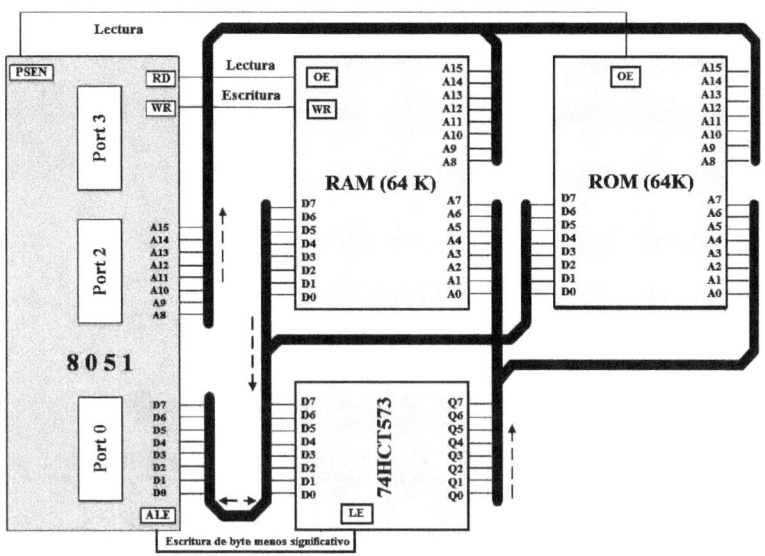

Figura 8.2: Expansión de Memoria

8.3. Memoria de Datos

8.3.1. RAM Interna

La memoria RAM (Figuras 8.3 y 8.4) se compone 4 bancos, cada uno de ellos con sus respectivos registros R0..R7, contiene un espacio destinado para usarlo a consideración del programador y posee además registros de funciones especiales (SFRs) los cuáles serán analizados con mayor detalle posteriormente.

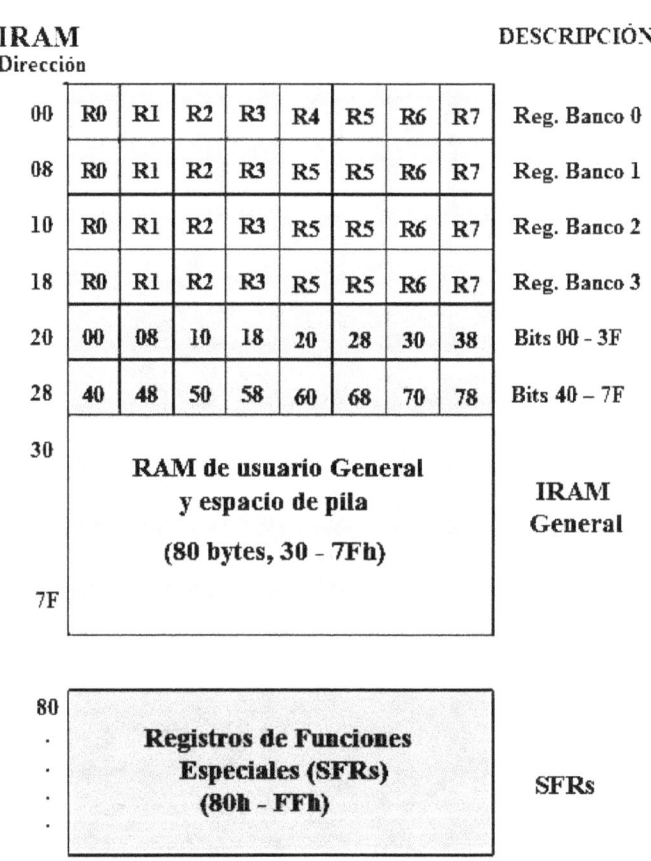

Figura 8.3: RAM Interna

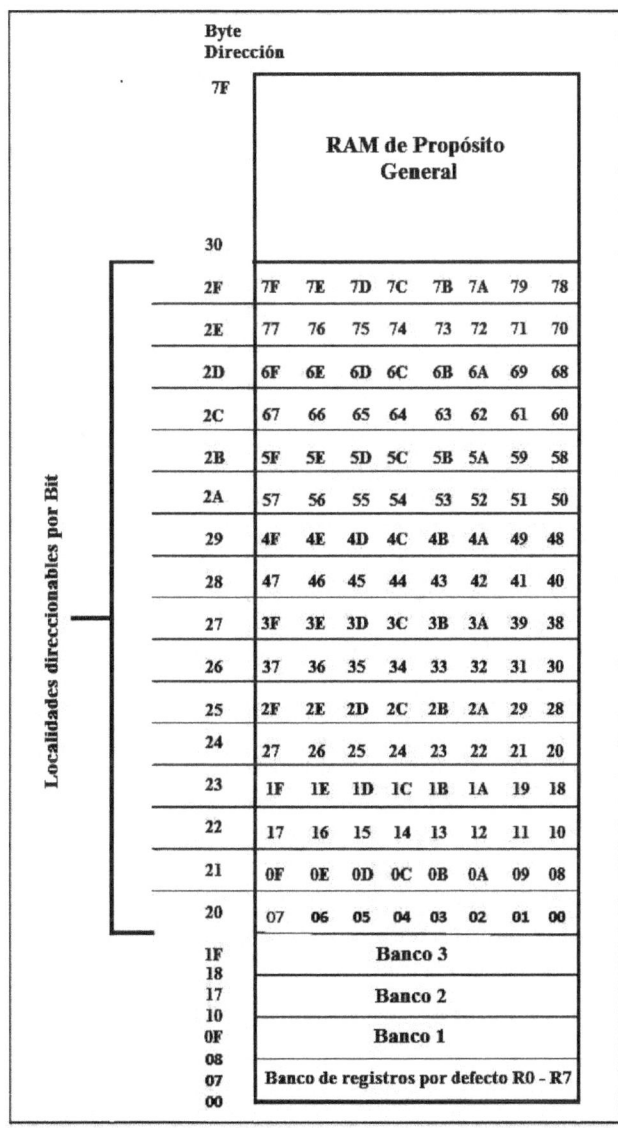

Figura 8.4: RAM Interna 2

8.4.   Registros de Funciones Especiales(SFRs)

Los registros de funciones especiales (Figuras 8.5 y 8.7), ubicados a partir de la dirección 80h-FFh de la memoria RAM son aquellos desde los que el proceso de programación se inicia y en los que el mismo termina. Su ubicación dentro de la memoria RAM interna puede ser observada con mayor detalle en la Figura 8.6.

80	**PO**	**SP**	**DPL**	**DPH**				**PCON**	**87**
88	**TCON**	**TMOD**	**TL0**	**TL1**	**TH0**	**TH1**			**8F**
90	**P1**								**97**
98	**SCON**	**SBUF**							**9F**
A0	**P2**								**A7**
A8	**IE**								**AF**
B0	**P3**								**B7**
B8	**IP**								**B9**
C0									**C7**
C8									**CF**
D0	**PSW**								**D7**
D8									**DF**
E0	**ACC**								**E7**
E8									**EF**
F0	**B**								**F7**
F8									**FF**

Blue background are I/O port SFRs
Yellow background are control SFRs
Green background are other SFRs

Figura 8.5: REGISTROS DE FUNCIONES ESPECIALES

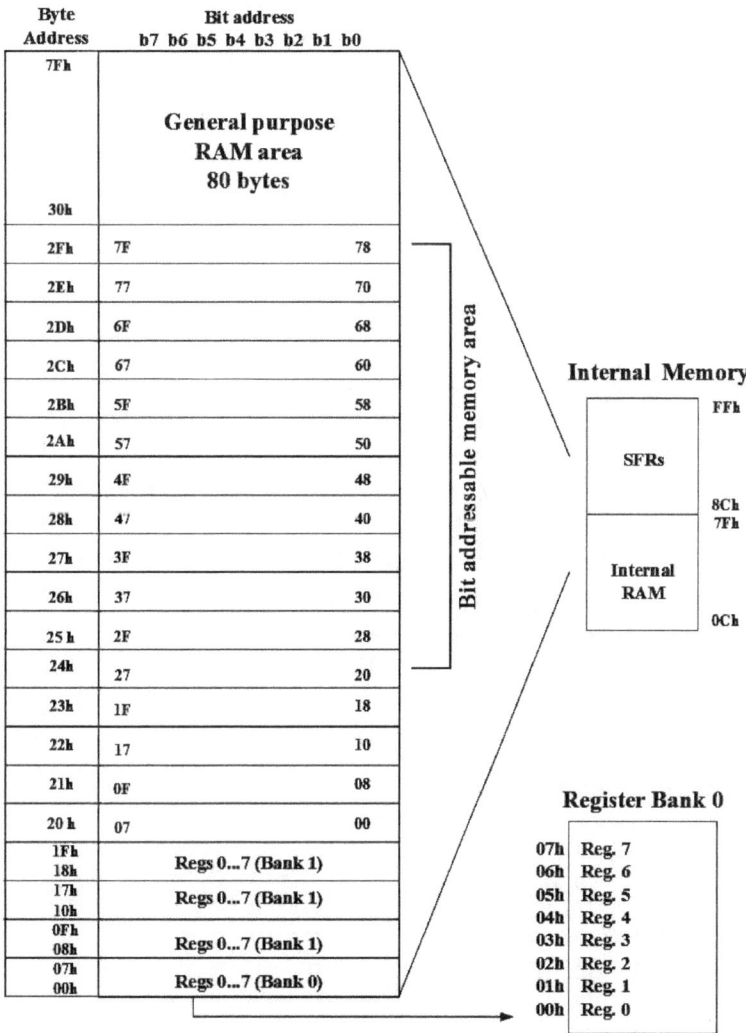

Figura 8.6: Memoria Interna

181

Bytes de Dirección

BITS de dirección

Dir									Reg
FF									
F0	F7	F6	F5	F4	F3	F2	F1	F0	**B**
E0	E7	E6	E5	E4	E3	E2	E1	E0	**ACC**
D0	D7	D6	D5	D4	D3	D2	D1	D0	**PSW**
B8	–	–	–	BC	BB	BA	B9	B8	**IP**
B0	B7	B6	B5	B4	B3	B2	B1	B0	**P3**
A8	AF	–	–	AC	AB	AA	A9	A8	**IE**
A0	A7	A6	A5	A4	A3	A2	A1	A0	**P2**
99	Bits no Direccionables								**SBUP**
98	9F	9E	9D	9C	9B	9A	99	98	**SCON**
90	97	96	95	94	93	92	91	90	**P1**
8D	Bits no Direccionables								**TH1**
8C	Bits no Direccionables								**TH0**
8B	Bits no Direccionables								**TL1**
8A	Bits no Direccionables								**TL0**
89	Bits no Direccionables								**TMOD**
88	8F	8E	8D	8C	8B	8A	89	88	**TCON**
87	Bits no Direccionables								**PCON**
83	Bits no Direccionables								**DPH**
82	Bits no Direccionables								**DPL**
81	Bits no Direccionables								**SP**
80	87	86	85	84	83	82	81	80	**P0**

Registros de Funciones Especiales

Figura 8.7: Registros de Funciones Especiales

8.5. Distribución de la RAM interna en el uC 8051

Para el microcontrolador 8051 la distribución de la RAM interna se muestra a continuación (Figura 8.8):

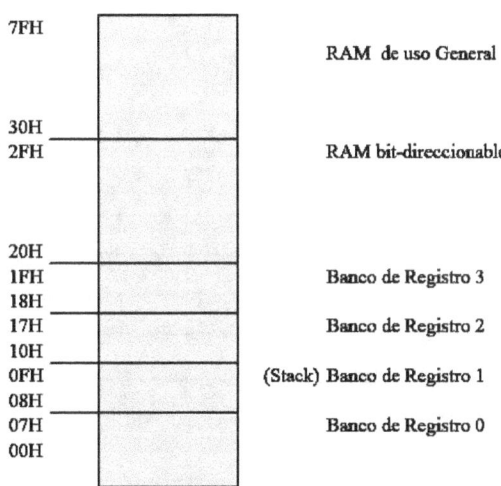

Figura 8.8: Distribución de la RAM interna en el uC 8051

8.6. Registros Básicos

Para entender el correcto funcionamiento de un microprocesador de la familia Intel es necesario conocer los registros afectados al momento de crear un programa en lenguaje ensamblador. Los registros básicos (Figura 8.9) que existen dentro de un microprocesador se enlistan a continuación:

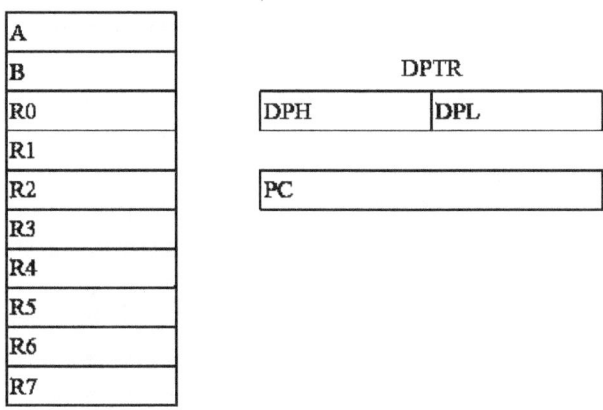

Algunos registros de 8 bits del 8051

Figura 8.9: Registros Basicos

8.6.1. Algunas Instrucciones Simples

MOV destino, fuente ; destino <– fuente

MOV A,72H ;A=72H
MOV A, R3 ;A=contenido de R3
MOV R4,62H ;R4=62H
MOV B,0F9H ;B=el contenido de localidad F9 de RAM

MOV DPTR,7634H
MOV DPL,34H
MOV DPH,76H

MOV P1,A ;mueve contenido de A al puerto 1
Nota 1:
MOV A,72H =/ MOV A,72H

Despues de la instrucción "MOV A,72H" el contenido de la localidad 72H
de RAM reemplaza valor en Accumulador.

8086 8051
MOV AL,72H MOV A,72H
MOV AL,'r' MOV A, R2
MOV BX,72H MOV B,72H
MOV AL,[BX] MOV A,72H
Nota 2:
MOV A,R3 ->MOV A,3

8.6.2. ADD A,Fuente ;A<-A+FUENTE

ADD A,6 ;A=A+6

ADD A,R6 ;A=A+R6

ADD A,6 ;A=A+[6] or A=A+R6

ADD A,0F3H ;A=A+[0F3H]

8.6.3. SUBB A,fuente;A<-A-fuente-CY

SETB C ;CY=1

SUBB A,R5 ;A=A-R5-1

8.6.4. ADDC A,fuente ;A<-A+fuente+CY

SETB C ;CY=1

ADDC A,R5 ;A=A+R5+1

8.7. Memoria de Programa en la Familia 8051

* Mapa de memoria ROM en la familia 8051 (Figura 8.10).

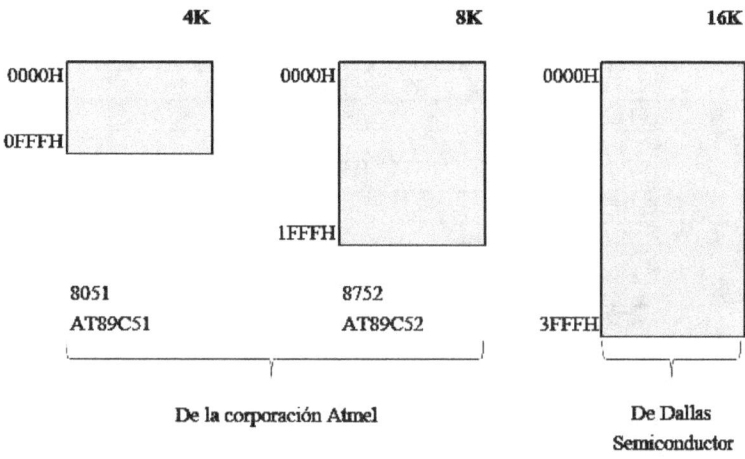

Figura 8.10: ROM en la familia 8051

8.8. Registro de estado PSW del 8051

* PSW:Registro de Estado(Figura 8.11).

CY	AC	F0	RS1	RS0	OV	–	P

Bandera de Acarreo	PSW.7	**CY**
Acarreo Auxiliar	PSW.6	**AC**
De uso General	PSW.5	–
Bit 1 Selector de Banco de Registros	PSW.4	**RS1**
Bit 0 Selector de Banco de Registros	PSW.3	**RS0**
Bandera de Sobrecarga	PSW.2	**OV**
Bit definido por el usuario	PSW.1	–
Bandera de paridad SET/RESET – IMPAR/PAR	PSW.0	**P**

RSI	RS0	Banco de Registros	Dirección
0	0	0	00H-07H
0	1	1	08H-0FH
1	0	2	10H-17H
1	1	3	18H-1FH

Figura 8.11: Registro de Estado

8.9. Instrucciones que afectan banderas

Al igual que ocurre con los microcontroladores, existen ciertas instrucciones (Figura 8.12) que afectan las banderas en los microprocesadores, estas banderas pueden ser de acarreo o de overflow.

INSTRUCCIONES	CY	OV	AC
ADD	X	X	X
ADDC	X	X	X
SUBB	X	X	X
MUL	0	X	
DIV	0	X	
DA	X		
RRC	X		
RLC	X		
SETB C	1		
CLR C	0		
ANL C, bit	X		
ANL C, /bit	X		
ORL C, bit	X		
MOV C, bit	X		
CJNE	X		

Figura 8.12: Instrucciones que afectan banderas

Unidad 9

Repertorio de Instrucciones

9.1. Instrucciones para mover datos

9.1.1. MOV: Mover Memoria

Instrucción: MOV
Función: Copiar operando2 sobre operando1
Sintaxis: MOV *operando1,operando2*

Descripción: MOV copia el valor de operando2 en operando1. El valor de operando2 no resulta afectado. Ambos operandos pertenecen a la RAM interna. Ningún flag resulta afectado, salvo que el movimiento se realice hacia el registro PSW que contiene los flags.

9.1.2. MOVC: Mover de la Memoria de Código

Instrucción: MOVC
Función: Mover un byte de la memoria de código al acumulador
Sintaxis: MOVC *A,@A+Reg*

Descripción: MOVC mueve (copia) un byte de la memoria de código, al acumulador. La dirección de la memoria de código implicada se calcula sumando el valor del acumulador con el DPTR o con el PC (Program Counter). En el caso del PC, antes de sumarlo con el contenido del acumulador, el PC se incrementa en 1.

9.1.3. MOVX: Mover de la Memoria Extendida

Instrucción: MOVX
Función: Mover un byte entre el acumulador y la memoria externa de datos XRAM
Sintaxis: MOVX *operando1,operando2*

Descripción: MOVX copia un byte desde operando2, hacia operando1. Uno de los operandos es el acumulador, y el otro es una posición de la memoria eXterna de datos (XRAM). La dirección de la posición de XRAM implicada en el movimiento es la contenida en los registros DPH y DPL (caso @DPTR), o la contenida en los registros P2 y Ri (caso @Ri). La instrucción no modifica al operando2.

9.1.4. POP: Sacar un valor de la Pila (Stack)

Instrucción: POP
Función: Desapilar un byte hacia RAM interna
Sintaxis: POP *dirección*

Descripción: POP copia el contenido de la posición de RAM interna direccionado por el SP (Stack Pointer), en la dirección de RAM interna que indica el segundo byte de la instrucción. El valor del SP se decrementa en 1.

9.1.5. PUSH: Colocar un valor sobre la Pila (Stack)

Instrucción: PUSH
Función: Apilar un byte de RAM interna
Sintaxis: PUSH *dirección*

Descripción: PUSH almacena el valor de una dirección de RAM interna en la pila. En primer lugar incrementa en 1 el valor de SP (Stack Pointer), y después guarda el valor de la dirección de RAM interna implicada, en la posición apuntada por el SP ya incrementado.

9.2. Instrucciones aritméticas y lógicas

9.2.1. ADD: Sumar al Acumulador

Instrucción: ADD
Función: Suma el operando implicado al Acumulador y deja el resultado en el Acumulador
Sintaxis: ADD *A,operando*

Descripción: ADD suma el valor del operando al valor del Acumulador, y deja el resultado en el Acumulador. El valor del operando no resulta afectado.

9.2.2. ADDC: Sumar al Acumulador con acarreo

Instrucción: ADDC
Función: Suma el operando implicado, el bit de acarreo y el Acumulador y deja el resultado en Acumulador
Sintaxis: ADDC *A,operando*

Descripción: ADDC suma el valor del operando, el bit de acarreo C, y el valor del Acumulador, y deja el resultado en el Acumulador. El valor del operando no resulta afectado.

9.2.3. ANL: AND bit a bit

Instrucción: ANL
Función: Realiza la AND bit a bit entre los dos operandos. Deja el resultado en operando1
Sintaxis: ANL *operando1,operando2*

Descripción: ANL realiza la operación ."AND"bit a bit, entre operando1 y operando2, dejando el resultado en operando1. El valor del operando2 no resulta afectado.

9.2.4. CLR: Limpiar registro

Instrucción: CLR
Función: Pone a cero los ocho bits del registro
Sintaxis: CLR *operando*

Descripción: CLR pone a cero el operando.

9.2.5. CPL: Complemento del Registro

Instrucción: CPL
Función: Complementa los ocho bits del registro
Sintaxis: CPL *operando*

Descripción: CPL complementa el contenido del operando. Cada bit del acumulador que esté a "1"se pondrá a "0z al revés.

9.2.6. DA: Ajuste Decimal

Instrucción: DA
Función: Ajuste decimal del acumulador para la suma
Sintaxis: DA *A*

Descripción: Después de una suma de dos números BCD (Binary Coded Decimal), la instrucción DA A ajusta el contenido del acumulador a un número BCD.
Su funcionamiento se realiza en dos fases: En la primera, si el bit AC vale 1, o si el nibble bajo del acumulador es mayor que 9, se añade 06H al acumulador. Esta operación puede poner a 1 el C, pero no puede ponerlo a 0. Si después de la primera fase el bit C vale 1, o si el nibble alto del acumulador es mayor que 9, se añade 60H al acumulador.

9.2.7. DEC: Decrementar Registro

Instrucción: DEC
Función: Decrementa en una unidad el operando implicado
Sintaxis: DEC *operando*

Descripción: DEC decrementa en una unidad el valor del operando. Si el valor a decrementar es 0, entonces el resultado será 0xFF, aunque el bit C no resulta afectado por ello.

192

9.2.8. INC: Incrementar Registro

Instrucción: INC
Función: Incrementa en una unidad el operando implicado
Sintaxis: INC *operando*

Descripción: INC incrementa en una unidad el valor del operando. Si el valor a incrementar es 0FFH, entonces el resultado será 0, aunque el bit C no resulta afectado por ello.

9.2.9. ORL: OR bit a bit

Instrucción: ORL
Función: Realiza la OR bit a bit entre los dos operandos. Deja el resultado en operando1
Sintaxis: ORL *operando1,operando2*

Descripción: ORL realiza la operación ."R"bit a bit, entre operando1 y operando2, dejando el resultado en operando1. El valor del operando2 no resulta afectado.

9.2.10. RL: Rotar el Acumulador a la Izquierda

Instrucción: RL
Función: Rota el acumulador hacia la izquierda
Sintaxis: RL *A*

Descripción: RL A rota los ocho bits del acumulador un lugar hacia la izquierda. El bit 7 se lleva a la posición del bit 0.

9.2.11. RLC: Rotar el Acumulador a la Izquierda con acarreo

Instrucción: RLC
Función: Rota el acumulador hacia la izquierda a través del bit C
Sintaxis: RLC *A*

Descripción: RLC A rota los ocho bits del acumulador y el flag de acarreo (C) un lugar hacia la izquierda. El bit 7 del acumulador se lleva al bit C, y el valor inicial de C se lleva al bit 0.

9.2.12. RR: Rotar el Acumulador a la Derecha

Instrucción: RR
Función: Rota el Acumulador hacia la derecha
Sintaxis: RR *A*

Descripción: RR A rota los ocho bits del acumulador un lugar hacia la derecha. El bit 0 se lleva a la posición del bit 7.

9.2.13. RRC: Rotar el Acumulador a la Derecha con acarreo

Instrucción: RRC
Función: Rota el acumulador hacia la derecha a través del bit C
Sintaxis: RRC *A*

Descripción: RRC A rota los ocho bits del acumulador y el flag de acarreo (C) un lugar hacia la derecha. El bit 0 del acumulador se lleva al bit C, y el valor inicial de C se lleva al bit 7.

9.2.14. SETB: Poner bit a 1

Instrucción: SETB
Función: Pone a uno el bit implicado
Sintaxis: SETB *bit*

Descripción: SETB pone a uno el bit indicado. Puede operar con el bit C o con cualquier bit direccionable de forma directa.

9.2.15. SUBB: Restar del Acumulador con Llevando

Instrucción: SUBB
Función: Resta con llevar
Sintaxis: SUBB *A,operando*

Descripción: SUBB resta al acumulador el valor del operando y el bit de acarreo C. Deja el resultado en el Acumulador. El valor del operando no resulta afectado.

9.2.16. SWAP: Intercambiar Nibbles del Acumulador

Instrucción: SWAP
Función: Intercambia los dos nibbles del Acumulador
Sintaxis: SWAP *A*

Descripción: SWAP A intercambia los dos nibbles del acumulador (bits 3-0 y bits 7-4). El mismo resultado puede conseguirse mediante cuatro intrucciones de rotación.

9.2.17. XCH: Intercambiar Bytes

Instrucción: XCH
Función: Intercambiar el contenido del Acumulador con otro byte
Sintaxis: XCH *A,operando*

Descripción: XCH intercambia los contenidos del Acumulador y del operando implicado.

9.2.18. XCHD: Intercambiar Dígitos

Instrucción: XCHD
Función: Intercambiar Dígitos
Sintaxis: XCHD *A,@Ri*

Descripción: XCHD A,@Ri intercambia el nibble bajo (bits 3-0) del acumulador con el nibble bajo de la posición de RAM interna cuya dirección está contenida en el registro Ri. Los nibbles altos de ambos operandos no se ven afectados.

9.2.19. XRL: OR-Exclusiva bit a bit

Instrucción: XRL
Función: O-exclusiva bit a bit entre dos operandos.
Sintaxis: XRL *operando1,operando2*

Descripción: XRL realiza la operación .O-exclusiva"bit a bit, entre operando1 y operando2, dejando el resultado en operando1. El valor del operando2 no resulta afectado.

9.3. Instrucciones de multiplicación y división

9.3.1. DIV: Divide el Acumulador para B

Instrucción: DIV
Función: Divide el contenido del acumulador entre el contenido del registro B
Sintaxis: DIV *AB*

Descripción: Divide (división entera) el contenido del acumulador entre el contenido del registro B. El cociente se deja en el acumulador y el resto se deja en el registro B. Si inicialmente el registro B tiene valor 0, tras la división el contenido del acumulador y del registro B es indeterminado, y se activa el flag OV.

9.3.2. MUL: Multiplica el Acumulador para B

Instrucción: MUL
Función: Multiplica el contenido del acumulador por el contenido del registro B
Sintaxis: MUL *AB*

Descripción: MUL AB multiplica el contenido del acumulador por el contenido del registro B. El byte bajo del resultado de 16 bits se deja en el acumulador, y el byte alto en el registro B. Si el producto es mayor que 255 (0xFF) el flag de Overflow (OV) se pone a 1. En caso contrario OV se pone a 0.

9.4. Instrucciones de salto

9.4.1. AJMP: Salto Absoluto

Instrucción: AJMP
Función: Salto absoluto dentro de un bloque de 2K
Sintaxis: AJMP *dirección*

Descripción: AJMP realiza una salto a la dirección indicada de la memoria de código. La dirección de salto, o nuevo valor para el PC (Program Counter) se obtiene uniendo a los 5 bits de mayor peso del PC (incrementado dos veces), los bits 7-5 del código de operación y el segundo byte de la instrucción.

9.4.2. CJNE: Comparar y Saltar si NO son iguales

Instrucción: CJNE
Función: Compara y salta si los dos operandos no son iguales
Sintaxis: CJNE *operando1,operando2,offset*

Descripción: CJNE compara la magnitud de operando1 y operando2 y salta si sus valores no son iguales. Si ambos operandos son iguales, el programa continúa con la siguiente instrucción a CJNE. La dirección a donde saltar se obtiene sumando el offset (tercer byte de la instrucción), al PC (Program Counter) después de que éste se haya incrementado hasta el comienzo de la siguiente instrucción. El offset representa una cantidad entera con signo, y permite saltos de hasta 127 posiciones hacia adelante, y hasta 128 posiciones hacia atrás, sobre la dirección de comienzo de la siguiente instrucción.

9.4.3. DJNZ: Decrementar Registro y Saltar si no es Cero

Instrucción: DJNZ
Función: Decrementa y salta si el operando no es 0
Sintaxis: DJNZ *operando,offset*

Descripción: DJNZ decrementa el operando y si el nuevo valor es distinto de cero, se produce el salto. Si el valor del operando es cero, el programa continúa con la siguiente instrucción a DJNZ. La dirección a donde saltar se obtiene sumando el offset (último byte de la instrucción), al PC (Program Counter) después de que éste se haya incrementado hasta el comienzo de la siguiente instrucción. El offset representa una cantidad entera con signo, y permite saltos de hasta 127 posiciones hacia adelante, y hasta 128 posiciones hacia atrás, sobre la dirección de comienzo de la siguiente instrucción.

9.4.4. JB: Saltar si el bit es 1

Instrucción: JB
Función: Salta si el bit implicado vale 1
Sintaxis: JB *bit,offset*

Descripción: Si el bit implicado es igual a 1 se salta a la dirección indicada. En caso contrario se procesa la siguiente instrucción. La dirección a donde saltar se obtiene sumando el offset (último byte de la instrucción), al PC (Program Counter) después de que éste se haya incrementado hasta el comienzo de la siguiente instrucción. El offset representa una cantidad entera con signo, y permite saltos de hasta 127 posiciones hacia adelante, y hasta 128 posiciones hacia atrás, medidos desde la dirección de comienzo de la siguiente instrucción.

9.4.5. JBC: Saltar si el bit vale 1 y borrar el bit

Instrucción: JBC
Función: Salta si el bit implicado vale 1, y borra el bit
Sintaxis: JBC *bit,offset*

Descripción: Si el bit implicado es igual a 1, se pone a 0 y se salta a la dirección indicada. En caso contrario se procesa la siguiente instrucción. La dirección a donde saltar se obtiene sumando el offset (último byte de la instrucción), al PC (Program Counter) después de que éste se haya incrementado hasta el comienzo de la siguiente instrucción. El offset representa una cantidad entera con signo, y permite saltos de hasta 127 posiciones hacia adelante, y hasta 128 posiciones hacia atrás, medidos desde la dirección de comienzo de la siguiente instrucción.

9.4.6. JC: Saltar si hay acarreo

Instrucción: JC
Función: Salta si el bit C vale 1
Sintaxis: JC *offset*

Descripción: Si el flag C vale 1 se salta a la dirección indicada. En caso contrario se procesa la siguiente instrucción. La dirección a donde saltar se obtiene sumando el offset (último byte de la instrucción), al PC (Program Counter) después de que éste se haya incrementado hasta el comienzo de la siguiente instrucción. El offset representa una cantidad entera con signo, y permite saltos de hasta 127 posiciones hacia adelante, y hasta 128 posiciones hacia atrás, medidos desde la dirección de comienzo de la siguiente instrucción.

9.4.7. JMP: Saltar a la dirección

Instrucción: JMP
Función: Salto indirecto
Sintaxis: JMP @A+DPTR

Descripción: JMP suma el contenido del Acumulador (8 bits) con el contenido del DPTR (16 bits), y carga el PC con el contenido de la suma, con lo cual el control del programa se transfiere a la dirección resultante de la suma. La instrucción no modifica ni el contenido del Acumulador, ni el contenido del DPTR.

9.4.8. JNB: Saltar si el bit es 0

Instrucción: JNB
Función: Salta si el bit implicado NO vale 1
Sintaxis: JNB bit,offset

Descripción: Si el bit implicado es igual a 0 se salta a la dirección indicada. En caso contrario se procesa la siguiente instrucción. La dirección a donde saltar se obtiene sumando el offset (último byte de la instrucción), al PC (Program Counter) después de que éste se haya incrementado hasta el comienzo de la siguiente instrucción. El offset representa una cantidad entera con signo, y permite saltos de hasta 127 posiciones hacia adelante, y hasta 128 posiciones hacia atrás, medidos desde la dirección de comienzo de la siguiente instrucción.

9.4.9. JNC: Saltar si NO hay acarreo

Instrucción: JNC
Función: Salta si el bit C vale 0
Sintaxis: JNC offset

Descripción: Si el flag C vale 0 se salta a la dirección indicada. En caso contrario se procesa la siguiente instrucción. La dirección a donde saltar se obtiene sumando el offset (último byte de la instrucción), al PC (Program Counter) después de que éste se haya incrementado hasta el comienzo de la siguiente instrucción. El offset representa una cantidad entera con signo, y permite saltos de hasta 127 posiciones hacia adelante, y hasta 128 posiciones hacia atrás, medidos desde la dirección de comienzo de la siguiente instrucción.

9.4.10. JNZ: Saltar si el Acumulador NO es cero

Instrucción: JNZ
Función: Salta si el Acumulador NO es 0
Sintaxis: JNZ *offset*

Descripción: Si el acumulador es distinto de 0 se salta a la dirección indicada. En caso contrario se procesa la siguiente instrucción. La dirección a donde saltar se obtiene sumando el offset (último byte de la instrucción), al PC (Program Counter) después de que éste se haya incrementado hasta el comienzo de la siguiente instrucción. El offset representa una cantidad entera con signo, y permite saltos de hasta 127 posiciones hacia adelante, y hasta 128 posiciones hacia atrás, medidos desde la dirección de comienzo de la siguiente instrucción.

9.4.11. JZ: Saltar si el Acumulador es cero

Instrucción: JZ
Función: Salta si el Acumulador es 0
Sintaxis: JZ *offset*

Descripción: Si el contenido del acumulador es igual a 0 se salta a la dirección indicada. En caso contrario se procesa la siguiente instrucción. La dirección a donde saltar se obtiene sumando el offset (último byte de la instrucción), al PC (Program Counter) después de que éste se haya incrementado hasta el comienzo de la siguiente instrucción. El offset representa una cantidad entera con signo, y permite saltos de hasta 127 posiciones hacia adelante, y hasta 128 posiciones hacia atrás, medidos desde la dirección de comienzo de la siguiente instrucción.

9.4.12. LJMP: Salto Largo

Instrucción: LJMP
Función: Salto incondicional
Sintaxis: LJMP *dirección*

Descripción: LJMP realiza una salto incondicional a la dirección de 16 bits indicada en los dos últimos bytes de la instrucción. El destino puede ser cualquier posición de los 64 Kbytes de memoria de código.

9.4.13. SJMP: Salto Corto

Instrucción: SJMP
Función: Salto corto
Sintaxis: SJMP *offset*

Descripción: El control del programa salta incondicionalmente a la dirección indicada. La dirección a donde saltar se obtiene sumando el offset (último byte de la instrucción), al PC (Program Counter) después de que éste se haya incrementado hasta el comienzo de la siguiente instrucción. El offset representa una cantidad entera con signo, y permite saltos de hasta 127 posiciones hacia adelante, y hasta 128 posiciones hacia atrás, medidos desde la dirección de comienzo de la siguiente instrucción.

9.5. Instrucciones CALL y RETURN

9.5.1. ACALL: Llamada Absoluta

Instrucción: ACALL
Función: Llamada absoluta dentro de un bloque de 2K
Sintaxis: ACALL *dirrección*

Descripción: ACALL realiza una llamada incondicional a la subrutina situada en la dirección indicada. ACALL incrementa el PC (Program Counter) dos veces para obtener la dirección de la siguiente instrucción, luego guarda dicha dirección en la pila (el byte de menor peso en primer lugar). En consecuencia el apuntador de pila (SP o Stack Pointer) incrementa su valor en 2. Posteriormente el control del programa se transfiere a la dirección indicada en la instrucción.

9.5.2. LCALL: Llamada Larga

Instrucción: LCALL
Función: Llamada larga
Sintaxis: LCALL *dirrección*

Descripción: LCALL realiza una llamada incondicional a la subrutina situada en la dirección indicada. LCALL incrementa el PC (Program Counter) tres veces para obtener la dirección de la siguiente instrucción, luego guarda dicha dirección en la pila (el byte de menor peso en primer lugar). En consecuencia el apuntador de pila (SP o Stack Pointer) incrementa su valor en 2. Posteriormente el control del programa se transfiere a la dirección indicada en la instrucción.

9.5.3. RET: Retorno desde subrutina

Instrucción: RET
Función: Retorno desde subrutina
Sintaxis: RET

Descripción: RET se utiliza para retornar desde una subrutina llamada previamente con LCALL o ACALL. La ejecución del programa continúa desde la dirección formada al extraer 2 bytes de la pila. En primer lugar de la pila se saca el byte más significativo.

9.5.4. RETI: Retorno desde interrupción

Instrucción: RETI
Función: Retorno desde interrupción
Sintaxis: RETI

Descripción: RETI se utiliza para retornar desde una rutina de atención a una interrupción. La ejecución del programa continúa desde la dirección formada al extraer 2 bytes de la pila. En primer lugar de la pila se saca el byte más significativo. Antes de que el programa salte a la dirección extraída de la pila, RETI repone el sistema de interrupciones para que sean aceptadas las interrupciones con menor o igual prioridad a la que se acaba de atender.

9.6. Miscelánea

* ACALL: Llamada absoluta

* ADD, ADDC: Sumar al Acumulador (con acarreo)

* AJMP: Salto Absoluto

* ANL: AND bit a bit

* CJNE: Comparar y Saltar si NO son iguales

* CLR: Limpiar registro

* CPL: Complemento del registro

* DA: Adjuste Decimal

* DEC: Decrementar Registro

* DIV: Dividir el Acumulador para B

* DJNZ: Decrementar Registro y Saltar si no es Cero

* INC: Incrementar Registro

* JB: Saltar si el bit es 1

* JBC: Saltar si el bit vale 1 y borrar el bit

* JC: Saltar si hay acarreo

* JMP: Saltar a la dirección

* JNB: Saltar si el bit es 0

* JNC: Saltar si NO hay acarreo

* JNZ: Saltar si el Acumulador NO es cero

* JZ: Saltar si el Acumulador es cero

* LCALL: LLamada Larga

* LJMP: Salto Largo

* MOV: Mover Memoria

* MOVC: Mover de la Memoria de Código

* MOVX: Mover de la Memoria Extendida

* MUL: Multiplica el Acumulador para B

* NOP: No Operación

* ORL: OR bit a bit

* POP: Sacar un valor de la Pila (Stack)

* PUSH: Colocar un valor sobre la Pila (Stack)

* RET: Retorno desde subrutina

* RETI: Retorno desde interrupción

* RL: Rotar el Acumulador a la Izquierda

* RLC: Rotar el Acumulador a la Izquierda con acarreo

* RR: Rotar el Acumulador a la Derecha

* RRC: Rotar el Acumulador a la Derecha con acarreo

* SETB: Poner bit a 1

* SJMP: Salto Corto

* SUBB: Restar del Acumulador con Llevando

* SWAP: Intercambiar Nibbles del Acumulador

* XCH: Intercambiar Bytes

* XCHD: Intercambiar Dígitos

* XRL: OR-Exclusiva bit a bit

* Undefined: Instrucción no definada

Unidad 10

Programación de E/S y recursos especiales

10.1. ESTRUCTURA DEL "HARDWARE"

10.1.1. Puertos: P0, P1, P2 y P3

* Todos los puertos después de un RESET se configuran como entradas.
* Con el primer "0.ªescrito en un puerto se convierte en salida.
* Para reconfigurarlo como entrada, un "1"se escribe en el puerto.

10.1.2. Valores después de un RESET

* Luego de un reset todos los puertos son entradas (Figura 10.1)

P0	11111111
P1	11111111
P2	11111111
P3	11111111

Figura 10.1: Valores despues de un RESET

10.2. Programación de un Puerto de E/S

* PUERTO 1 se denota por P1.
- P1.0
- P1.7
* Usamos P1 como ejemplo para mostrar las operaciones con los Puertos.
- P1 como puerto de salida (ej. dato del CPU se escribe en el pin de salida)
- P1 como un puerto de entrada (ej., leer dato desde pin de entrada al CPU)

10.2.1. Puerto 1: P1

* Puede usarse como entrada o salida.
* No requiere de resistencias pull-up puesto que ya las incorpora internamente.
* Después de un reset P1 se configura como entrada.
* Las dos intrucciones configuran P1 como salida
MOV A,00H
MOV P1,A
* Las dos instrucciones configuran P1 como entrada.
MOV A,FFH
MOV P1,A

Estructura del "hardware" de P1 - P3

* Puesto que los puertos son bidireccionales todos tienen los tres componentes siguientes:
- Latch tipo D
- Driver de salida
- Buffer de entrada
* En la siguiente pagina se muestra la estructura de P1 y sus tres componentes
* Observe que el "pullup" es interno solo en P1, P2 y P3.
* Ahora la pregunta es, cuando leemos el puerto, ¿estamos leyendo el estado de la patita o la salida del "latch" D?, la respuesta depende de la instrucción que usemos.

Un "pin" de P1

A continuación se hace la representación de un pin correspondiente al puerto 1 (Figura 10.2), en la imagen podemos observar el circuito que permite la obtención de los datos que serán utilizados en diferentes aplicaciones con microprocesadores.

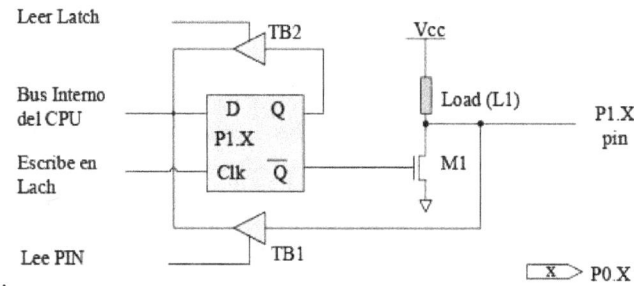

Figura 10.2: Pin de P1

10.3. Estructura del "hardware" de un Pin de E/S

* Para cada PIN de un puerto de E/S
- Bus de CPU interno : comunica con CPU
- Un D latch almacena valor de este pin
. El D latch se controla con "escribe en latch"
>Escribe en latch = 1: escribe dato en el D latch
- 2 buffers de 3 estados (Figura 10.3) :
. TB1: controlado por "leer PIN"
>Leer PIN = 1 : lee dato presente en el PIN
. TB2: controlado por "leer latch"
>Leer latch : 1 : lee valor desde latch interno
- Gate de transistor M1
. Gate = 0 : abierto
. Gate = 1 : cerrado

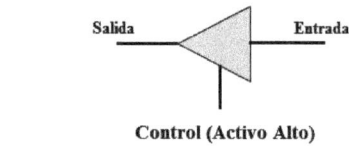

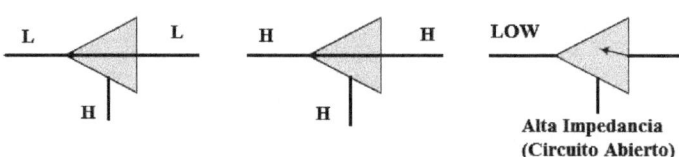

Figura 10.3: BUffer de 3 estados

208

10.3.1. Escribiendo "1" a pin de salida P1.X

A continuación se muestra el procedimiento realizado para escribir "1"(Figura 10.4)a uno de los pines de salida del puerto P1.

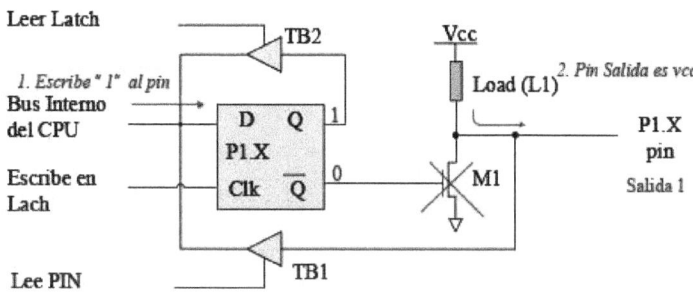

Figura 10.4: "1.ª Pin de salida P1.X

10.3.2. Escribiendo "0" a pin de salida P1.X

Para escribir "0"(Figura 10.5)a uno de los pines de salida del puerto P1 realizamos los pasos a continuación.

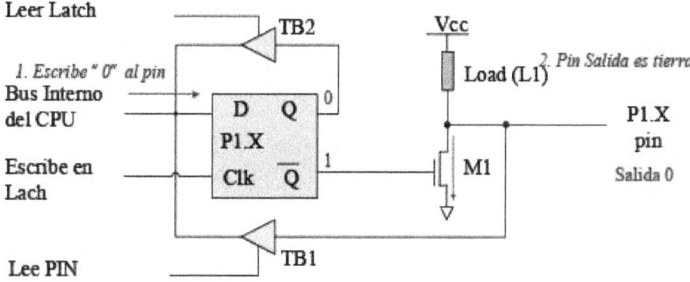

Figura 10.5: "0.ª Pin de salida P1.X

10.3.3. P1 como salida

* Enviar datos a P1 :

```
MOV A,55H
LAZO : MOV P1,A
ACALL DELAY
CPL A
SJMP LAZO
```

* Complementa el estado de P1.
* Se escribe directamente en P1

10.3.4. Leer patita y latch de PX

* Cuando se lee puertos (figura 10.6), hay dos posibilidades:
- Leer estado de pins de entrada. (desde patita externa)
MOV A, PX
JNB P2.1, SALTO ; salta si P2.1 es "0"
JB P2.1, SALTO ; salta si P2.1 es "1"
Leer el "latch" interno de un puerto de salida.
ANL P1, A ; P1 <-P1 AND A
ORL P1, A ; P1 <-P1 OR A
INC P1 ; increase P1

10.3.5. Leyendo "alto" en patita de entrada

Para leer un ."alto"(Figura 10.6)es necesario contar con un circuito como el mostrado a continuación.

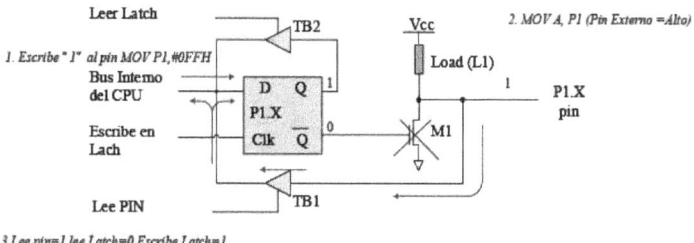

Figura 10.6: Leyendo "alto" en patita de entrada

10.3.6. Leyendo "bajo" en patita de entrada

Es un procedimiento parecido al que realizamos para leer un alto en la patita de entrada, la única diferencia es que ahora el dato a leer será "0z no "1"(Figura 10.7).

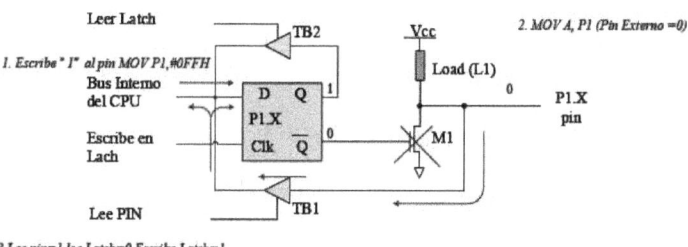

Figura 10.7: Leyendo "bajo" en patita de entrada

Mnemonicos	Ejemplo	Descripción
MOV A,PX	MOV A,P2	Carga A con datos de pins de P2
JNB PX.Y,..	JNB P2.1, SALTO	Saltar si P2.1 es bajo
JB PX.Y,...	JB P3.1, SALTO	Saltar si P3.1 es alto
MOV C, PX.Y	MOV C, P4.1	Copia el estado de P4.1 a C

Cuadro 10.1: Instrucciones Para Leer un Puerto de Entrada

10.3.7. P1 como entrada (Leer desde puerto)

Para configurar P1 como entrada, el puerto debe programarse escribiendo 1 en todos los bits.

MOV A,0FFH A = 11111111B
MOV P1,A P1 un puerto de entrada
LAZO : MOV A,P1 lee P1
MOV P2,A escribe en P2
SJMP LAZO

Para ser un puerto de entrada, P0, P2 y P3 tienen métodos similares.

10.3.8. Instrucciones Para Leer un Puerto de Entrada

Las siguientes son instrucciones para leer pins externos de puertos (Cuadro 10.1):

10.3.9. Latch

* El OR de P1 :
MOV P1,55H ;P1 = 01010101
ORL P1,0F0H ;P1 = 11110101
- 1.ORL lee latch activa TB2 y lleva el dato desde latch Q al CPU (Figura 10.8).
. Lee P1.0 = 1
- 2. CPU ejecuta una operación.
. Este dato es ORed con bit 0 de 0F0H. Se obtiene 1.
- 3. El latch se modifica.
. D latch de P1.0 tiene valor 1.
- 4. El resultado se escribe en pin externo.
. Pin externo (pin 1 : P1.0) tiene valor 1.

Después de re-escribir el resultado en un latch de puerto, hay dos posibilidades:

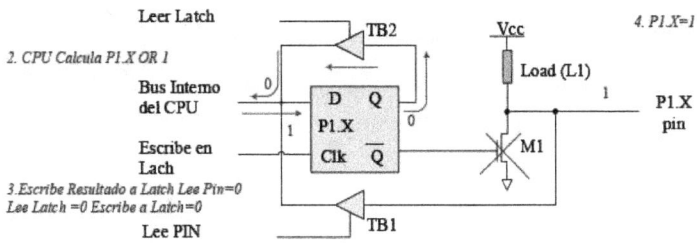

Figura 10.8: Leyendo Latch

a. Si Q = 0, entonces /Q = 1 y el transistor M1 marca estado "cerrado", por consiguiente el pin de salida tiene "0", lo mismo que el estado del latch Q.
b. Si Q = 1, entonces /Q = 0 y el transistor M1 marca estado "abierto", por consiguiente el pin de salida tiene "1", lo mismo que el estado del latch Q.

10.4. Característica Lee-Modifica-Escribe

Esta característica combina 3 acciones en una sola instrucción:
* CPU lee el latch del puerto
* CPU desarrolla la operación
* Modificando el latch
* Escribiendo en el pin
Note que los 8 pins de P1 trabajan independientemente.

10.4.1. Instrucciones Leer-Modificar-Escribir

En esta sección se muestra un set de instrucciones (Figura 10.9) utilizadas para leer, modificar o escribir distintos valores de puertos o registros.

Mnemonicos	Ejemplo	
ANL	ANL	P1,A
ORL	ORL	P1,A
XRL	XRL	P1,A
JBC PX.Y, SALTO	JBC	P1.1, SALTO
CPL	CPL	P1.2
INC	INC	P1
DEC	DEC	P1
DJNZ PX, SALTO	DJNZ	P1, SALTO
MOV PX.Y,C	MOV	P1.2,C
CLR PX.Y	CLR	P1.3
SETB PX.Y	SETB	P1.4

Figura 10.9: Instrucciones Leer-Modificar-Escribir

10.4.2. P1 (Leer Latch)

Exclusivo - or el P1:
MOV P1,55H ;P1=01010101
REPETIR : XOR P1,0FFH ;lo complementa
ACALL DELAY
SJMP REPETIR
* Observe que el XOR de 55H y FFH resulta AAH.
* XOR de AAH y FFH dá 55H.
* La instrucción lee el dato del latch (no el pin).
* El resultado de la instrucción sera escrito en latch y en el pin.

10.4.3. Otros "pins"

* P1, P2, y P3 tienen resistencias pull-up internas.
- P1, P2, y P3 no son drenaje abierto.
* P0 no tiene resistencias pull-up internas y no se conectan a Vcc dentro del 8051.
- P0 es drenaje abierto.
- Compare con figura de P1
* Sin embargo, para un programador, es lo mismo programar P0, P1, P2 y P3.
* Todos los puertos despues de un RESET se configuran como entradas.

10.4.4. P0(pins 32-39)

* P0 es drenaje abierto.
- Drenaje abierto es un término usado para chips MOS de manera similar que colector abierto es usado para chips TTL.
* Cuando P0 se use como entrada / salida simple debe conectarse a resistencias pull-up externas.
- Cada pin de P0 debe conectarse externamente a resistores pull-up de 10K ohm.

Doble Función de P0

* Al PORT 0 también se lo designa como
AD0 AD1 AD2 .... AD7.
* Esto se debe al hecho de que PORT 0 se lo usa como bus de dirección o como bus de datos.
* El 8051 multiplexa dirección y datos en PORT 0.
* Esto se discutirá más adelante.

Un "pin" de P0: drenaje abierto

El circuito de drenaje abierto (Figura 10.10) se produce por uno de los pines del puerto P0.

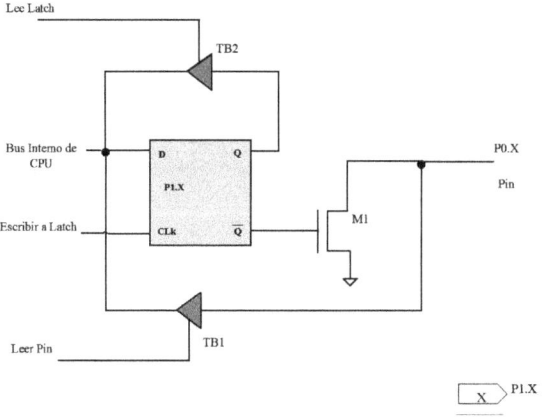

Figura 10.10: P0 de drenaje abierto

P0 con Resistores Pull-Up

Es también una práctica conocida la de conectar resistencias pull-up (Figura 10.11) a la salida del puerto P0.

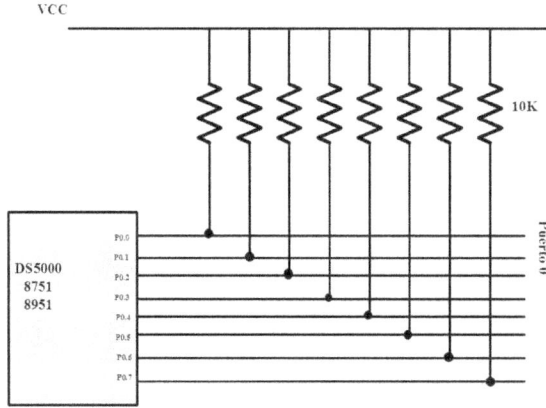

Figura 10.11: P0 Pull-Up

Doble Función de P0

* Cuando se conecta un 8051/8031 a una memoria externa, el 8051 usa puertos para enviar direcciones y leer instrucciones.
- 8031 es capaz de direccionar 64K bytes de memoria externa.
- Dirección de 16 bits : P0 provee dirección A0 - A7, P2 provee dirección A8 - A15.
- También, P0 provee los datos D0 - D7.
* Cuando P0 se usa para multiplexar dirección/datos, se conecta a un chip 74LS373 para capturar dirección.
- No se requiere resistencias pull - up como se aprecia en el dibujo siguiente (Figura 10.12).

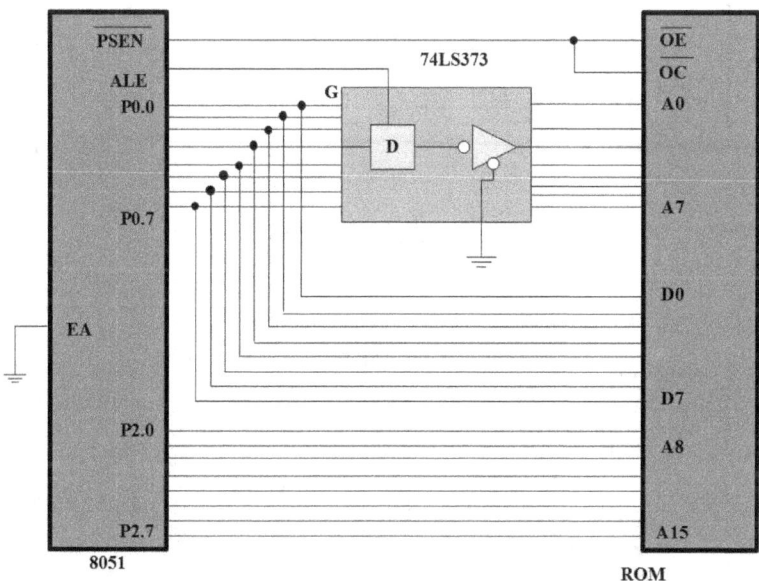

Figura 10.12: 74LS373

10.4.5. Leer ROM (1/2)

A través de la siguiente ilustración (Figura 10.13), podemos observar como es posible leer una memoria ROM (1/2) mediante el uso del latch 74LS373 y el integrado 8051.

217

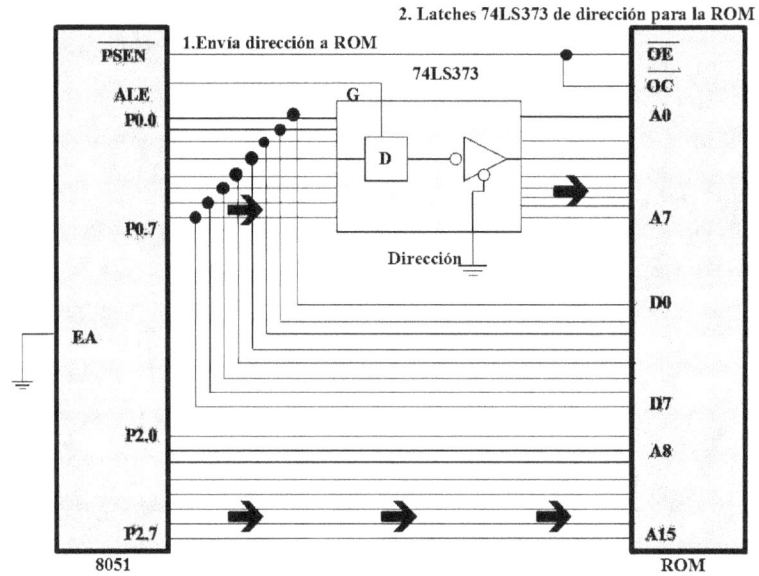

Figura 10.13: ROM (1/2)

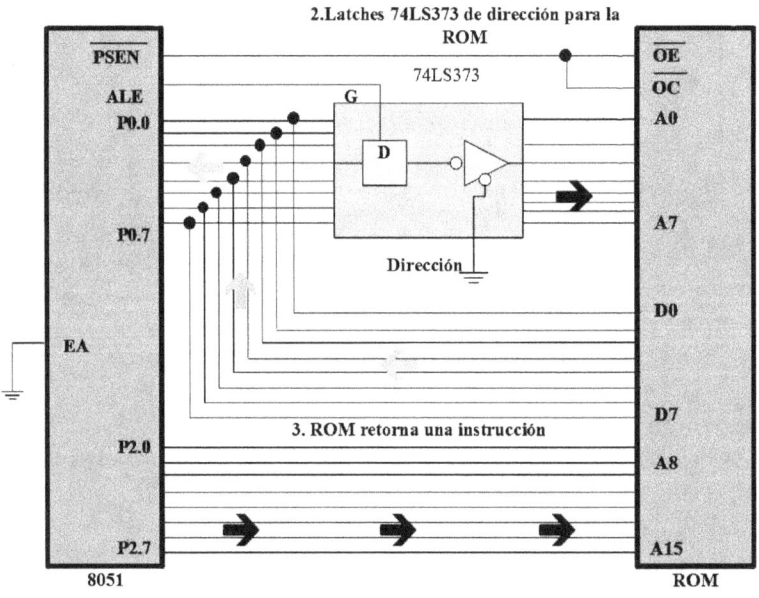

Figura 10.14: ROM (2/2)

10.4.6. Leer ROM (2/2)

10.4.7. El pin ALE

* El pin ALE (conectandolo al pin G de latch 74LS373) es usado para de -
multiplexar la dirección y datos (Figura 10.14).
- Cuando ALE = 0, P0 provee datos D0 - D7.
- Cuando ALE = 1, P0 provee dirección A0 - A7.
- ALE permite a P0 demultiplexar dirección y datos.

10.4.8. P2(pins 21-28)

* P2 no necesita resistores pull-up externos puesto que yá los tiene interna-
mente.
* En un sistema basado en el 8031, P2 se usa para proveer la dirección A8 -
A15.

10.4.9. P3(pins 10-17)

* P3 no necesita resistores pull - up externos puesto que yá los tiene inter-
namente.
* Aunque P3 se configura como entrada después de un RESET, éste no es
el uso más frecuente.
* P3 tiene la función adicional como proveedor de señales.
- Senales para Comunicación Serial de Datos : RxD, TxD
- Interrupciones Externas : /INT0, /INT1(Chapter 11)
- Timer/counter : T0, T1
- Accesos a Memoria Externa en un sistema basado en el 8031 : /WR, /RD

10.4.10. Funciones Alternas de P3

A pesar de las funciones ya mencionadas anteriormente, se presenta una serie de funciones alternas de P3 (Figura 10.15) que nos permitirán extender más la utilidad de nuestro hardware.

P3 Bit	Función	Pin
P3.0	RxD	10
P3.1	TxD	11
P3.2	$\overline{INT0}$	12
P3.3	$\overline{INT1}$	13
P3.4	T0	14
P3.5	T1	15
P3.6	$\overline{WR}$	16
P3.7	$\overline{RD}$	17

Figura 10.15: Funciones Alternas de P3

10.5. Teclado Matricial 4x4

10.5.1. Teclado Matricial

* Estos teclados están configurados como una matriz filas-columnas con la intención de reducir el número de líneas de entrada-salida del microcontrolador. (Figura 10.16
* El número de líneas de E/S necesarias es igual a la suma de filas y columnas.
La organización es tal que cada tecla se conecta a una fila y una columna.
* El número de teclas es igual al producto de filas y columnas.(Figura 10.17
)
* Las resistencias de 330 en serie con las filas evitan cortocircuitos entre las líneas de la parte baja y alta del Puerto B cuando el PIC utiliza estas líneas para funciones distintas de la exploración del teclado (Figura 10.18).

También existen teclados con otro tipo de distribución (Figura 10.19) y para éstos las conexiones con el microcontrolador también se modifican.

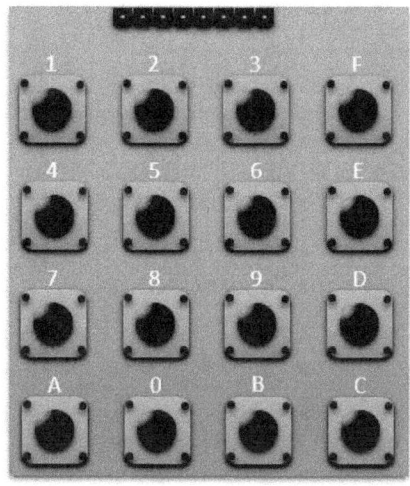

Figura 10.16: Teclado 4x4

Figura 10.17: Entorno Teclado 4x4

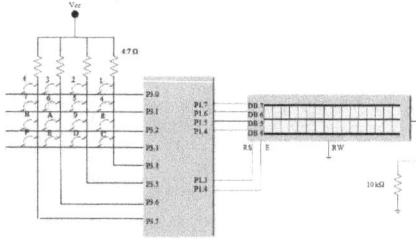

Figura 10.18: Teclado Matricial 4x4

Figura 10.19: Teclado Matricial 4x3

10.5.2. Teclado Matricial Conectado a la Puerta RB de un PIC

Al conectar un teclado matricial a la puerta RB de un PIC (Figura 10.20) es necesario el uso de resistencias pequeñas para evitar daños en los componentes.

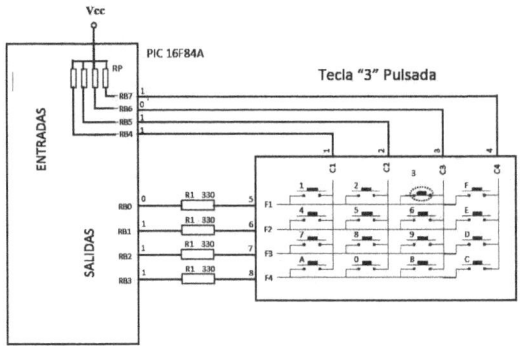

Figura 10.20: Teclado Matricial Conectado a la Puerta RB de un PIC

222

10.5.3. Relación entre orden de teclas y digitos Hexadecimales

El orden de las teclas y los dígitos hexadecimales (Figura 10.21) guardan una estrecha relación entre sí que debe ser correctamente interpretada al momento de programar aplicaciones que hagan uso de teclados matriciales.

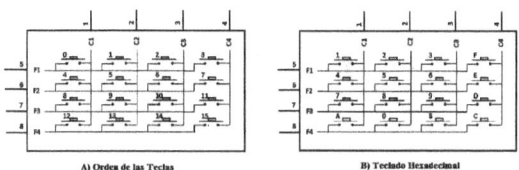

Figura 10.21: RELACIÓN ENTRE ORDEN DE TECLAS Y DIGITOS HEXADECIMALES

10.5.4. Exploración de Teclado 4x4

Tal como se lo había mencionado anteriormente es necesario saber el orden del teclado para poder explorarlo correctamente (Figura 10.22)

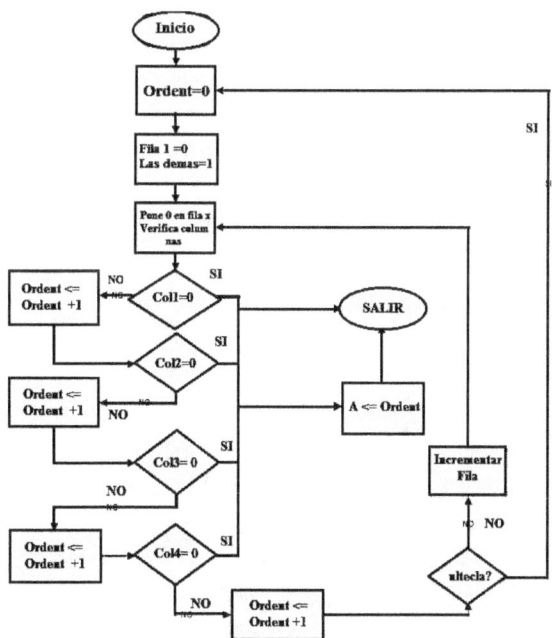

Figura 10.22: Exploración de Teclado 4x4

223

Sin antirebotes

A continuación se muestra una alternativa para la exploración del teclado sin antirebotes (Figura 10.23), lo que deriva en un proceso muy poco eficiente debido a los problemas que se pueden presentar al implementarlo en hardware.

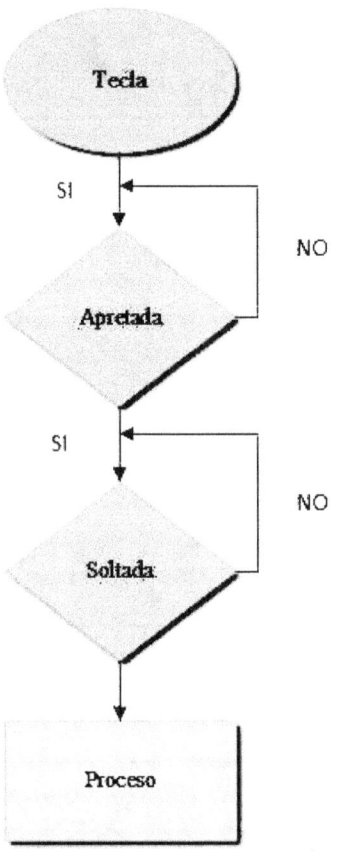

Figura 10.23: Sin Antirebotes

Con antirebotes

En esta sección, en cambio se muestra una opción para la exploración con antirebotes (Figura 10.24) lo que indica un proceso de búsqueda eficiente al ser implementado en hardware.

10.6. Módulos LCD

Los módulos LCD (Figura 10.25) constan de una pantalla de cristal líquido (pantalla LCD) y un microcontrolador que la gobierna.

10.6.1. Características

* Vienen en distintos tamaños. Por ejemplo, 2x16 (dos líneas por 16 caracteres), 2x20, 4x20, 4x40, etc.
* El microcontrolador más utilizado en los módulos LCD es el modelo Hitachi 44780. Las pantallas LCD que usan el Hitachi 44780 o compatible son: LM054, LM016L, LM020L, LM041L, etc. Las pantallas que usan el Hitachi o compatible tienen de 8 a 80 caracteres por línea.
* Cada caracter es de 5x7 ó 5x10 puntos (pixels).
* Los caracteres son almacenados en la DDRAM. Procesa caracteres ASCII.
* Posee un generador de caracteres que se denomina CGRAM de 64 bytes.
* Mientras la LCD procesa instrucciones mantiene la bandera encendida BF=1, en este caso el microcontrolador no debe enviar nueva información al LCD.
* Desplazamiento de caracteres a la izquierda o derecha.
* Movimiento de cursor y pantalla.
* Proporciona la dirección de la posición de cada carácter.
* Por lo general memoria de 40 caracteres por línea de pantalla.
* Conexión a un PIC usando un interfaz de 4 u 8 bits.

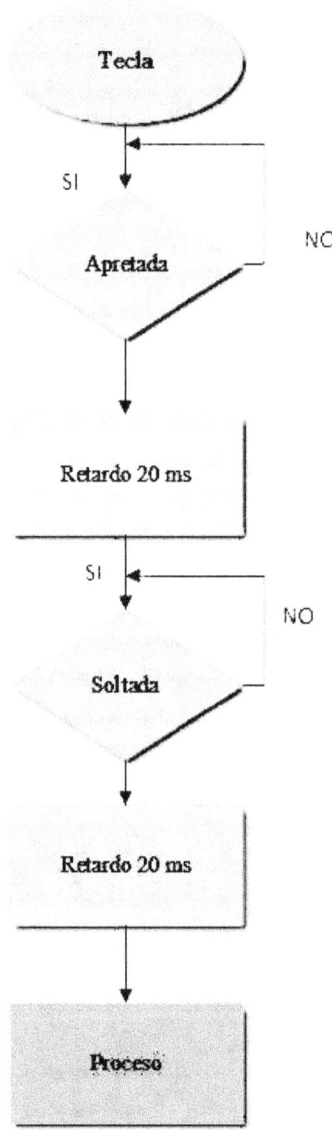

Figura 10.24: Con Antirebotes

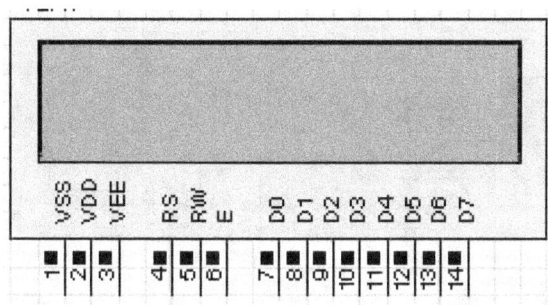

Figura 10.25: Modulos LCD

Módulo LCD de Hitachi

El módulo LCD de Hitachi (Figura 10.26) se compone de un controlador HD44780, dos manejadores de LCD y una pantalla LCD según lo mostrado a continuación: Para comprenderlo de forma visual (Figura 10.27), será ne-

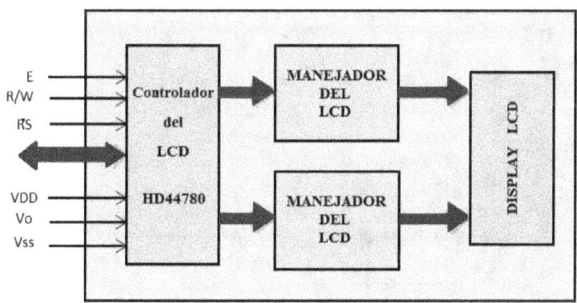

Figura 10.26: Modulo Hitachi

cesario conocer que este módulo se compone esencialmente de 5 niveles de voltaje v1, v2, v3, v4 y v5 que pueden ser apreciados en el siguiente diagrama de bloques:

227

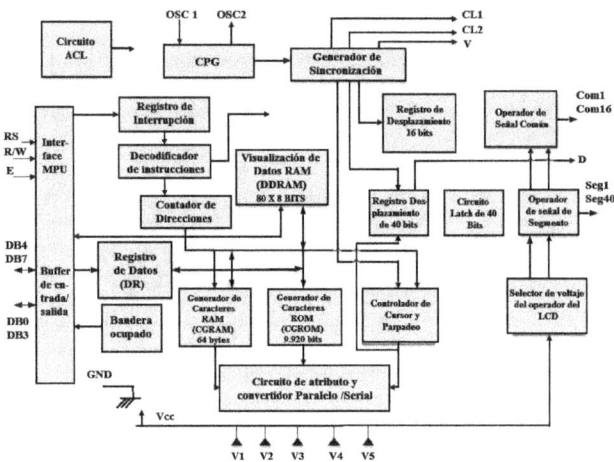

Figura 10.27: Diagrama de Bloques

10.6.2. LCD: Power

Para encender un LCD basta con conectar su pin de alimentación a una fuente de 5v con las respectivas resistencias tal como se muestra en la Figura 10.28.

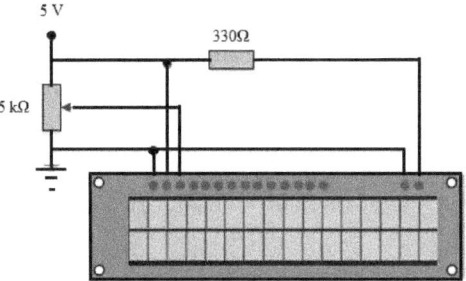

Figura 10.28: LCD: Power

10.6.3. Visualizador LCD con interfaz de 4 bits

Podemos utilizar nuestra LCD con una interfaz de 4 bits(Figura 10.29), para esto debemos tomar en cuenta el circuito mostrado a continuación:

10.6.4. LCD 2X16

* La DDRAM (Data Display RAM) es una zona de memoria donde se almacenan los caracteres que se van a representar en la pantalla, su capacidad es

228

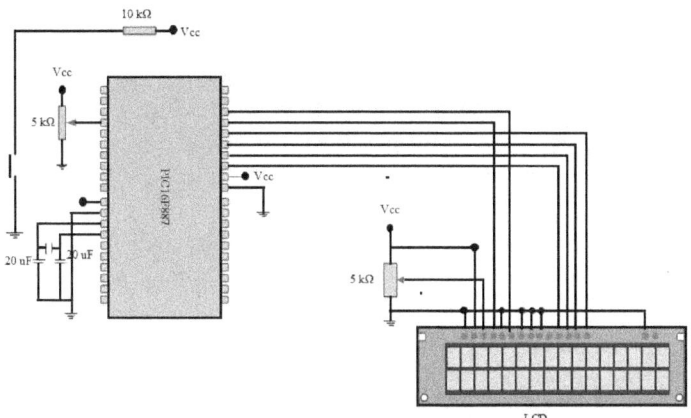

Figura 10.29: LCD con interfaz de 4 bits

de 80x8 bits = 80 caracteres, 40 por línea. Cada vez que se escribe un dato en ésta se apunta a la siguiente posición.

* Las direcciones de memoria DDRAM de cada carácter visible en la pantalla son:

00 01 02 03 04 05 06 07 08 09 0A 0B 0C 0D 0E 0F

40 41 42 43 44 45 46 47 48 49 4A 4B 4C 4D 4E 4F

10.6.5. Modelo LM044L (LCD 4x20)

* La DDRAM (Data Display RAM) es una zona de memoria donde se almacenan los caracteres que se van a representar en la pantalla, su capacidad es de 80x8 bits = 80 caracteres, 20 por línea. Cada vez que se escribe un dato en ésta se apunta a la siguiente posición.

* Las posiciones de los caracteres en la memoria cuando se usan 4 líneas de pantalla no son consecutivas, de la línea 1 pasa a la línea 3, cosa que tendremos que tener en cuenta si queremos escribir caracteres de manera secuencial. Esto se ve en la transparencia que sigue.

* Direcciones en memoria DDRAM de cada carácter visible en la pantalla LCD 4x20 (Figura 10.30) son:

Linea1: 00 01 02 03 04 05 06 07 08 09 0A 0B 0C 0D 0E 0F 10 11 12 13
Linea2: 40 41 42 43 44 45 46 47 48 49 4A 4B 4C 4D 4E 4F 50 51 52 53
Linea3: 14 15 16 17 18 19 1A 1B 1C 1D 1E 1F 20 21 22 23 24 25 26 27
Linea4: 54 55 56 57 58 59 5A 5B 5C 5D 5E 5F 60 61 62 63 64 65 66 67

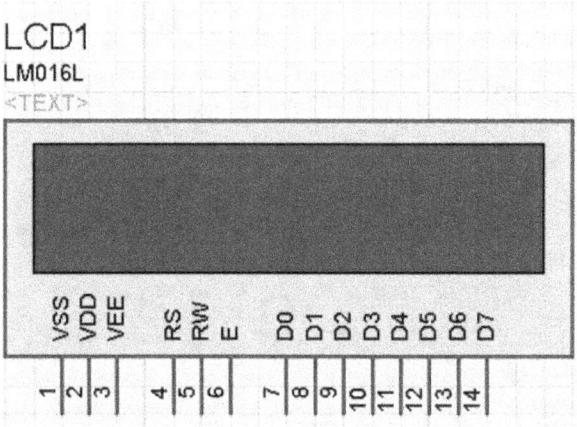

Figura 10.30: LCD 4x20

230

10.6.6. LCD: Pines

Para operar correctamente el LCD es necesario conocer sus pines (Figura 10.31) y la función que desempeña cada uno de ellos, de esta manera será más fácil para el programador el desarrollar aplicaciones que utilicen este tipo de hardware.

Función	Número de PIN	Nombre	Estado Lógico	Descripción
Tierra	1	Vss	—	0V
Fuente de alimentación	2	Vdd	—	5V+
Contraste	3	Vee	—	0-Vdd
Control de funcionamiento	4	RS	0	D0 - D7 Interpretados como comandos
	4	RS	1	D0 - D7 Interpretados como datos
	5	R/W	0	Escribir Datos (Desde el controlador al LCD)
	5	R/W	1	Leer Datos (Desde el controlador al LCD)
	6	E	0	Acceso al LCD Deshabilitado
	6	E	1	Operación normal
	6	E	De 1 a 0	Los comandos de datos son transferidos al LCD
Comandos de datos	7	D0	0/1	Bit 0 LSB (menos significativo)
	8	D1	0/1	Bit 1
	9	D2	0/1	Bit 2
	10	D3	0/1	Bit 3
	11	D4	0/1	Bit 4
	12	D5	0/1	Bit 5
	13	D6	0/1	Bit 6
	14	D7	0/1	Bit 7 MSB (más significativo)

Figura 10.31: LCD: Pines

10.6.7. Comandos de la Pantalla LCD del HD44780

los comandos esenciales que permiten operar el módulo LCD se resumen en la figura 10.32

COMANDO	RS	RW	D7	D6	D5	D4	D3	D2	D1	D0	Tiempo de Ejecución
Limpiar Pantalla	0	0	0	0	0	0	0	0	0	1	1.64 ms
Retorno de cursor	0	0	0	0	0	0	0	0	1	x	1.64 ms
Conjunto de modo de entrada	0	0	0	0	0	0	0	1	I/D	S	40 us
Control de Encendido/Apagado de Display	0	0	0	0	0	0	1	D	U	B	40 us
Control de desplazamiento en Display	0	0	0	0	0	1	D/C	R/L	x	x	40 us
Conjunto de Funciones	0	0	0	0	1	DL	N	F	x	x	40 us
Configurar dirección CGRAM	0	0	0	1	Dirección CGRAM						40 us
Configurar dirección DDRAM	0	0	1	Dirección DDRAM							40 us
Leer Bandera "Ocupado" (BF)	0	1	BF	Dirección DDRAM							—
Escribir en CGRAM o DDRAM	1	0	D7	D6	D5	D4	D3	D2	D1	D0	40 us
Leer desde CGRAM a DDRAM	1	1	D7	D6	D5	D4	D3	D2	D1	D0	40 us

Figura 10.32: Comandos de la Pantalla LCD del HD44780

10.6.8. Significado de los Símbolos

Según el valor de los bits controladores del módulo LCD obtendremos ciertas funciones que cumple nuestra pantalla, la figura 10.33 nos ayudará a interpretar estas funciones de forma correcta.

I/D	1 = Increment (by 1) 0 = Decrement (by 1)	R/L	1 = Shift right 0 = Shift left
S	1 = Display shift on 0 = Display shift off	DL	1 = 8-bit interface 0 = 4-bit interface
D	1 = Display on 0 = Display off	N	1 = Display in two lines 0 = Display in one line
U	1 = Cursor on 0 = Cursor off	F	1 = Character format 5x10 dots 0 = Character format 5x7 dots
B	1 = Cursor blink on 0 = Cursor blink off	D/C	1 = Display shift 0 = Cursor shift

Figura 10.33: Significado de los Simbolos

10.6.9. Asignación de los terminales para un modulo LCD de 2x16

En la figura 10.34 podemos observar la distribución de los pines tanto en forma vertical como horizontal para un LCD de 2x16.

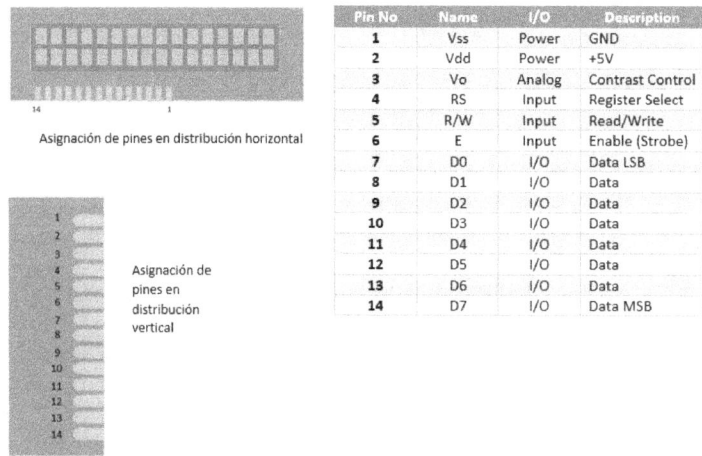

Pin No	Name	I/O	Description
1	Vss	Power	GND
2	Vdd	Power	+5V
3	Vo	Analog	Contrast Control
4	RS	Input	Register Select
5	R/W	Input	Read/Write
6	E	Input	Enable (Strobe)
7	D0	I/O	Data LSB
8	D1	I/O	Data
9	D2	I/O	Data
10	D3	I/O	Data
11	D4	I/O	Data
12	D5	I/O	Data
13	D6	I/O	Data
14	D7	I/O	Data MSB

Asignación de pines en distribución horizontal

Asignación de pines en distribución vertical

Figura 10.34: Asignación de los terminales para un modulo LCD de 2x16

10.6.10. Selección de Registros

El contador de direcciones (AC) asigna direcciones tanto a DDRAM como a CGRAM (Figura 10.35). Cuando una dirección de una instrucción se escribe en IR, esta dirección se carga luego en AC. La selección de DDRAM o CGRAMM se determina concurrentemente con la instrucción. Después de escribir o leer en DDRAM o en CGRAM el registro AC se incrementa o decrementa automáticamente.

Tabla 1		Selección de Registro
RS	**R/W**	**Operación**
0	0	IR escribe como una operación interna (borrar display, etc)
0	1	Lee la bandera "Ocupado" (DB7) y el contador de direcciones (DB0 a DB6)
1	0	DR escribe como una operación interna (DR a DDRAM o CGRAM)
1	1	DR lee como una operación interna (DDRAM o CGRAM a DR)

Figura 10.35: Selección de Registros

10.6.11. Tipos de comandos o instrucciones

* Borrar pantalla.
* Cursor a casa.
* Encendido/apagado de pantalla.
* Encendido/apagado del cursor.
* Desplazamiento de Pantalla.
* Desplazamiento del cursor.
* Parpadeo de caracteres en pantalla.
* Pantalla de caracteres ASCII.

10.6.12. Interfaz con un Microcontrolador

El HD44780 puede manejar datos, ya sea en dos operaciones de 4 bits o en una sola de 8.

Interface de 4 bits:

* Solamente 4 líneas DB7 a DB4 se usan. Las líneas DB3 a DB0 están deshabilitadas.
* La transferencia de un dato se completa cuando se hayan transferido dos veces datos de 4 bits.
* Primero se transfieren los 4 bits más altos (D4 a D7) y después los 4 bits más bajos (D0 a D3).
* La bandera de ocupado (BF) debe ser revisada (con una instrucción) después de que los dos datos de 4 bits hayan sido transferidos.

10.6.13. Control del LCD

Para controlar de manera óptima nuestro módulo LCD es necesario comprender que los bits principales de control son RS y R/W (Figura 10.36) y dependiendo de sus valores podremos determinar los ciclos de escritura en el LCD

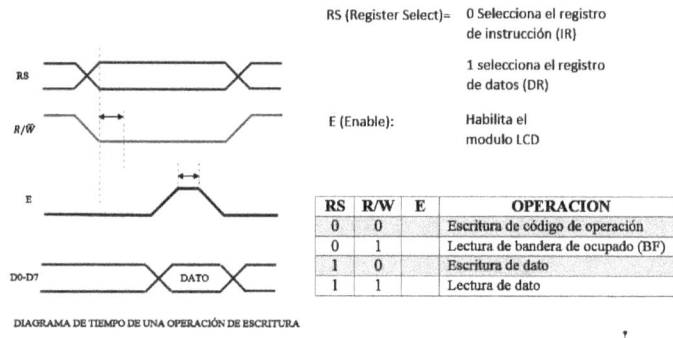

Figura 10.36: Control del LCD

Operación de escritura con interfaz de 4 bits

En la Figura 10.37 podemos observar como se realiza la escritura en la LCD con una interfaz de 4 bits.

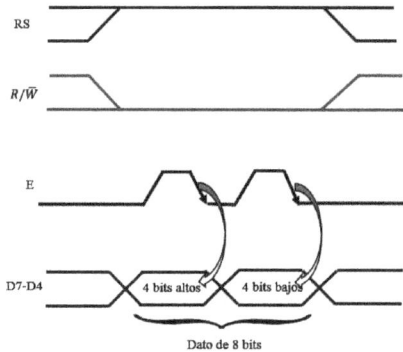

Figura 10.37: Operación escritura de 4 bits

234

10.6.14. Líneas de control: EN, R/W, RS

EN: pulso

* Cuando esta línea pasa de 1 a 0, el controlador del LCD lee el resto de líneas, ya sea de control o de datos.

R/W:

* Cuando esta linea esta en bajo se escribe sobre el LCD.

* Cuando esta en alto se lee el LCD, es especialmente útil para leer si ha finalizado la última orden indicada.

RS:

* Selección de registro. Cuando RS esta en bajo el dato es tratado como una orden o comando sobre el LCD.

* Si esta en alto, el dato que se envía es texto a visualizarse en el display.

10.6.15. Descripción de comandos LCD HD44780

CLEAR DISPLAY (Borrar Pantalla)

Este comando borra el módulo LCD y coloca el cursor en la primera posición (dirección 0). (Figura 10.38)

Codigo:

RS	R/W	DB7	DB6	DB5	DB4	DB3	DB2	DB1	DB0
0	0	0	0	0	0	0	0	0	1

Tiempo de ejecución: 1.64 ms

Figura 10.38: Clear Display

HOME (Cursor a casa)

Coloca el cursor en la posición de inicio (dirección 0) y hace que el display comience ha desplazarse desde la posición original (Figura 10.39). El contenido de la memoria RAM de datos de visualización (DDRAM) permanece invariable. La dirección de la memoria DDRAM de datos es puesta a 0.

Código

RS	R/W	DB7	DB6	DB5	DB4	DB3	DB2	DB1	DB0
0	0	0	0	0	0	0	0	1	X

Tiempo de ejecución: 1.64 ms

Figura 10.39: Home

ENTRY MODE SET

Establece la dirección de movimiento del cursor y especifica si la visualización se va desplazando a la siguiente posición de la pantalla o no (Figura 10.40). Estas operaciones se ejecutan durante la lectura o escritura de la DDRAM o de la CGRAM. Para visualizar normalmente poner el bit S a "0".

DISPLAY ON/OFF CONTROL

Activa o desactiva poniendo en ON/OFF tanto el display (D) como el cursor (C) (Figura 10.41) y se establece si este último debe o no parpadear (B).

Codigo:

RS	R/W	DB7	DB6	DB5	DB4	DB3	DB2	DB1	DB0
0	0	0	0	0	0	0	1	I/D	S

Tiempo de ejecución: 40 us

I/D = 1   Incrementa la direccion del cusor
I/D = 0   Decrementa la direccion del cursor
S = 1   Desplaza la visualizacion cada vez que se escribe un dato.

Figura 10.40: ENTRY MODE SET

Código

RS	R/W	DB7	DB6	DB5	DB4	DB3	DB2	DB1	DB0
0	0	0	0	0	0	0			

Tiempo de ejecución: 40 us

D=1   Pantalla Activa (ON)
C=1   Cursor Activo (ON)
B=1   Parpadeo

Figura 10.41: DISPLAY ON/OFF CONTROL

CURSOR o DISPLAY SHIFT (modo desplazamiento)

Mueve el cursor o desplaza el display sin cambiar el contenido de la memoria de datos de visualización DDRAM (Figura10.42).

Código:

RS	R/W	DB7	DB6	DB5	DB4	DB3	DB2	DB1	DB0
0	0	0	0	0	1	S/C	R/L	X	X

Tiempo de ejecución 40 us

S/C= 1 Se desplaza la visualización
S/C= 0 Se desplaza el cursor
R/L= 1 Desplazamiento a la derecha
R/L= 0 Desplazamiento a la izquierda

Figura 10.42: CURSOR o DISPLAY SHIFT

FUNCTION SET

Establece el tamaño de interfaz con el bus de datos (DL), número de líneas del display (N) y tipo de carácter (F) (Figura 10.43).

Código:

RS	R/W	DB7	DB6	DB5	DB4	DB3	DB2	DB1	DB0
0	0	0	0	1	DL	N	F	X	X

Tiempo de Ejecución: 40 us

DL= 1   Trabaja con un bus de datos de 8 bits
DL= 0   Trabaja con un bus de datos de 4 bits
F= 1   La presentación se hace en 2 líneas
F= 0   La presentación se hace en 1 línea
N= 1   Caracteres de 5x10 puntos
N: 0   Caracteres de 5x7 puntos

Figura 10.43: FUNCTION SET

DDRAM ADDRESS SET

Establece la dirección (7 bits) de la memoria de datos DDRAM a partir de la cual se almacenan los datos a visualizar (Figura 10.44).

Código:

RS	R/W	DB7	DB6	DB5	DB4	DB3	DB2	DB1	DB0
0	0	1	Dirección de memoria de datos DDRAM					

Tiempo de Ejecución: 40 us

Figura 10.44: DDRAM ADDRESS SET

READ BUSY FLAG AND ADDRESS

Lectura de la bandera busy (BF) e indica la última dirección empleada de DDRAM o CGRAM (Figura 10.45).

Código:

RS	R/W	DB7	DB6	DB5	DB4	DB3	DB2	DB1	DB0
0	1	BF	Dirección de DDRAM o CGRAM						

Tiempo de ejecución: 1 μs

Figura 10.45: READ BUSY FLAG AND ADDRESS

10.6.16. LCD: Posición de los caracteres en memoria DDRAM

Para tener una mejor idea de cómo se produce el posicionamiento en la memoria DDRAM se muestra en las figuras 10.46 y 10.47 las direcciones correspondientes al módulo LCD.

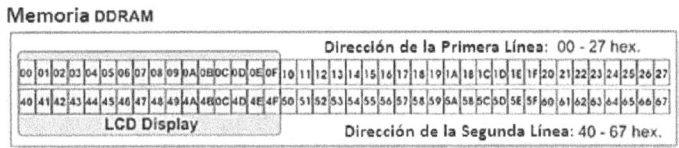

Figura 10.46: Posición en memoria DDRAM

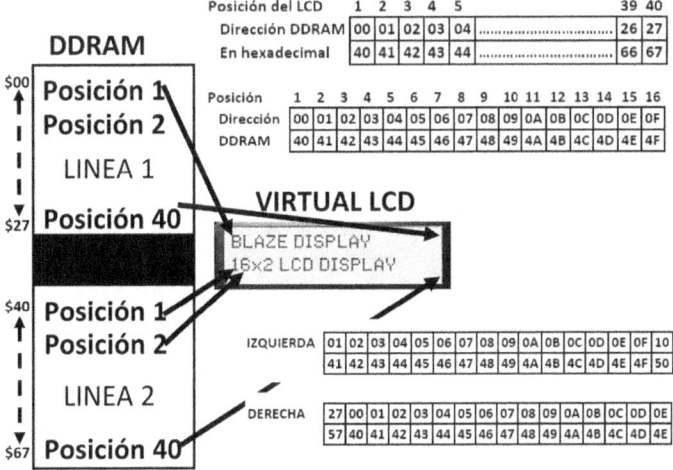

Figura 10.47: DDRAM

239

10.6.17. Display Virtual y Real

El display virtual y el display real (Figura 10.48) no mantienen la misma posición, sus posiciones relativas pueden variar según el tipo de desplazamiento que se realice en la LCD.

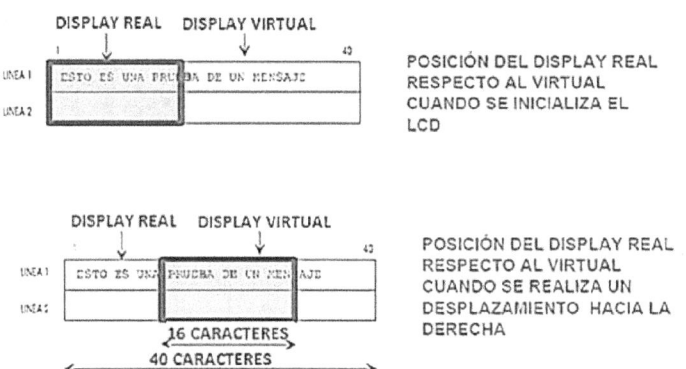

Figura 10.48: Display Virtual y Real

10.6.18. Visualizador LCD con interfaz de 4 bits

La figura 10.49 nos permite observar el funcionamiento de un visualizador de 4 bits.

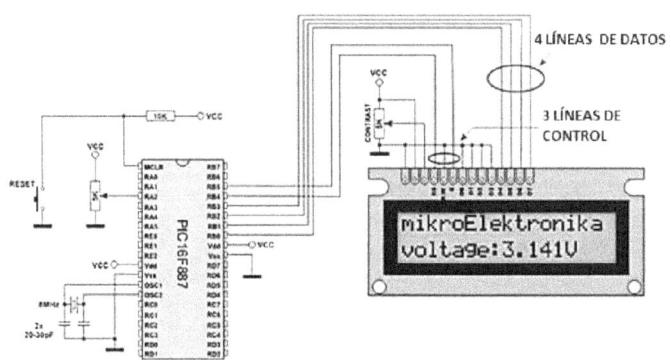

Figura 10.49: Visualizador LCD de 4 bits

Lista de Comandos

Según los valores que asignemos a los registros de control de la LCD (Figura 10.50) obtendremos diferentes tipos de funciones, entre los más importantes , tenemos los detallados a continuación:

LCDLínea 1	80h	COLOCA EL CURSOR EN LA POSICIÓN 1 LÍNEA 1
LCDLínea 2	0Ch	COLOCA EL CURSOR EN LA POSICIÓN 1 LÍNEA 2
LCDCLR	01h	BORRA LA PANTALLA Y COLOCA EL CURSOR EN LA POSICIÓN 1 LÍNEA 1
LCDCasa	02h	COLOCA EL CURSOR EN LA POSICIÓN 1 LÍNEA 1
LCDInc	06h	INCREMENTA LA POSICIÓN DEL CURSOR DESPUÉS DE CADA CARÁCTER
LCDDee	04h	DECREMENTA LA POSICIÓN DEL CURSOR DESPUÉS DE CADA CARÁCTER
LCDOn	0Ch	ENCIENDE LA PANTALLA DEL LCD
LCDOff	08h	APAGA LA PANTALLA DEL LCD
CursOn	0Eh	ENCIENDE LA PANTALLA Y EL CURSOR (_.....)
CursOff	0Ch	APAGA LA PANTALLA Y EL CURSOR
CursBlink	0Fh	ENCIENDE LA PANTALLA Y PARPADEA EL CURSOR (■.......)
LCDIzda	18h	DESPLAZA LOS CARACTERES MOSTRADOS A LA IZQUIERDA
LCDDecha	1Ch	DESPLAZA LOS CARACTERES MOSTRADOS A LA DERECHA
CursIzda	10h	MUEVE EL CURSOR UNA POSICIÓN A LA IZQUIERDA
CursDecha	14h	MUEVE EL CURSOR UNA POSICIÓN A LA DERECHA
LCDFuncion	38h	INTERFACE DE PROGRAMA DE 8 BITS, 2 LINEAS PANTALLA Y FUENTE 5X7
LCDCGRAM	40h	PROGRAMA GENERADOR DE CARACTERES POR USUARIO RAM

Figura 10.50: Cuadro de Lista de Comandos

Unidad 11

TEMPORIZADORES

11.1. TEMPORIZADORES / CONTADORES

El 8051 tiene 2 temporizadores / contadores: timer/counter 0 y timer/counter 1. Pueden usarse como

11.1.1. Temporizador

El temporizador es utilizado para implementar retardos. En este caso la fuente de reloj es la frecuencia del cristal del 8051.

11.1.2. Contador de Eventos

* Entrada Externa desde pin de entrada para contar el número de eventos.

* Estos pulsos externos pueden representar el número de personas que pasan por una entrada, el número de rotaciones, o cualquier otro evento que se pueda representar por pulsos.

11.2. TEMPORIZADOR

* Cargar valor inicial en registros (Figura 11.1).
* Arrancar el timer e inicia cuenta ascendente.
* Opera con reloj interno (ciclo de maquina)
* Cuando los registros desbordan (carga con 0) el 8051 enciende un bit (flag) que señaliza desborde.

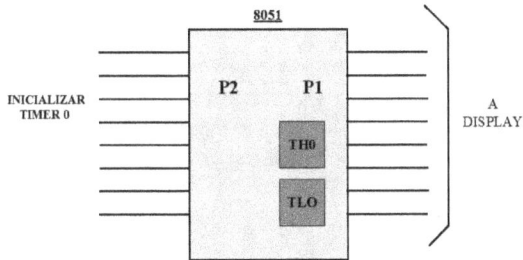

Figura 11.1: Temporizador

11.3. CONTADOR

* Utilizado para contar eventos externos
- Mostrar el número de eventos en registros
- Entrada externa para T0 (Figura 11.2) es pin P3.4 (Contador 0)
- Entrada externa para T1 es pin P3.5 (Contador 1)

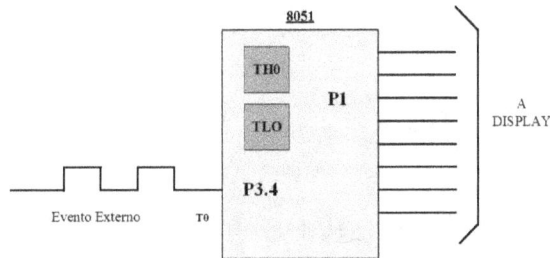

Figura 11.2: Contador

11.3.1. Registros usados con T0 y T1

* TH0, TL0, TH1, TL1
* TMOD (Registro de Modo)
* TCON (Registro de Control)

243

* Puesto que el 8052 tiene 3 T/C, el formato de estos registros de control son diferentes.
- T2CON (registro de control de Timer 2), registros TH2 y TL2 usados solamente con el 8052.

11.3.2. Registros Básicos de "Timers"

* Ambos T0 y T1 son de 16 bits. - Los registros THx:TLx . Almacenan el valor del retardo (temporizador) . Almacenan el número de eventos (contador) - T0: TH0 y TL0 . Byte alto y byte bajo respectivamente - T1: TH1 y TL1 . Byte alto y byte bajo respectivamente. - Cada Tx puede accederse como dos registros separados.

11.4. Registros T / C

Para comprender mejor los términos mencionados previamente es necesario mostrar (Figura 11.3)la distribución de los bytes altos(THx) y bajos (TLx) para los Timers 0 y 1 respectivamente.

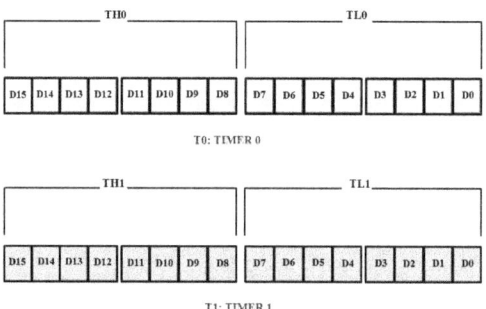

Figura 11.3: Registros T/C

11.4.1. REGISTRO DE MODO: TMOD

Registro de modo: TMOD (Figura 11.4)
MOV TMOD,21H
- Un registro de 8bits
- El modo de los dos "timers"
* Nibble bajo para T0 (si no se usa fijar a 0000)
* Nibble alto para T1 (si no se usa fijar a 0000)
- No es bit direccionable.

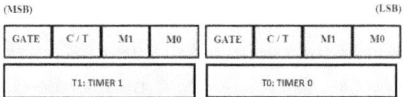

Figura 11.4: TMOD

GATEX Cuando este bit esta encendido el timer correrá solamente cuando INTX (P3.3) esté en alto.

Cuando este bit está encerado el timer correrá cualquiera sea el estado de INTX.

El pin de control TRX en alto habilita TX(ver registro de control).

C/T Cuando éste bit está encendido el timer contará eventos en TX (P3.5).

Cuando éste bit está encerado el timer incrementará con cada ciclo de máquina, es decir funciona como temporizador.

M1 Modo bit 1 (Figura 11.5)

M0 Modo bit 0

Nota: X=0 timer 0, X=1 timer 1

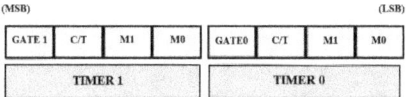

Figura 11.5: TMOD 2

11.5. C/T (Contador / Temporizador)

* Este bit se usa para decidir si el "timer" es usado como temporizador (implementa también retardos) o como contador de eventos.

* C/T = 0 : temporizador

* C/T = 1 : contador de eventos

11.6. GATE

Cada "timer" tiene un mecanismo de inicio y parada.

* GATE=0

- Control Interno

- El inicio y parada del timer se controla mediante software.

- Encender / apagar el TR para inicio / parada del "timer".

* GATE=1

- Control Externo

- Se combina harware y software para el inicio/parada del "timer".
- El "Timer/counter" se habilita solamente cuando la patita INTX se encuentre en nivel alto y el bit de control TRX también en alto.

11.6.1. EJEMPLO GATE

Encontrar el valor de TMOD para configurar timer 0 en mode 2 (Figura 11.6), usar XTAL 8051 como fuente de reloj, y use instrucciones (software) para el inicio y parada del "timer".
Solución:

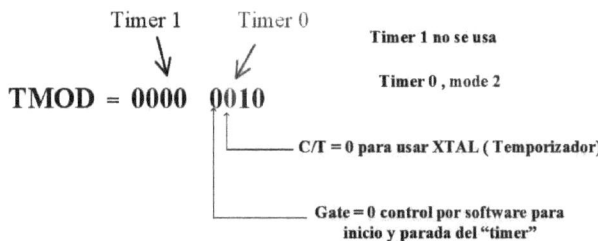

Figura 11.6: Ejemplo Gate

11.7. Registro TCON

* Registro de Control: TCON (Figura 11.7)
- Nibble alto para "timer/counter", nibble bajo interrupciones
* TR (habilita "timer/counter")
- TR0 para "Timer/counter 0"; TR1 para "Timer/counter 1".
- TR se controla mediante programa.
* TR=0: apagado (stop)
* TR=1: encendido(start)

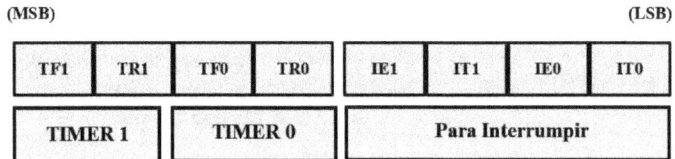

Figura 11.7: Registro TCON 1

* TF (Bandera o señalizador del timer)(Figura 11.8)
- TF0 para "timer/counter 0"; TF1 para "timer/counter 1".
- Inicialmente, TF=0. Cuando TH-TL desborda a 0000 desde FFFFH, la bandera TF se pone a 1.
. TF=0 : no desborde
. TF=1: desborde
. Habilitada las interrupciones, con TF=1 salta a la subrutina de servicio de interrupción (ISR).

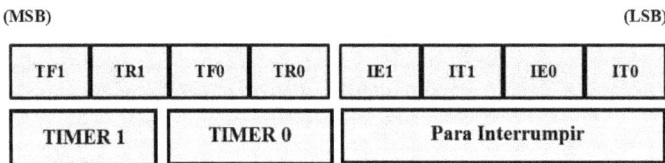

Figura 11.8: Registro TCON 2

11.7.1. Instrucciones Equivalentes para el Registro de Control TCON

Existen diferentes instrucciones para el registro de control TCON (Figura 11.9), entre ellas las más utilizadas son:

Para Timer 0

SETB TR0	=	SETB TCON.4
CLR TR0	=	CLR TCON.4
SETB TF0	=	SETB TCON.5
CLR TF0	=	CLR TCON.5

Para Timer 1

SETB TR1	=	SETB TCON.6
CLR TR1	=	CLR TCON.6
SETB TF1	=	SETB TCON.7
CLR TF1	=	CLR TCON.7

TCON: Registro de Control del Timer/Counter

TF1	TR1	TF0	TR0	IE1	IT1	IE0	IT0

Figura 11.9: Instrucciones para el Registro TCON

11.8. M1, M0

M1 y M0 (Figura 11.10) seleccionan el modo de operación para T0 y T1.

M1 M0	Modo	Operación
0 0	0	Timer de 13 bits 8 Bits THx + 5 Bits TLx
0 1	1	Timer de 16 bits 8 Bits THx + 8 Bits TLx
1 0	2	Timer de 8 bits con recarga automática THx contiene valor que recarga en TLx cada vez que desborda
1 1	3	"Split timer mode": T0 se convierte en dos timers de 8 bits independientes

Figura 11.10: M1,M0

11.9. TIMER 0: Modo 0

* Esta es una rareza que se mantiene por razones de compatibildad con versiones previas.

* Este modo configura TIMER0 como TIMER de 13 bits con los 8 bits de TH0 y los 5 bits menos significativos de TL0. (Figura 11.11)

* Funcionamiento: Con cada pulso TLX incrementa cambiando su estado,con el pulso de 32 incrementa TH0 encerando los 5 bits de TL0, esto se repite hasta que TH0:TL0 cuente 8192 pulsos, después de ésto ambos registros se enceran y el conteo ascendente arranca nuevamente desde cero.

* Su secuencia hexadecimal es:

0000H, 0001H, 0002H,.........1FFDH, 1FFEH, 1FFFH ->0000H

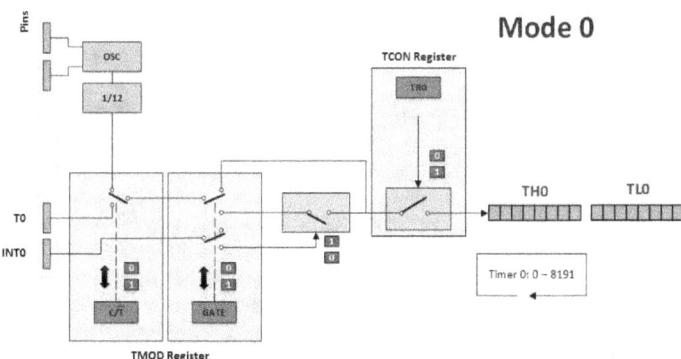

Figura 11.11: Timer 0: Modo 0

11.10. TIMER 0: Modo 1

* Modo1 configura timer x como un timer de 16 bits (THX:TLX), siendo éste el modo más usado (Figura 11.12). Con cada pulso de reloj incrementa su estado, capacidad para contar hasta 65536 pulsos.
* Su secuencia hexadecimal es:
0000H, 0001H, 0002H, 0003H ....FFFD, FFFEH, FFFFH–>0000H

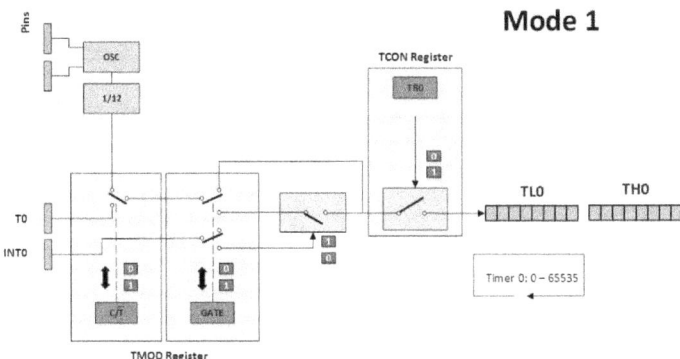

Figura 11.12: Timer 0: Modo 1

11.11.   TIMER 0: Modo 2

* Modo2 configura timer 0 como un timer de 8 bits con capacidad de recarga
(Figura 11.13).
* El timer de 8 bits es TL0 y el registro de recarga es TH0.
* Cuando TL0 desborda automáticamente se recarga con el contenido de
TH0.

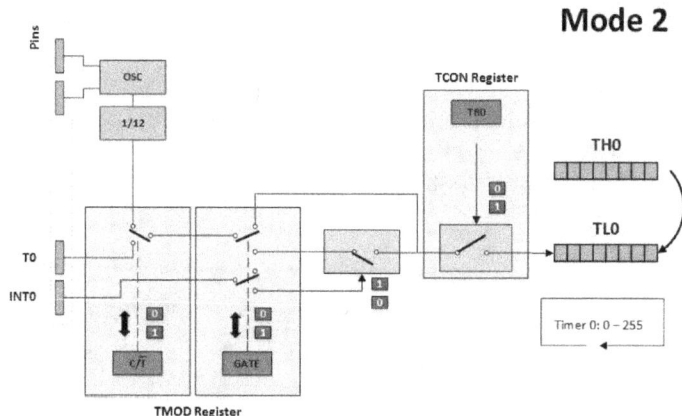

Figura 11.13: TIMER 0: Modo 2

11.12. TIMER 0: Modo 3

* Modo 3 configura timer 0 tal que TL0 y TH0 operan como dos timers separados (Figura 11.14). En otras palabras, el timer TH0:TL0 de 16 bits se separa en dos timers TH0 y TL0 de 8 bits que funcionan independientemente el uno del otro.

* El TL0 se convierte ahora en timer 0, mientras que TH0 se convierte en timer 1.

* Es decir TL0 (8 bits) ahora usa para su control: C /T y GATE0 en TMOD, TR0 y TF0 en TCON.

* TH0 se enclava como timer de 8 bits con senalizador TF1 y control de arranque/parada TR1.

* Observe ,queda limitado el funcionamiento del timer 1 cuando se configura timer 0 en modo 3.

* Analizar la trasparencia siguiente:

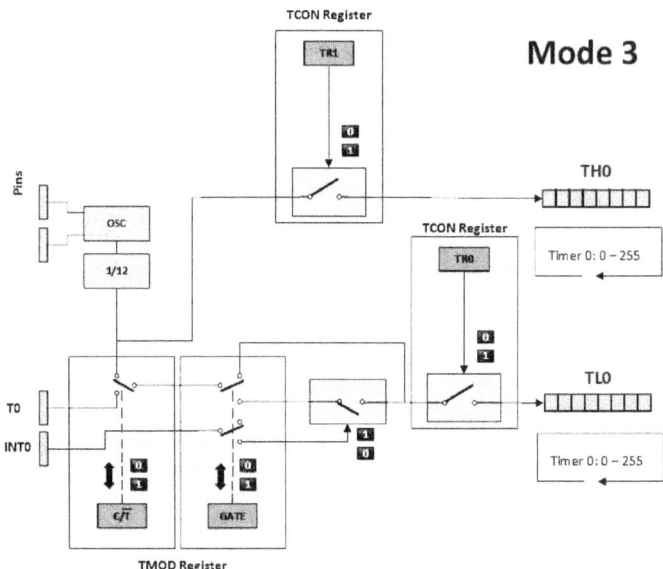

Figura 11.14: TIMER 0: Modo 3

254

11.13. TIMER0: Modo 1

* Temporizador de 16-bits (TH0 y TL0)
* TR0=1: TH0:TL0 incrementa de manera contínua. TR0=0: El 8051 detiene el incremento de TH0-TL0.
* El temporizador trabaja con el reloj interno. En otras palabras, el timer incrementa con cada ciclo de máquina.
* Cuando el timer (TH0-TL0) alcanza su valor máximo FFFFH, desborda a 0000 y pone TF0 a 1.
* El programador debe checar TF0 y parar el timer 0.

11.13.1. Pasos para Mode 1

* Configura timer 0 en modo1 (Figura 11.15).
MOV TMOD,01H
* Cargar valor inicial en TH0 y TL0.
MOV TH0,FFH
MOV TL0,FCH
* Encerar la bandera TF0: ->TF0=0.
CLR TF0
* Arrancar el timer.
SETB TR0
* El 8051 inicia el conteo incrementando TH0-TL0. TH0:TL0= FFFCH,FFFDH,FFFEH,FFFFH,0000H

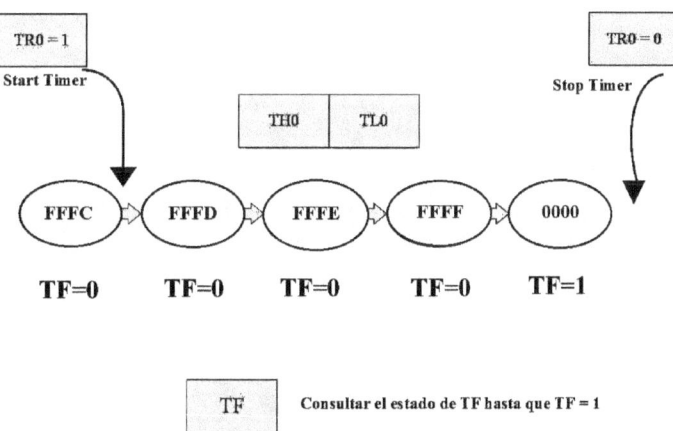

Figura 11.15: Mode 1 Pasos

* Cuando TH0-TL0 desborda desde FFFFH a 0000, entonces el 8051 enciende TF0=1. TH0:TL0= FFFEH, FFFFH,->0000H (ahora TF0=1) * Mantener la consulta hasta que flag (TF) ->1 CONSULTA: JNB TF0, CONSULTA * Encerar TR0 para detener el timer. CLR TR0 * Encerar bandera TF0 para

255

proceso siguiente. CLR TF0 (Figura 11.16).

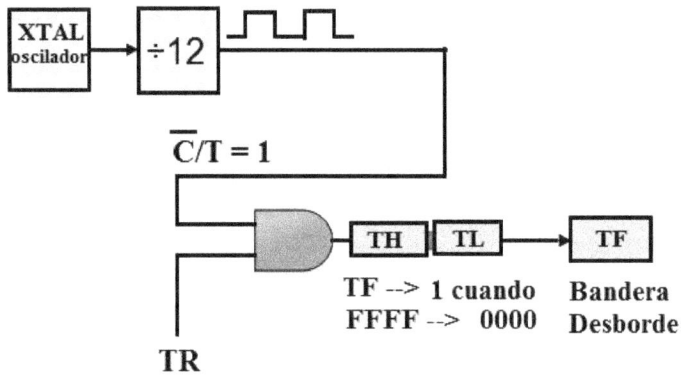

Figura 11.16: Mode 1

11.13.2. Cálculo de un retardo con XTAL = 12 MHz

(a) en hex

T = (FFFF – YYXX + 1) x 1.0 us
donde YYXX son los
valores iniciales de TH, TL respectivamente

Observe que YYXX está en hex.

(b) en decimal

Convertir el valor hex YYXX almacenado en TH:TL a número decimal N
entonces
T = (65536 – N) x 1.0 us

11.14.   Valores para "timer"

* Asuma que se conoce el valor del retardo y XTAL = 12 MHz .
* Cómo encontrar los valores enteros para TH, TL?
- Usar la formula T= 1us (65536-N), donde T es el retardo deseado.
- Evaluar N.
- Convertir el resultado N a hex yyxx, valor hexadecimal inicial que debe cargarse en los registros del "timer".
- Entonces TH = yy , TL = xx.

11.15.   Generando Retardos Grandes

* La magnitud de los retardos depende de dos factores:
- De la frecuencia del cristal.
- De los Registros del "timer", TH y TL
* El retardo más grande se obtiene haciendo TH=TL=0. Qué pasa si esto no es suficiente?
* El siguiente ejemplo muestra como lograr retardos grandes.

11.16. TIMER0: Modo 0

* Mode 0 es exactamente como modo 1 excepto que es timer de 13-bits en lugar de 16-bits (Figura 11.17).
8-bit TH0 + 5-bit TL0
* El contador puede manejar valores entre 0000 y 1FFF en TH0-TL0.
213-1= 2000H-1=1FFFH
* Inicializar TH0-TL0 para el conteo ascendente.
* Cuando alcanza su valor máximo (1FFFH), desborda a 0000, y TF0 se enciende.

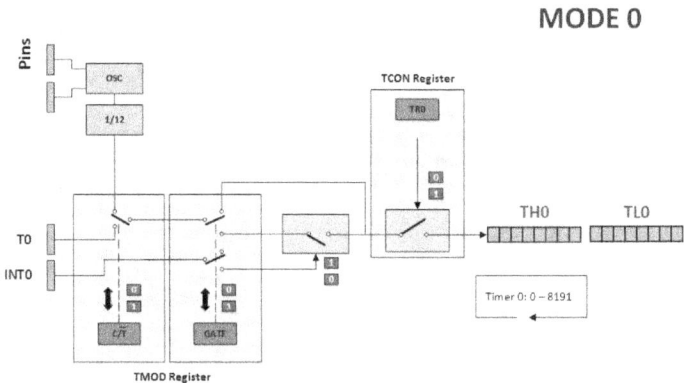

Figura 11.17: Timer0: Modo 0

11.17. TIMER0: Modo 2

Timer de 8-bits.
* Permite valores de 00 a FFH a ser cargados en TH0 (Figura 11.18). Recarga automática
* Con TR0=1, TL0 se incrementa contínuamente.

En el siguiente ejemplo, generamos un retardo de 200 us con timer 0.

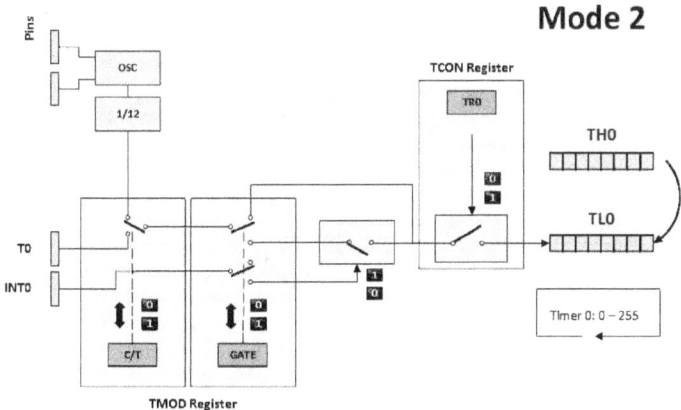

Figura 11.18: Timer0: Modo 2

11.17.1. Pasos de Mode 2

* Escoger timer 0 en modo 2 (Figura 11.19).
MOV TMOD,02H
* Cargar valor inicial en TH0.
MOV TH0,38H
* Encerar bandera TF0=0.
CLR TF0
* Después de cargar la cuenta inicial en TH0, el 8051 automáticamente copia el valor de TH0 en TL0
. TL0=TH0=38H
* Arrancar "timer".
SETB TR0
* El 8051 inicia el incremento de TL0.
TL0= 38H, 39H, 3AH,....
* Cuando TL0 desborda desde FFH a 00, el 8051 enciende TF0=1. También, TL0 se recarga automáticamente con el valor congelado en TH0.
TL0= FEH, FFH, 00H (Ahora TF0=1)

El 8051 genera auto-recarga TL0=TH0=38H.

Ir a paso 6 (TL0 se incrementa contínuamente).

* Cuando TL0 desborda debemos encerar TF0=0. Así, podemos consultar por TF0=1 en el proceso siguiente.

* Encerar TR0=0 para detener el proceso

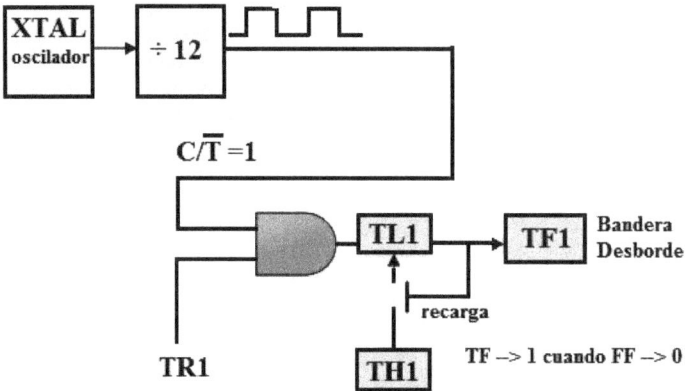

Figura 11.19: Timer0: Modo 2

11.18.   CONTADORES

* Un "timer" puede usarse para contar eventos que ocurren externamente al 8051.
* Cuando el " timer" se usa como contador, es un pulso externo al 8051 que incrementa el TH, TL.
* Con C/T=1, el contador incrementa con pulsos desde
T0: entrada de timer 0 (Pin 14, P3.4)
T1: entrada de timer 1 (Pin 15, P3.5)

11.18.1.   Pins de P3 usados con Timers 0 y 1

Con el fin de facilitar la creación de aplicaciones con microprocesadores al programador, se muestra los pines del Puerto P3 (Figura 11.20) usados generalmente al momento de trabajar con contadores.

Pin	Puerto	Función	Descripción
14	P3.4	T0	Timer/Contador 0 entrada externa
15	P3.5	T1	Timer/Contador 1 entrada externa

(MSB)   (LSB)

GATE	C/T=1	M1	M0	GATE	C/T=1	M1	M0
TIMER1				TIMER0			

Figura 11.20: Pins de P3

11.18.2. Contador: Modo 1

* Contador 16-bits (TH0 y TL0) (Figura 11.21).
* TH0-TL0 se incrementa cuando TR0 = 1 y pulso externo ocurre en P3.4 (entrada de T0).
* Cuando el contador (TH0-TL0) alcanza su valor máximo FFFFH, desborda a 0000 y TF0 ->1.
* El programador debe consultar contínuamente TF0 para detener el contador 0.
* El programador debe cargar el valor inicial en TH0-TL0 y usar TF0=1 como indicador para mostrar una condición especial. (por ejemplo: ingresaron 100 personas).
* Vista Lógica Contador 0 con entrada externa (Modo 1)
* Vista Lógica Contador 1 con entrada externa (Modo 1)(Figura 11.22).

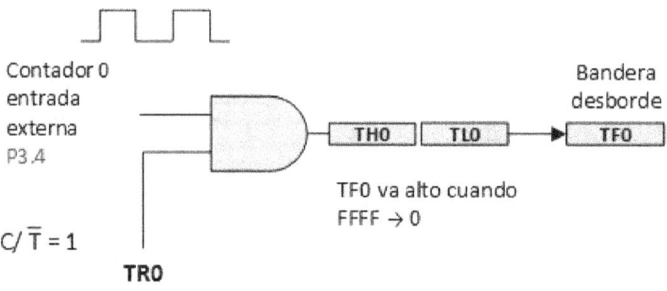

Figura 11.21: Contador0: Modo 1

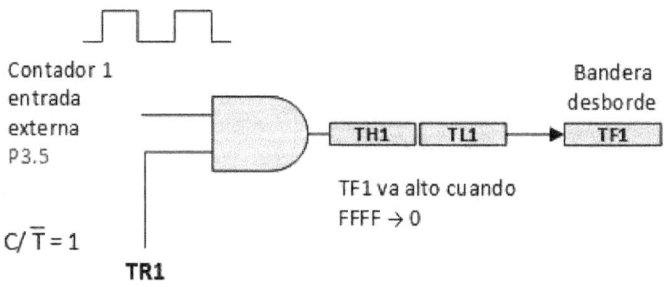

Figura 11.22: Contador1= Modo 1

11.19. Contador: Modo 2

* Contador de 8-bits.
Permite solamente valores de 00 a FFH a cargarse en THx (Figura 11.23)
* Recarga Automática
TLx se incrementa si TRx=1 y ocurre pulso externo.
* Vista Lógica Contador 0 con entrada externa (Modo 2)
Vista Logica Contador 1 con entrada externa (Modo 2)(Figura 11.24)

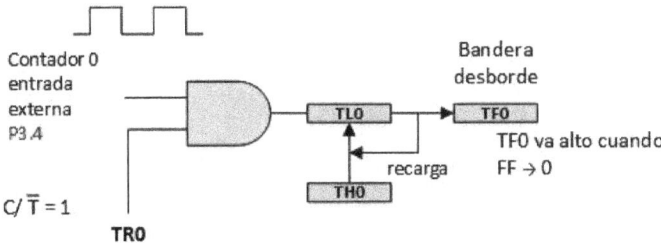

Figura 11.23: Contador0: Modo 2

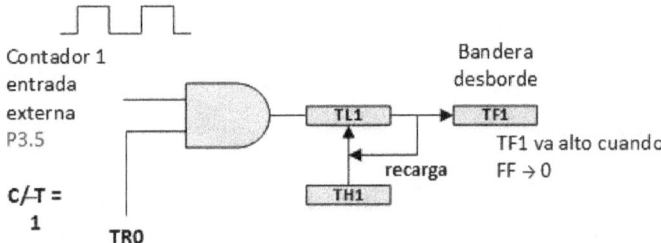

Figura 11.24: Contador1= Modo 2

263

11.20. GATE=1 en TMOD

* Hasta ahora hemos asumido que GATE=0.

- Los "timers" se arrancan con las instrucciones "SETB TR0" y "SETB TR1", para timer 0 y timer 1 respectivamente.

* Si GATE=1, podemos usar "hardware" para el arranque y parada de los "timers"

- INT0 (P3.2, pin 12) arranca y detiene timer 0
- INT1 (P3.3, pin 13) arranca y detiene timer 1
- Esto nos permite arrancar o parar el timer externamente en cualquier instante a través de un simple switch.

11.20.1. Ejemplo para GATE=1

* Asumir que el 8051 se usa para activar una alarma cada segundo usando timer 0.

* Si Timer 0 se enciende por "software" usando la instrucción "SETB TR0", el usuario no tendría control sobre su encendido.

* Sin embargo, un switch conectado al pin P3.2 podríamos usar para encender y apagar el timer (Figura 11.25), por lo tanto el usuario ahora sí puede activar o desactivar una alarma.

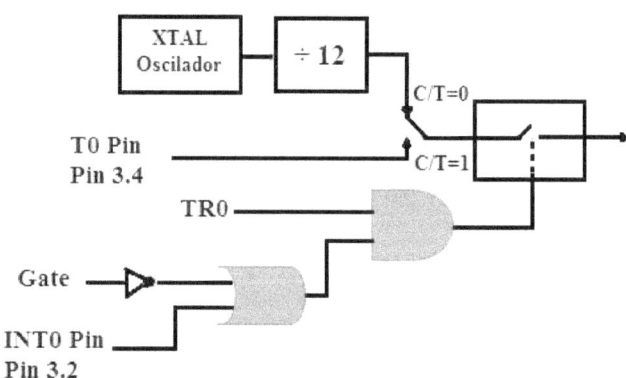

Figura 11.25: El arranque y parada de timer 0 se lo hace a través de pin 3.2

264

Unidad 12

INTERRUPCIONES

* Una interrupción es un evento interno o externo que interrumpe al microcontrolador para informarle que un dispositivo necesita de sus servicios.

* El programa que está asociado con la interrupción se llama subrutina de servicio de la interrupción.

* Un solo microcontrolador puede dar servicio a varios dispositivos. Hay dos maneras de hacerlo: interrupciones o consultas (polling).

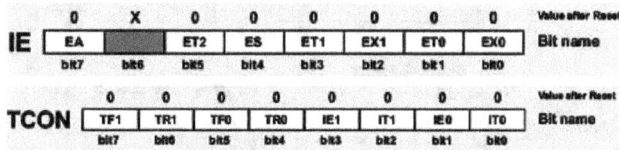

Figura 12.1: Cuadro de Registros

* El microcontrolador 8051 tiene 5 fuentes de interrupción, lo que significa que el microcontrolador reconoce cinco eventos diferentes que pueden interrumpir la ejecución normal de un programa.

* Cada interrupción tiene un vector de interrupción asociado a una rutina de interrupción.

* Cada interrupción puede habilitarse o deshabilitarse seteando bits del registro IE (Figuras 12.1 y 12.2).

* Asimismo, el sistema de interrupciones total puede deshabilitarse encerando el bit EA del registro IE.

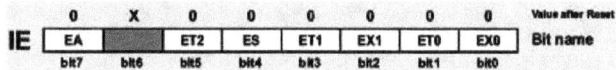

Figura 12.2: Cuadro de Registros 2

12.1. Registro IE (habilita interrupciones)

Cada uno de los bits del registro IE (Figuras 12.3 y 12.4) realiza diversas funciones:

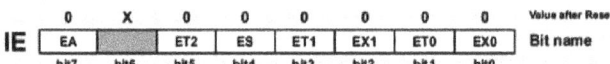

Figura 12.3: Registro IE

* IE.7: EA permiso global de interrupciones. EA=1 habilita, EA=0 deshabilita
* IE.5: ET2 habilita o deshabilita "timer 2" (8052 solamente)
* IE.4: ES habilita o deshabilita interrupción del puerto serial.
* IE.3: ET1 habilita o deshabilita interrupción por desborde de "timer 1".
* IE.2: EX1 habilita o deshabilita interrupción externa INT1.
* IE.1: ET0 habilita o deshabilita interrupción por desborde de "timer 0".
* IE.0: EX0 habilita o deshabilita interrupción externa INT0.

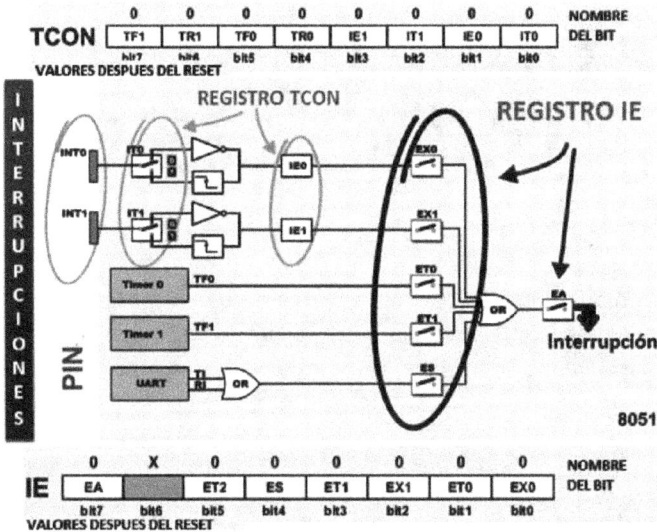

Figura 12.4: Registro IE 2

12.2. VECTORES DE INTERRUPCIÓN DEL 8051

Cada vector de interrupción (Figura 12.5) se encuentra asociado a una rutina de interrupción, para el caso del 8051 los vectores de interrupción se muestran a continuación:

Interrupción	Localidad ROM	Bandera	Pin
INT0	0003H	IE0	P3.2
TIMER 0	000BH	TF0	
INT1	0013H	IE1	P3.3
TIMER 1	001BH	TF1	
PUERTO SERIAL	0023H	RI o TI	

Figura 12.5: VECTORES DE INTERRUPCIÓN DEL 8051

12.3. INTERRUPCIONES EXTERNAS

* Cada una de las fuentes de interrupción externa puede definirse para que se active por flanco negativo o por nivel bajo.

* Generalmente se prefiere el flanco negativo ya que en este modo la bandera de interrupción externa (IE0, IE1) se encera automáticamente.

* Las interrupciones externas INT0, INT1 generan una interrupción por flanco negativo siempre que sus respectivos bits IT0, IT1 del registro TCON (Figura 12.6) se encuentren en uno. Ej.: SETB IT0.

* También, las interrupciones externas INT0, INT1 generan interrupción por nivel bajo siempre que sus respectivos bits IT0, IT1 están en cero. Ej.: CLRB IT1.

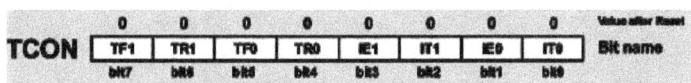

Figura 12.6: Interrupciones Externas

12.3.1. Interrupción externa activada por nivel bajo

* Normalmente INT0 y INT1 están en alto, si se aplica un nivel bajo a estas patitas se dispara la interrupción. Entonces el microcontrolador deja de

hacer lo que este haciendo y salta a una tabla de vectores para dar servicio a la interrupción.

* El nivel bajo en la patita correspondiente debe retirarse antes de la ejecución de RETI; sino otra interrupción sera generada.

* De acuerdo con la hoja de datos del fabricante la patita debe permanecer en bajo hasta el inicio de la subrutina de servicio de interrupción, si regresa a nivel alto antes del inicio de la subrutina no habrá interrupción.

* Sin embargo, activada la interrupción por nivel bajo, este debe regresar a nivel alto antes de la ejecución de RETI, de lo contrario se genera una segunda interrupción.

*Por eso, para asegurar el disparo de la interrupción por nivel mantenga la patita en bajo alrededor de 4 ciclos de máquina, pero no más. Con cristal de 12 MHz, sería 4 microsegundos.

12.3.2. Pasos a seguir en caso de una interrupción externa:

* Se termina la instrucción que está ejecutando.

* Se guarda en la Pila la dirección (PC) de la siguiente instrucción (instrucción de retorno luego de la interrupción).

* Se guarda además, el estado actual de los registros SFR que se puedan afectar.

* Se encera la bandera respectiva IE0, IE1. En caso de interrupción por flanco negativo se encera automáticamente.

* Utiliza una tabla de vectores que contiene la dirección de la subrutina de servicio a la interrupción (003H para INT0, 0013H para INT1).

* Ejecuta la subrutina de servicio a la interrupción, indicada por su respectivo vector de interrupción, y retorna con RETI.

* La instrucción RETI restaura desde la Pila los registros guardados y la dirección de retorno de interrupción guardada.

* Continúa con la ejecución normal de instrucciones.

12.4. REGISTRO TMOD

El registro TMOD (Figura 12.7) se considera importante ya que contiene los bits M1 y M0 que determinan el modo de operación de los timers.

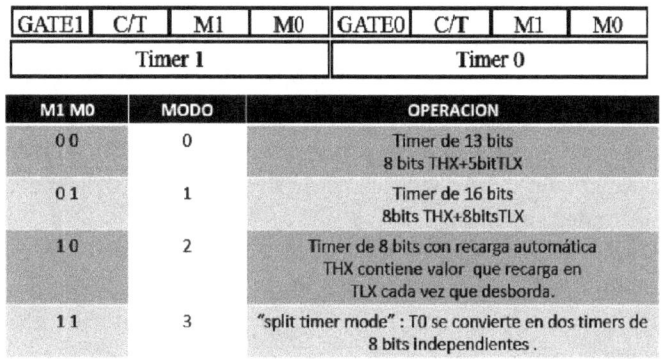

GATE1	C/T	M1	M0	GATE0	C/T	M1	M0
Timer 1				Timer 0			

M1 M0	MODO	OPERACION
0 0	0	Timer de 13 bits 8 bits THX+5bitTLX
0 1	1	Timer de 16 bits 8bits THX+8bitsTLX
1 0	2	Timer de 8 bits con recarga automática THX contiene valor que recarga en TLX cada vez que desborda.
1 1	3	"split timer mode" : T0 se convierte en dos timers de 8 bits independientes .

Figura 12.7: Registro TMOD

12.5. REGISTRO DE PRIORIDADES: IP

Cada uno de los bits del registro IP (Figura 12.8) define un tipo de prioridad que puede ser utilizado de forma arbitraria por el programador para generar diferentes tipos de interrupciones.

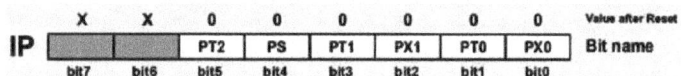

Figura 12.8: Registros IP

Un 1 define prioridad alta, un 0 define prioridad baja.

PT2 IP.5 Prioridad T2
PS IP.4 Prioridad puerto Serial
PT1 IP.3 Prioridad T1
PX1 IP.2 Prioridad Interrupción externa 1
PT0 IP.1 Prioridad T0
PX0 IP.0 Prioridad Interrupción externa 0

12.6. Prioridades de las Interrupciones

* Si una interrupción de alta prioridad llega mientras se ejecuta la de baja prioridad, inmediatamente para su ejecución, para ejecutar primero la interrupción de alta prioridad.

* Si arriban al mismo tiempo dos interrupciones de distinta prioridad, entonces la interrupción de mas alta prioridad se ejecuta primero.

* Si arriban una después de otra dos interrupciones de la misma prioridad, entonces la interrupción que arriba último tiene que esperar hasta finalizar la ejecución de la primera.

* Si dos interrupciones de la misma prioridad arriban al mismo tiempo entonces la interrupción que se ejecuta primero se selecciona de acuerdo con la lista de prioridades siguiente:

1. Interrupción externa INT0 (prioridad alta)
2. Interrupción TMR0
3. Interrupción externa INT1
4. Interrupción TMR1
5. Interrupción Puerto Serial (prioridad baja)

Unidad 13

COMUNICACIÓN SERIAL

13.1. COMUNICACIÓN SERIAL ASÍNCRONA

Asíncrona significa que no hay reloj de sincronización.
Tiene que sincronizarse por si misma, y lo hace mediante dos bits de control.
Los bits de control son: bit "START" y bit "STOP".
Existen dos niveles lógicos, el nivel lógico TTL y el nivel lógico CMOS.

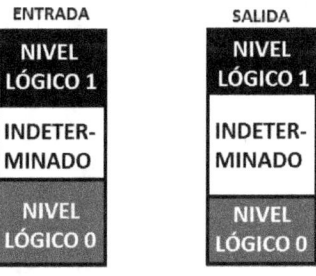

Figura 13.1: NIVELES LÓGICOS TTL

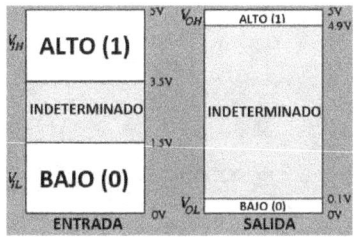

Figura 13.2: NIVELES LÓGICOS CMOS

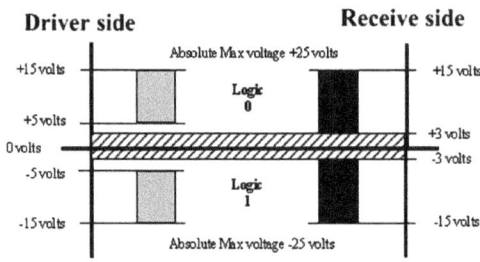

Figura 13.3: NIVELES LÓGICOS RS232

Figura 13.4: Max 232

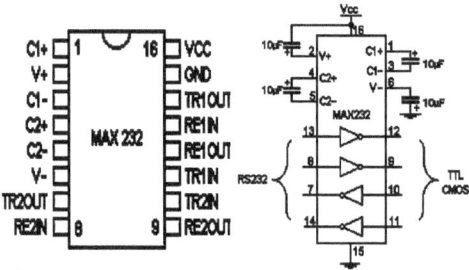

13.2. Protocolo de comunicación Serial Asíncrona

Ejemplo de una salida RS232

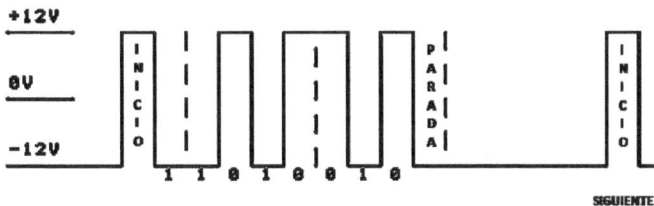

Figura 13.5: RS232

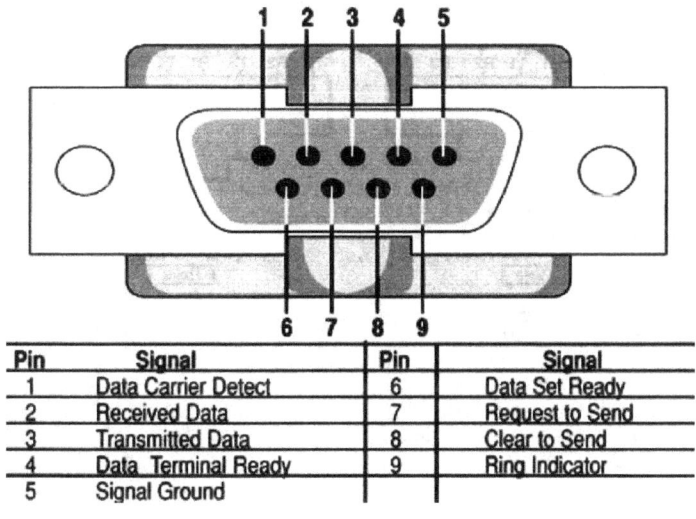

Pin	Signal	Pin	Signal
1	Data Carrier Detect	6	Data Set Ready
2	Received Data	7	Request to Send
3	Transmitted Data	8	Clear to Send
4	Data Terminal Ready	9	Ring Indicator
5	Signal Ground		

Figura 13.6: Estructura de Comunicación Serial

PIN	EIA	CCITT / V.24	E/S	Función DTE-DCE
1	CG	AA 101		Tierra del Chasis
2	TD	BA 103	Salida	Datos Transmitidos
3	RD	AA 104	Entrada	Datos Recibidos
4	RTS	CA 105	Salida	Solicitud de Envío
5	CTS	CB 106	Entrada	Listo para Enviar
6	DSR	CC 107	Entrada	Equipo de Datos Listo
7	SG	AB 102	---	Tierra de Señal
8	DCD	CF 109	Entrada	Portadora Detectada
9ᵃ			Entrada	Test de Voltaje Positivo
10ᵇ			Entrada	Test de Voltaje Negativo
11				(no se usa)
12+	SCDC	SCF 122	Entrada	Portadora Detectada-Secundario
13+	SCTS	SCB 121	Entrada	Listo para Enviar-Secundario
14+	SBA 118		Salida	Datos Transmitidos-Secundario
15#	TC	DB 114	Entrada	Reloj de Transmisión
16+	SRD	SBB 119	Entrada	Datos Recibidos-Secundario
17#	RC	DD 115	Entrada	Reloj de Recepción
18				(no se usa)
19+	SRTS	SCA 120	Salida	Solicitud de Envío Secundario
20	DTR	CD 108,2	Salida	Terminal de Datos Listo
21ⁿ	SQ	CG 110	Entrada	Calidad de Señal
22	RI	CE 125	Entrada	Indicador de Timbre
23ᵃ	DSR	CH 111	Salida	Equipo de Datos Listo
		CI 112	Salida	Selector de Tasa de Datos
24ᵃ	XTC	DA 113	Salida	Reloj de Transmisión Externo
25ᵇ			Salida	Ocupado

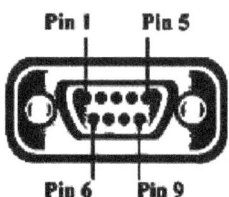

PIN	Función
1	Detector de Portadora CD
2	Recepcion de datos RxD
3	Transmisión de datos TxD
4	Datos listos en terminal DTR
5	Tierra GND
6	Datos listos para enviar DSR
7	Solicitud de envío RTS
8	Listo para el envío CTS
9	Detector de tono R1

Figura 13.7: Conectores RS-232

13.3. Modem Nulo

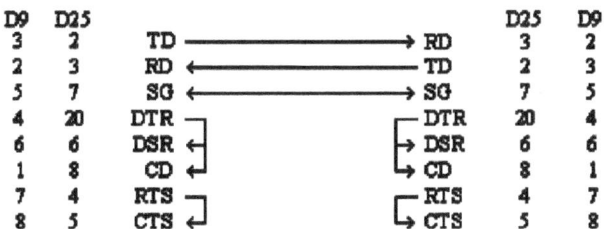

Figura 13.8: Modem Nulo

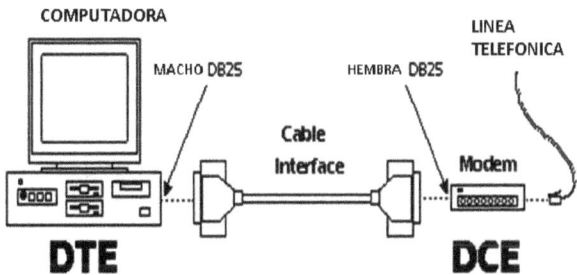

Figura 13.9: DTE-DCE

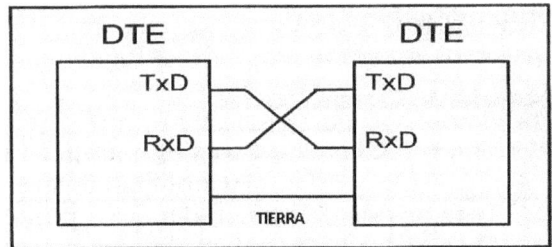

Figura 13.10: Conexión Modem Nulo

13.4. Transmisión Asíncrona Serial de Datos

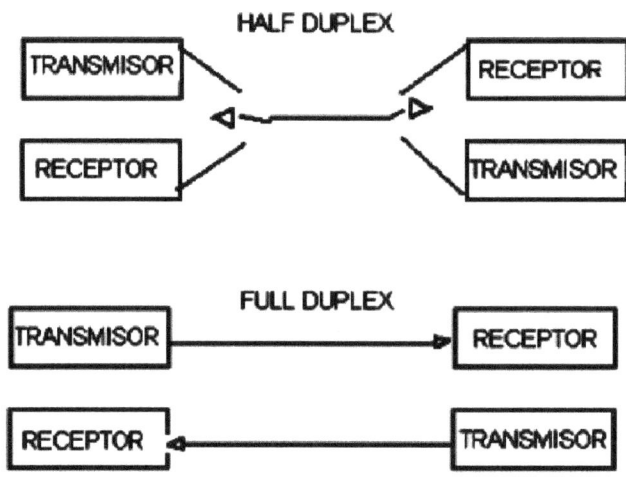

Figura 13.11: Transmisión Asíncrona Serial de Datos

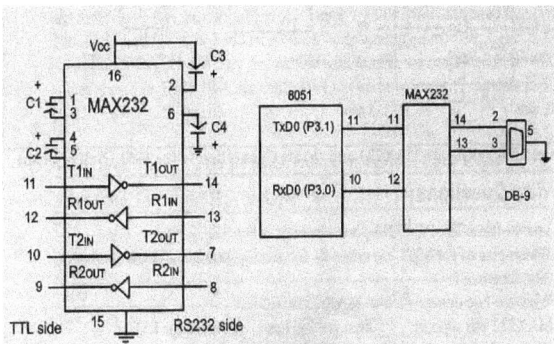

Figura 13.12: Max 232 y Conexión con el 8051 Modem Nulo

13.5. Formato de Comunicación Serial

Velocidad de transmisión serial en bps.
Valor típico 9600 bps.
Tiempo de Bit: $1/9600 = 104.16$ us

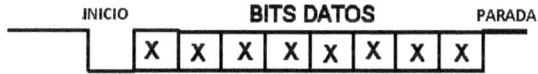

Figura 13.13: Formato de Comunicación Serial

13.5.1. Velocidades en bps

* 110
* 150
* 300
* 600
* 1200
* 2400
* 4800
* 9600
* 19200

13.5.2. Relación entre frecuencia del cristal y baudios (bps)

* Los baudios se obtienen con el TIMER 1.
* El 8051 divide la frecuencia del cristal para 12 y obtiene la frecuencia del ciclo de máquina.

277

* Con cristal de 11.0592 MHz la fecuencia del ciclo de máquina es 921,6 KHz.

* El UART del 8051 divide la frecuencia del ciclo de maquina para 32 que da un valor 28.8 KHz.

* Este es el número que usaremos para determinar el valor de los baudios con el TIMER 1.

* Para generar baudios el TIMER 1 debe configurarse en modo 2: temporizador de 8 bits con auto-recarga.

13.6. Registro SBUF

* SBUF es un registro de 8 bits usado solo para la comunicación serial de datos.
* El dato a transmitir por la linea TxD debe colocarse en SBUF.
* El dato que se transmite se empaqueta con los bits de control START y STOP.
* El dato recibido por la linea RxD se guarda en SBUF
* Una vez recibido un dato se descartan los bits de control.

```
MOV   SBUF,#'D'   ;carga SBUF=44H, ASCII para 'D'
MOV   SBUF,A      ;carga SBUF con valor en A
MOV   A,SBUF      ;copia SBUF en A
```

Figura 13.14: Registro SBUF

13.7. Registro SCON

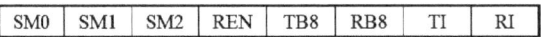

| SM0 | SM1 | SM2 | REN | TB8 | RB8 | TI | RI |

Figura 13.15: Registro SCON

* SM0 SCON.7 Modo serial
* SM1 SCON.6 Modo serial
* SM2 SCON.5 Facilita la comunicación de multiples procesadores
* REN SCON.4 Habilita el Receptor
* TB8 SCON.3 Noveno bit para transmitir en modo 2 o 3
* RB8 SCON.2 Noveno bit recibido en modo 2 o 3
* TI SCON.1 Bandera del transmisor. Se enciende al término de la transmisión. Apagar por software.
* RI SCON.0 Bandera del receptor. Se enciende al término de la recepción. Apagar por software

SM0	SM1	Modo	Velocidad - baudios
0	0	Modo 0: registro de desplazamiento simple de 8 bits.	Oscilador / 12
0	1	Modo 1: UART de 8 bits, 1 bit stop, 1 bit start	Determinado por TIMER 1
1	0	Modo 2: UART de 9 bits	Oscilador / 64
1	1	Modo 3: UART de 9 bits	Determinado por TIMER 1

Figura 13.16: SM0 y SM1

13.8. Doblando los Baudios

Hay dos maneras de incrementar la velocidad de transmisión.

* Usando un cristal de mayor frecuencia.
* Cambiar bit 7 de registro PCON.

Figura 13.17: Doblando los Baudios

Despues de reset de encendido SMOD=0
Para doblar la velocidad se requiere SMOD=1.

MOV A, PCON
SETB A.7
MOV PCON, A

13.8.1. Baudios con SMOD=0

* Frecuencia de CM=11.0592 MHz/12=921.6KHz * 921.6 KHz / 32 = 28800 Hz para SMOD=0 * Esta es la frecuencia usada por TIMER 1 para fijar los baudios. Este es el valor por defecto al momento del encendido del 8051. Algunos ejemplos para SMOD=0 se muestra a continuación

Baudios	TH1	TH1(hex)
9600	-3	FDH
4800	-6	FAH
2400	-12	F4H
1200	-24	E8H

Figura 13.18: Baudios con SMOD=0

13.8.2. Baudios con SMOD=1

* Con SMOD=1, 1/12 de XTAL se divide para 16 en lugar de 32, esta es la frecuencia usada por TIMER 1 para definir los baudios.
* Frecuencia de CM=11.0592 MHz / 12 = 921.6 KHz
* 921.6 KHz / 16 = 57600 Hz con SMOD=1.
* 57600 Hz es la frecuencia usada por TIMER 1 para establecer los baudios.

13.8.3. Comparación de los baudios con SMOD=0 y SMOD=1

TH1 (DEC)	TH1 (HEX)	SMOD=0	SMOD=1
-3	FDH	9600	19200
-6	FAH	4800	9600
-12	F4H	2400	4800
-24	E8H	1200	2400

Figura 13.19: Comparación de los baudios con SMOD=0 y SMOD=1

Unidad 14

CONVERSIONES DAC Y ADC

14.1. DAC y ADC

* Los convertidores DAC y ADC se utilizan para conectar el microprocesador con el mundo analógico.
* Muchos de los elementos que se monitorean y controlan con el microprocesador son analógicos.
* Usados con los modulos de adquisición de datos, aplicados a sistemas industriales que involucra el control de motores y dispositivos similares.

14.1.1. Conversión Digital /Analógico DAC

* Un DAC acepta un dato digital y lo convierte en una señal analógica (voltaje o corriente).
* El dato digital es un número binario con una cantidad fija de bits (8, 10, 12, etc..).
* La salida de un DAC se la puede representar por la ecuación siguiente (14.1):

$$V_{salida} = V_{ref} \left[b_{n-1} 2^{-1} + b_{n-2} 2^{-2} + b_{n-3} 2^{-3} + b_{n-4} 2^{-4} + \ldots\ldots + b_0 2^{-n} \right]$$

Figura 14.1: Ecuación salida ADC

* Donde bn-1 bn-2 bn-3 bn-4 .... b0 es la cantidad binaria
* El mínimo de Vsalida es cero. El máximo lo determina el tamaño de la cantidad binaria.
* En la Figura 14.2 otra ecuación equivalente a la anterior es:

$$Vout = NxV_{ref}/2^n$$

Figura 14.2: Ecuación equivalente salida ADC

* N representa el equivalente en base 10 de la cantidad binaria.
* Vref es el voltaje de referencia.
Por ejemplo: 00011111 su equivalente en base 10 es 31, 28=256. Con Vref = 5 V la salida es Vsalida = 31x5/256 = 0.6054 V

14.1.2. Resolución de la Conversión

* La resolución de la conversión es función del número n de bits.
* A más bits, menor es el cambio en la salida analógica para el cambio en un solo bit en el dato digital, en consecuencia se tiene una resolución mayor.
* El cambio más pequeño posible (Figura 14.3) está dado por:

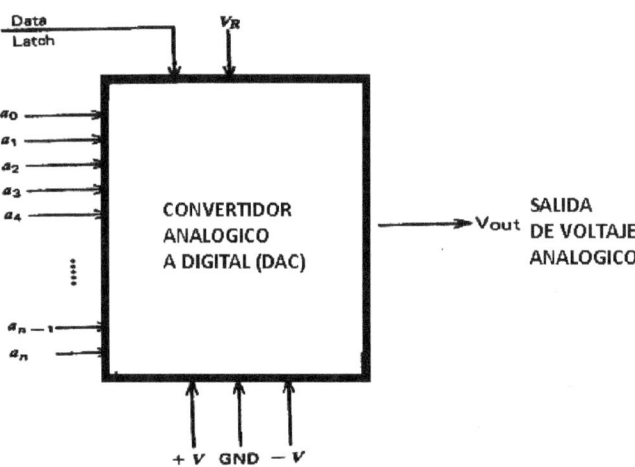

Figura 14.3: Diagrama de Entradas y Salidas de un convertidor DAC

14.2. Conversión Analógico / Digital ADC

* La función de transferencia de un ADC se representa por la siguiente ecuación (Figura 14.4):

$$V_{in} \approx V_{ref}\,[\,b_{n-1}\,2^{-1} + b_{n-2}\,2^{-2} + b_{n-3}\,2^{-3} + b_{n-4}\,2^{-4} + \ldots + b_0 2^{-n}\,]$$

Figura 14.4: Ecuación Función de Transferencia ADC

* Vin = Voltaje de entrada analógico
* Vref = Voltaje de referencia
* bn-1 bn-2 bn-3 bn-4 ..... b0 salida digital de n bits
* Es posible escribir la ecuación anterior en forma compacta y más simple, como sigue (Figura 14.5):

$$INT(N) = V_{in} \times 2^n / V_{ref}$$

Figura 14.5: Función de Transferencia Compacta

* INT(N) es la parte entera de N en base 10 que luego se convierte a binario para determinar la salida actual del ADC.
* Usamos el símbolo = de igualdad aproximada porque el voltaje en la parte derecha de la ecuación puede cambiar solamente por un paso incremental dado por (Figura 14.6):

$$\Delta V = V_{ref} \times 2^{-n}$$

Figura 14.6: Paso Incremental

14.3. ADC 0804

El ADC 0804 (Figura 14.7) corresponde a uno de los integrados más utilizados en los proyectos que demandan conversión de datos. En esta sección se presentarán algunas de sus características.

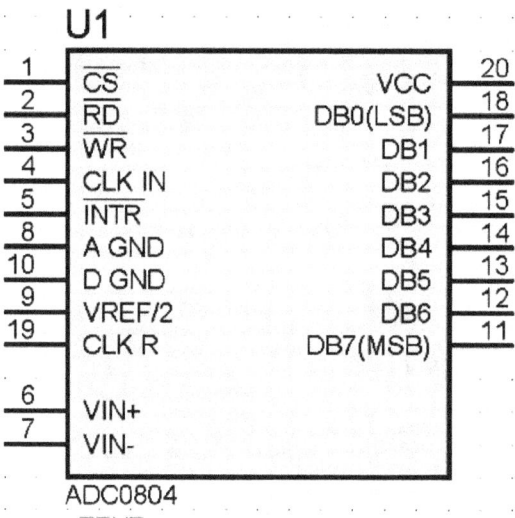

Figura 14.7: ADC 0804

14.3.1. Características

* Resolución de 8 bits
* Habilidad de conexión directa con un microcontrolador.
* Tiempo de conversión <100 useg
* Entrada de voltaje diferencial
* Entradas y salidas compatibles con TTL
* Incorpora generador de reloj
* Rango de voltaje de entrada de 0 a 5 V.
* No requiere ajuste de cero.

14.3.2. Convertidor ADC de aproximaciones sucesivas

El convertidor ADC de aproximaciones sucesivas (Figura 14.8) opera según lo indicado en el siguiente diagrama de bloques:

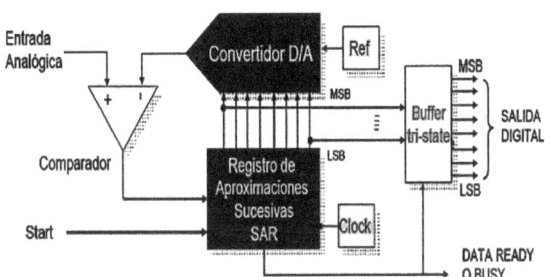

Figura 14.8: Diagrama de Bloques de un Convertidor ADC de aproximaciones sucesivas

14.3.3. ADC 0804 con un uPROCESADOR

Es posible desarrollar aplicaciones que enfaticen el uso de integrados ADC 0804 y microprocesadores (Figura 14.9), para esto es necesario tener en cuenta las conexiones que facilitarán su uso.

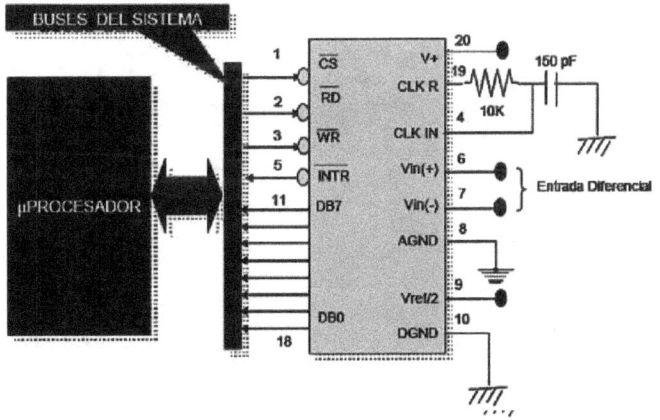

Figura 14.9: ADC 0804 con un uPROCESADOR

14.3.4. Entradas analógicas de ADC0804

Al momento de trabajar con el ADC 0804 resulta recomendable conocer la forma en que se deben conectar las entradas analógicas (Figura 14.10) con el fin de utilizar de forma correcta este integrado.

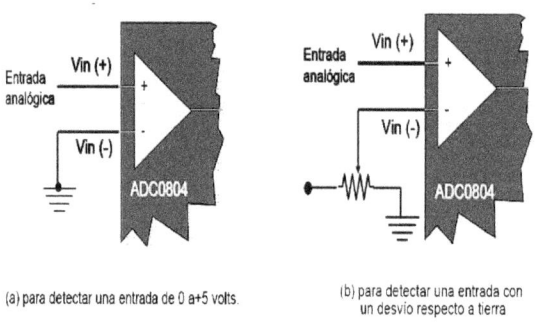

Figura 14.10: Entradas Analógicas

14.3.5. Generación de la señal de Reloj

Para la generación de la señal de reloj (Figura 14.11) es posible utilizar uno de los circuitos siguientes:

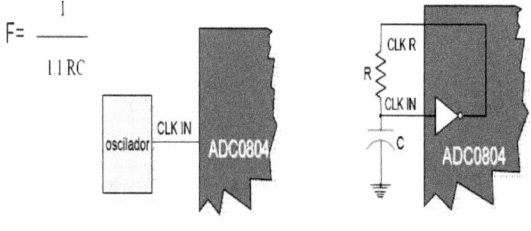

Figura 14.11: Generación de la señal de Reloj

Una conversión inicia activando CS y WR (Figura 14.12). Al final de la conversión el convertidor genera una señal INTR (equivale a FIN DE CONVERSIÓN), ésta señal puede usarse para generar una interrupción indicando que el equivalente binario está listo y puede ser leído.

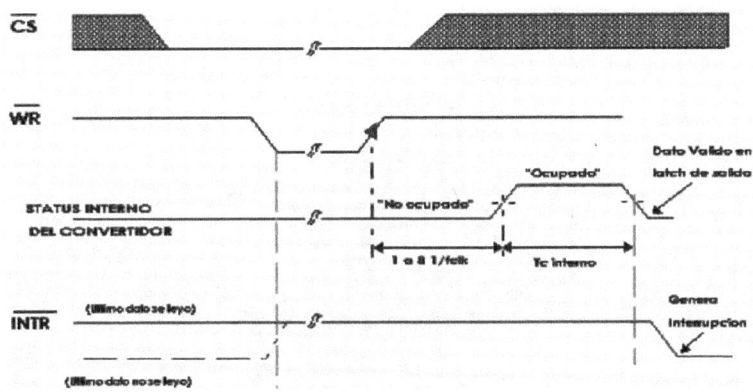

Figura 14.12: Conversión

14.3.6. Habilitación de la salida y el RESET de INTR

* El procesador lee el valor binario activando RD y puede iniciar una nueva conversión si es necesario (Figura 14.13)

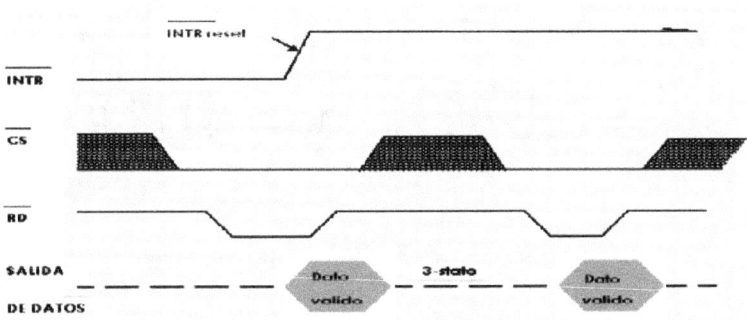

Figura 14.13: Salida y RESET

14.4. Convertidor Analógico-Digital por Aproximaciones Sucesivas

La conversión ADC también puede ser realizada mediante aproximaciones sucesivas (Figura 14.14), en la figura ?? podemos observar con mayor detalle el proceso de conversión por aproximaciones sucesivas.

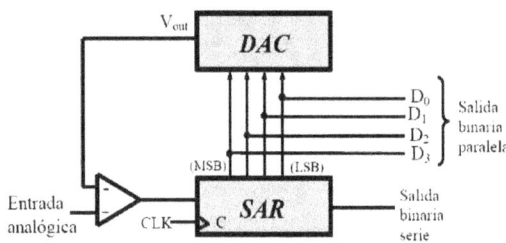

Figura 14.14: ADC por aproximaciones sucesivas

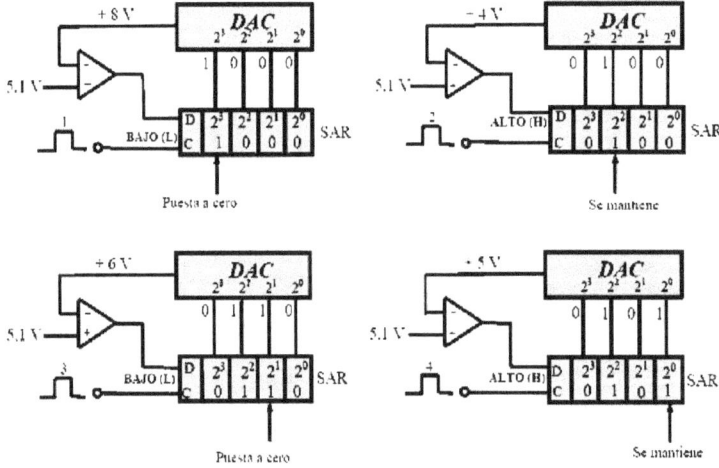

Figura 14.15: Proceso de conversión por aproximaciones sucesivas

14.5. ADC 0804 CON UN AT89C51

La implementación de un proyecto utilizando un ADC 0804 con un AT89C51 (Figura 14.16) es muy aplicado por los programadores para fines académicos, pues esto permite entender la operación de ambos integrados.

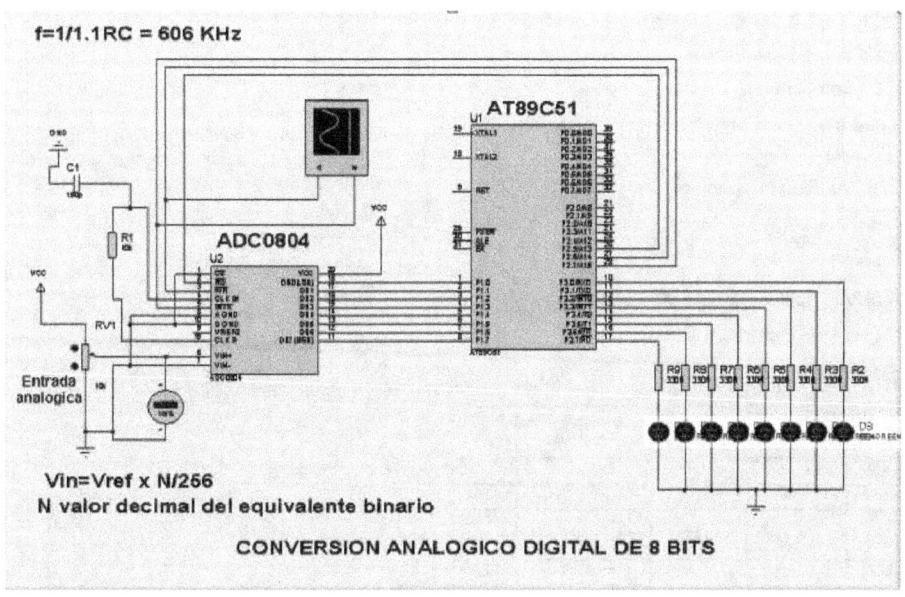

Figura 14.16: ADC 0804 CON UN AT89C51

intersil

82C55A

June 1998

CMOS Programmable Peripheral Interface

Features

- Pin Compatible with NMOS 8255A
- 24 Programmable I/O Pins
- Fully TTL Compatible
- High Speed, No "Wait State" Operation with 5MHz and 8MHz 80C86 and 80C88
- Direct Bit Set/Reset Capability
- Enhanced Control Word Read Capability
- L7 Process
- 2.5mA Drive Capability on All I/O Ports
- Low Standby Power (ICCSB) 10µA

Description

The Intersil 82C55A is a high performance CMOS version of the industry standard 8255A and is manufactured using a self-aligned silicon gate CMOS process (Scaled SAJI IV). It is a general purpose programmable I/O device which may be used with many different microprocessors. There are 24 I/O pins which may be individually programmed in 2 groups of 12 and used in 3 major modes of operation. The high performance and industry standard configuration of the 82C55A make it compatible with the 80C86, 80C88 and other microprocessors.

Static CMOS circuit design insures low operating power. TTL compatibility over the full military temperature range and bus hold circuitry eliminate the need for pull-up resistors. The Intersil advanced SAJI process results in performance equal to or greater than existing functionally equivalent products at a fraction of the power.

Ordering Information

PART NUMBERS		PACKAGE	TEMPERATURE RANGE	PKG. NO.
5MHz	8MHz			
CP82C55A-5	CP82C55A	40 Ld PDIP	0°C to 70°C	E40.6
IP82C55A-5	IP82C55A		-40°C to 85°C	E40.6
CS82C55A-5	CS82C55A	44 Ld PLCC	0°C to 70°C	N44.65
IS82C55A-5	IS82C55A		-40°C to 85°C	N44.65
CD82C55A-5	CD82C55A	40 Ld CERDIP	0°C to 70°C	F40.6
ID82C55A-5	ID82C55A		-40°C to 85°C	F40.6
MD82C55A-5/B	MD82C55A/B		-55°C to 125°C	F40.6
8406601QA	8406602QA	SMD#		F40.6
MR82C55A-5/B	MR82C55A/B	44 Pad CLCC	-55°C to 125°C	J44.A
8406601XA	8406602XA	SMD#		J44.A

Pinouts

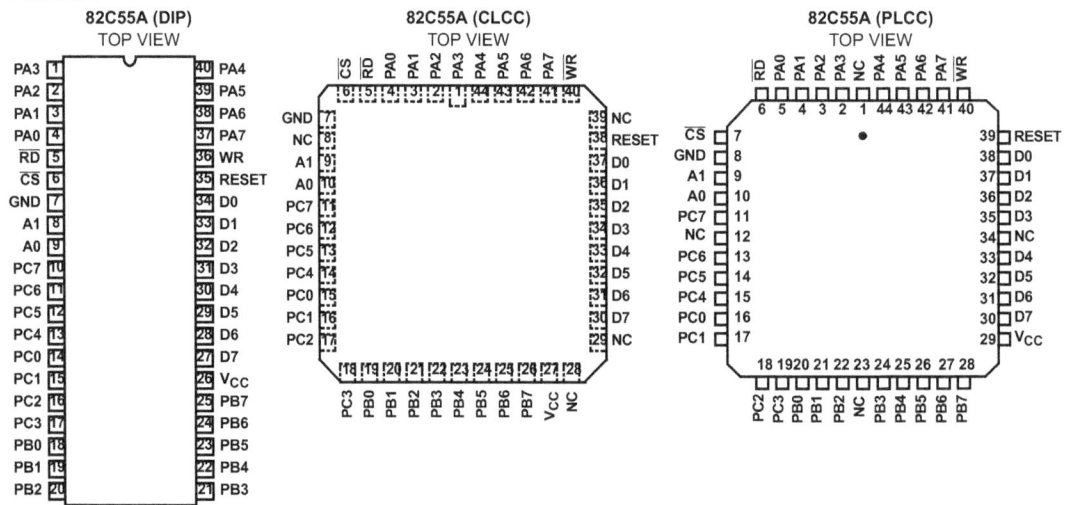

File Number **2969.2**

Pin Description

SYMBOL	PIN NUMBER	TYPE	DESCRIPTION
V$_{CC}$	26		V$_{CC}$: The +5V power supply pin. A 0.1µF capacitor between pins 26 and 7 is recommended for decoupling.
GND	7		GROUND
D0-D7	27-34	I/O	DATA BUS: The Data Bus lines are bidirectional three-state pins connected to the system data bus.
RESET	35	I	RESET: A high on this input clears the control register and all ports (A, B, C) are set to the input mode with the "Bus Hold" circuitry turned on.
$\overline{CS}$	6	I	CHIP SELECT: Chip select is an active low input used to enable the 82C55A onto the Data Bus for CPU communications.
$\overline{RD}$	5	I	READ: Read is an active low input control signal used by the CPU to read status information or data via the data bus.
$\overline{WR}$	36	I	WRITE: Write is an active low input control signal used by the CPU to load control words and data into the 82C55A.
A0-A1	8, 9	I	ADDRESS: These input signals, in conjunction with the $\overline{RD}$ and $\overline{WR}$ inputs, control the selection of one of the three ports or the control word register. A0 and A1 are normally connected to the least significant bits of the Address Bus A0, A1.
PA0-PA7	1-4, 37-40	I/O	PORT A: 8-bit input and output port. Both bus hold high and bus hold low circuitry are present on this port.
PB0-PB7	18-25	I/O	PORT B: 8-bit input and output port. Bus hold high circuitry is present on this port.
PC0-PC7	10-17	I/O	PORT C: 8-bit input and output port. Bus hold circuitry is present on this port.

Functional Diagram

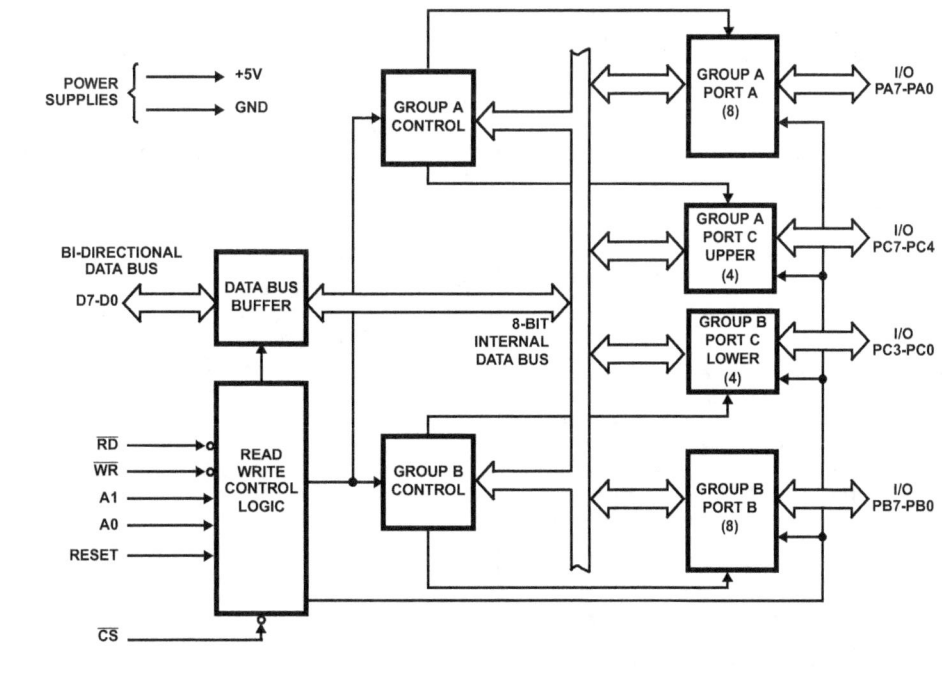

Functional Description

Data Bus Buffer

This three-state bi-directional 8-bit buffer is used to interface the 82C55A to the system data bus. Data is transmitted or received by the buffer upon execution of input or output instructions by the CPU. Control words and status information are also transferred through the data bus buffer.

Read/Write and Control Logic

The function of this block is to manage all of the internal and external transfers of both Data and Control or Status words. It accepts inputs from the CPU Address and Control busses and in turn, issues commands to both of the Control Groups.

(CS) Chip Select. A "low" on this input pin enables the communcation between the 82C55A and the CPU.

(RD) Read. A "low" on this input pin enables 82C55A to send the data or status information to the CPU on the data bus. In essence, it allows the CPU to "read from" the 82C55A.

(WR) Write. A "low" on this input pin enables the CPU to write data or control words into the 82C55A.

(A0 and A1) Port Select 0 and Port Select 1. These input signals, in conjunction with the RD and WR inputs, control the selection of one of the three ports or the control word register. They are normally connected to the least significant bits of the address bus (A0 and A1).

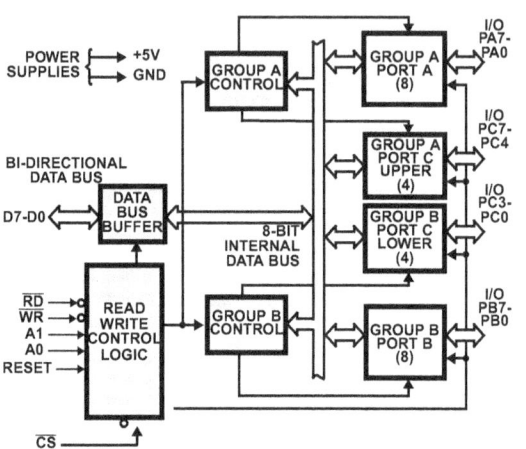

FIGURE 1. 82C55A BLOCK DIAGRAM. DATA BUS BUFFER, READ/WRITE, GROUP A & B CONTROL LOGIC FUNCTIONS

(RESET) Reset. A "high" on this input initializes the control register to 9Bh and all ports (A, B, C) are set to the input mode. "Bus hold" devices internal to the 82C55A will hold the I/O port inputs to a logic "1" state with a maximum hold current of 400μA.

Group A and Group B Controls

The functional configuration of each port is programmed by the systems software. In essence, the CPU "outputs" a control word to the 82C55A. The control word contains information such as "mode", "bit set", "bit reset", etc., that initializes the functional configuration of the 82C55A.

Each of the Control blocks (Group A and Group B) accepts "commands" from the Read/Write Control logic, receives "control words" from the internal data bus and issues the proper commands to its associated ports.

Control Group A - Port A and Port C upper (C7 - C4)

Control Group B - Port B and Port C lower (C3 - C0)

The control word register can be both written and read as shown in the "Basic Operation" table. Figure 4 shows the control word format for both Read and Write operations. When the control word is read, bit D7 will always be a logic "1", as this implies control word mode information.

82C55A BASIC OPERATION

A1	A0	RD	WR	CS	INPUT OPERATION (READ)
0	0	0	1	0	Port A → Data Bus
0	1	0	1	0	Port B → Data Bus
1	0	0	1	0	Port C → Data Bus
1	1	0	1	0	Control Word → Data Bus
					OUTPUT OPERATION (WRITE)
0	0	1	0	0	Data Bus → Port A
0	1	1	0	0	Data Bus → Port B
1	0	1	0	0	Data Bus → Port C
1	1	1	0	0	Data Bus → Control
					DISABLE FUNCTION
X	X	X	X	1	Data Bus → Three-State
X	X	1	1	0	Data Bus → Three-State

Ports A, B, and C

The 82C55A contains three 8-bit ports (A, B, and C). All can be configured to a wide variety of functional characteristics by the system software but each has its own special features or "personality" to further enhance the power and flexibility of the 82C55A.

Port A One 8-bit data output latch/buffer and one 8-bit data input latch. Both "pull-up" and "pull-down" bus-hold devices are present on Port A. See Figure 2A.

Port B One 8-bit data input/output latch/buffer and one 8-bit data input buffer. See Figure 2B.

Port C One 8-bit data output latch/buffer and one 8-bit data input buffer (no latch for input). This port can be divided into two 4-bit ports under the mode control. Each 4-bit port contains a 4-bit latch and it can be used for the control signal output and status signal inputs in conjunction with ports A and B. See Figure 2B.

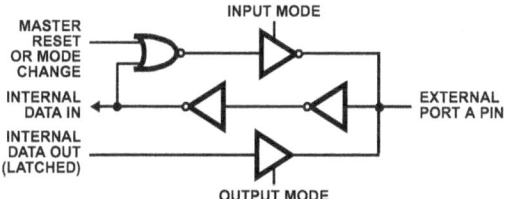

FIGURE 2A. PORT A BUS-HOLD CONFIGURATION

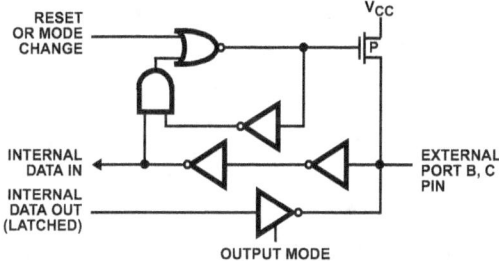

FIGURE 2B. PORT B AND C BUS-HOLD CONFIGURATION

FIGURE 2. BUS-HOLD CONFIGURATION

Operational Description

Mode Selection

There are three basic modes of operation than can be selected by the system software:

    Mode 0 - Basic Input/Output
    Mode 1 - Strobed Input/Output
    Mode 2 - Bi-directional Bus

When the reset input goes "high", all ports will be set to the input mode with all 24 port lines held at a logic "one" level by internal bus hold devices. After the reset is removed, the 82C55A can remain in the input mode with no additional initialization required. This eliminates the need to pullup or pull-down resistors in all-CMOS designs. The control word

register will contain 9Bh. During the execution of the system program, any of the other modes may be selected using a single output instruction. This allows a single 82C55A to service a variety of peripheral devices with a simple software maintenance routine. Any port programmed as an output port is initialized to all zeros when the control word is written.

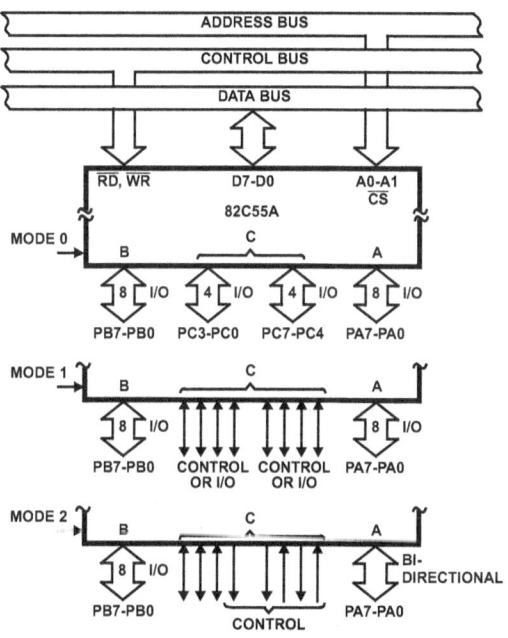

FIGURE 3. BASIC MODE DEFINITIONS AND BUS INTERFACE

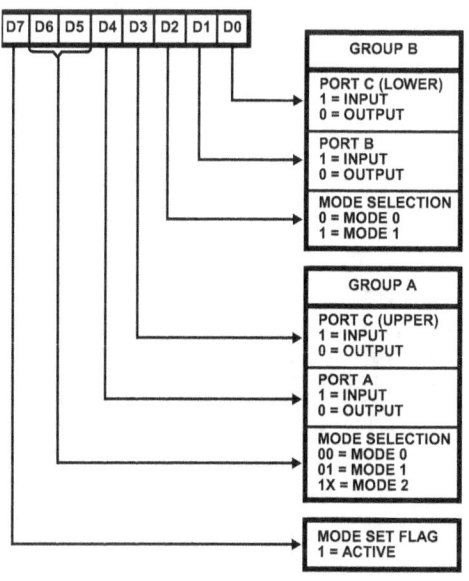

FIGURE 4. MODE DEFINITION FORMAT

The modes for Port A and Port B can be separately defined, while Port C is divided into two portions as required by the Port A and Port B definitions. All of the output registers, including the status flip-flops, will be reset whenever the mode is changed. Modes may be combined so that their functional definition can be "tailored" to almost any I/O structure. For instance: Group B can be programmed in Mode 0 to monitor simple switch closings or display computational results, Group A could be programmed in Mode 1 to monitor a keyboard or tape reader on an interrupt-driven basis.

The mode definitions and possible mode combinations may seem confusing at first, but after a cursory review of the complete device operation a simple, logical I/O approach will surface. The design of the 82C55A has taken into account things such as efficient PC board layout, control signal definition vs. PC layout and complete functional flexibility to support almost any peripheral device with no external logic. Such design represents the maximum use of the available pins.

Single Bit Set/Reset Feature (Figure 5)

Any of the eight bits of Port C can be Set or Reset using a single Output instruction. This feature reduces software requirements in control-based applications.

When Port C is being used as status/control for Port A or B, these bits can be set or reset by using the Bit Set/Reset operation just as if they were output ports.

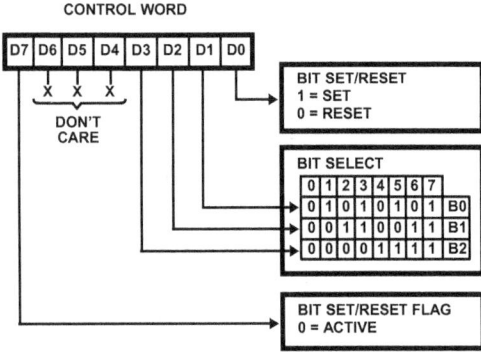

FIGURE 5. BIT SET/RESET FORMAT

Interrupt Control Functions

When the 82C55A is programmed to operate in mode 1 or mode 2, control signals are provided that can be used as interrupt request inputs to the CPU. The interrupt request signals, generated from port C, can be inhibited or enabled by setting or resetting the associated INTE flip-flop, using the bit set/reset function of port C.

This function allows the programmer to enable or disable a CPU interrupt by a specific I/O device without affecting any other device in the interrupt structure.

INTE Flip-Flop Definition

(BIT-SET)-INTE is SET - Interrupt Enable

(BIT-RESET)-INTE is Reset - Interrupt Disable

NOTE: All Mask flip-flops are automatically reset during mode selection and device Reset.

Operating Modes

Mode 0 (Basic Input/Output). This functional configuration provides simple input and output operations for each of the three ports. No handshaking is required, data is simply written to or read from a specific port.

Mode 0 Basic Functional Definitions:

- Two 8-bit ports and two 4-bit ports

- Any Port can be input or output

- Outputs are latched

- Input are not latched

- 16 different Input/Output configurations possible

MODE 0 PORT DEFINITION

A		B		GROUP A			GROUP B	
D4	D3	D1	D0	PORT A	PORT C (Upper)	#	PORT B	PORT C (Lower)
0	0	0	0	Output	Output	0	Output	Output
0	0	0	1	Output	Output	1	Output	Input
0	0	1	0	Output	Output	2	Input	Output
0	0	1	1	Output	Output	3	Input	Input
0	1	0	0	Output	Input	4	Output	Output
0	1	0	1	Output	Input	5	Output	Input
0	1	1	0	Output	Input	6	Input	Output
0	1	1	1	Output	Input	7	Input	Input
1	0	0	0	Input	Output	8	Output	Output
1	0	0	1	Input	Output	9	Output	Input
1	0	1	0	Input	Output	10	Input	Output
1	0	1	1	Input	Output	11	Input	Input
1	1	0	0	Input	Input	12	Output	Output
1	1	0	1	Input	Input	13	Output	Input
1	1	1	0	Input	Input	14	Input	Output
1	1	1	1	Input	Input	15	Input	Input

Mode 0 (Basic Input)

Mode 0 (Basic Output)

Mode 0 Configurations

CONTROL WORD #0

D7	D6	D5	D4	D3	D2	D1	D0
1	0	0	0	0	0	0	0

CONTROL WORD #2

D7	D6	D5	D4	D3	D2	D1	D0
1	0	0	0	0	0	1	0

CONTROL WORD #1

D7	D6	D5	D4	D3	D2	D1	D0
1	0	0	0	0	0	0	1

CONTROL WORD #3

D7	D6	D5	D4	D3	D2	D1	D0
1	0	0	0	0	0	1	1

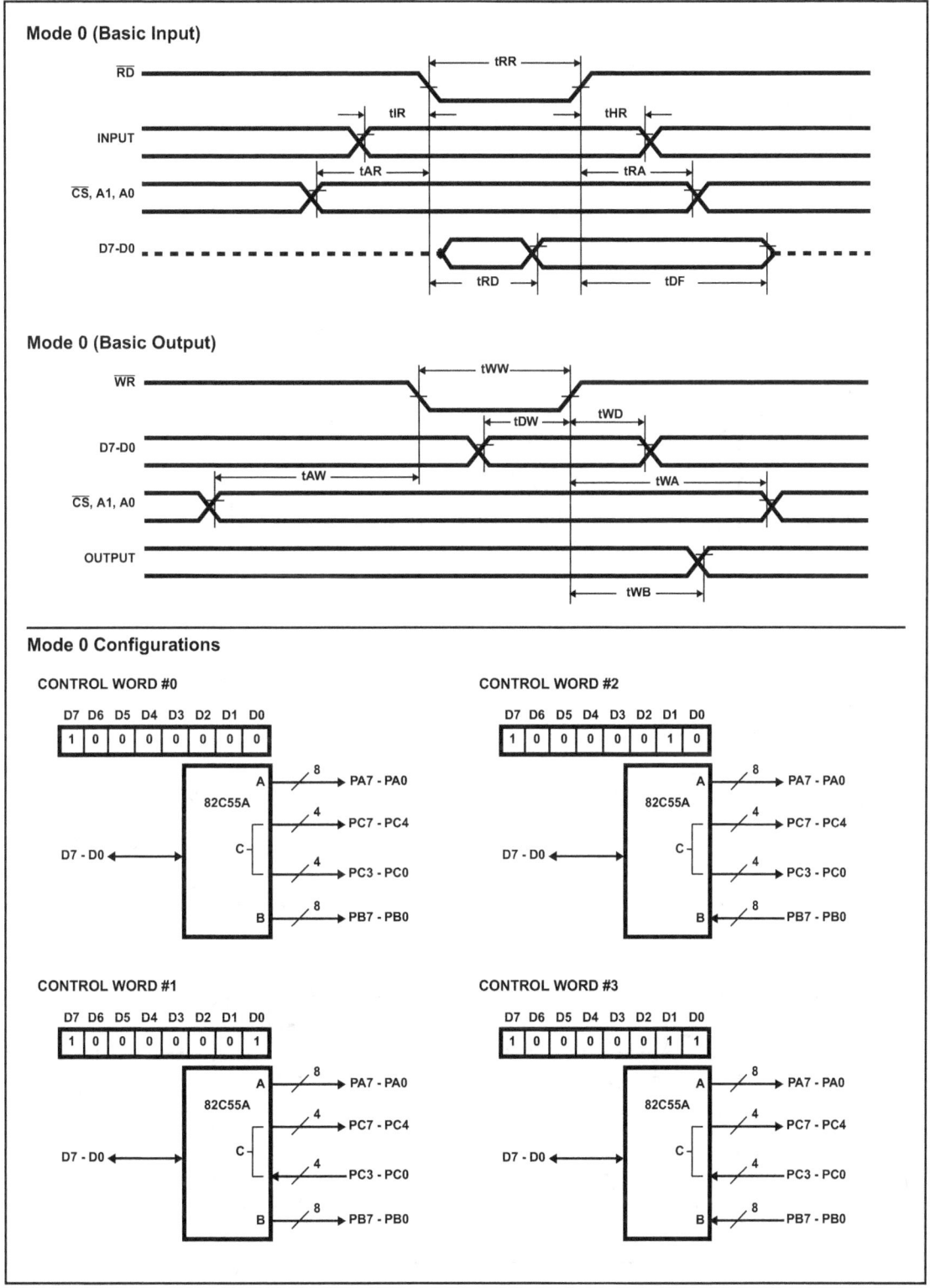

82C55A

Mode 0 Configurations (Continued)

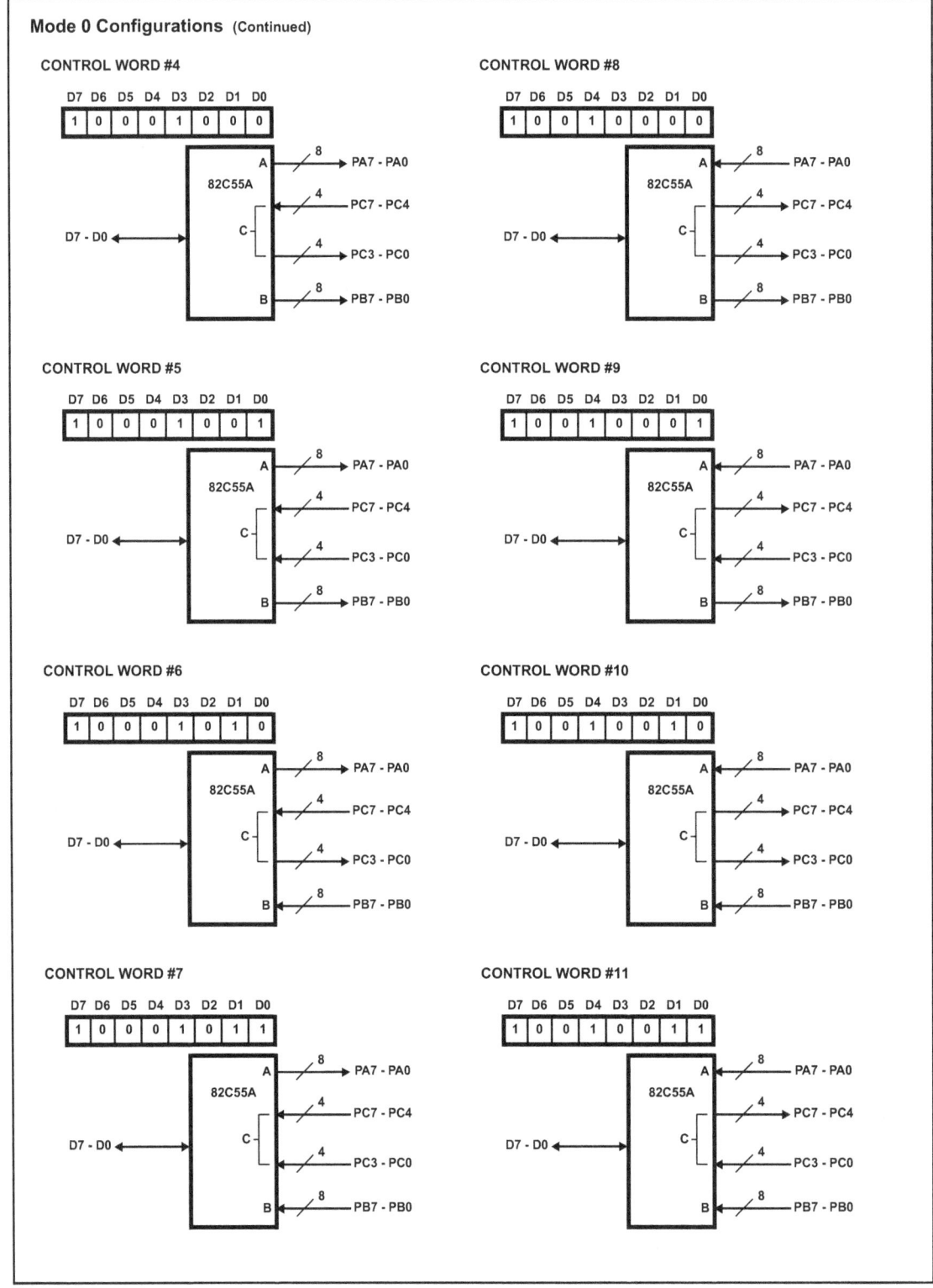

CONTROL WORD #4

CONTROL WORD #5

CONTROL WORD #6

CONTROL WORD #7

CONTROL WORD #8

CONTROL WORD #9

CONTROL WORD #10

CONTROL WORD #11

Mode 0 Configurations (Continued)

CONTROL WORD #12

D7	D6	D5	D4	D3	D2	D1	D0
1	0	0	1	1	0	0	0

CONTROL WORD #14

D7	D6	D5	D4	D3	D2	D1	D0
1	0	0	1	1	0	1	0

CONTROL WORD #13

D7	D6	D5	D4	D3	D2	D1	D0
1	0	0	1	1	0	0	1

CONTROL WORD #15

D7	D6	D5	D4	D3	D2	D1	D0
1	0	0	1	1	0	1	1

Operating Modes

Mode 1 - (Strobed Input/Output). This functional configuration provides a means for transferring I/O data to or from a specified port in conjunction with strobes or "hand shaking" signals. In mode 1, port A and port B use the lines on port C to generate or accept these "hand shaking" signals.

Mode 1 Basic Function Definitions:

- Two Groups (Group A and Group B)
- Each group contains one 8-bit port and one 4-bit control/data port
- The 8-bit data port can be either input or output. Both inputs and outputs are latched.
- The 4-bit port is used for control and status of the 8-bit port.

Input Control Signal Definition

(Figures 6 and 7)

STB (Strobe Input)

A "low" on this input loads data into the input latch.

IBF (Input Buffer Full F/F)

A "high" on this output indicates that the data has been loaded into the input latch: in essence, and acknowledgment. IBF is set by $\overline{STB}$ input being low and is reset by the rising edge of the $\overline{RD}$ input.

FIGURE 6. MODE 1 INPUT

82C55A

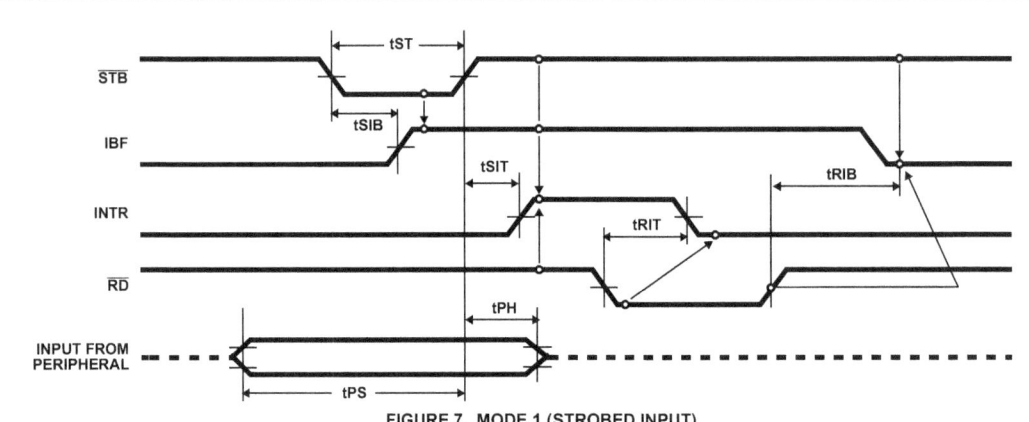

FIGURE 7. MODE 1 (STROBED INPUT)

INTR (Interrupt Request)

A "high" on this output can be used to interrupt the CPU when and input device is requesting service. INTR is set by the condition: $\overline{STB}$ is a "one", IBF is a "one" and INTE is a "one". It is reset by the falling edge of $\overline{RD}$. This procedure allows an input device to request service from the CPU by simply strobing its data into the port.

INTE A

Controlled by bit set/reset of PC4.

INTE B

Controlled by bit set/reset of PC2.

Output Control Signal Definition

(Figure 8 and 9)

$\overline{OBF}$ - Output Buffer Full F/F). The $\overline{OBF}$ output will go "low" to indicate that the CPU has written data out to be specified port. This does not mean valid data is sent out of the part at this time since $\overline{OBF}$ can go true before data is available. Data is guaranteed valid at the rising edge of $\overline{OBF}$, (See Note 1). The $\overline{OBF}$ F/F will be set by the rising edge of the $\overline{WR}$ input and reset by $\overline{ACK}$ input being low.

$\overline{ACK}$ - Acknowledge Input). A "low" on this input informs the 82C55A that the data from Port A or Port B is ready to be accepted. In essence, a response from the peripheral device indicating that it is ready to accept data, (See Note 1).

INTR - (Interrupt Request). A "high" on this output can be used to interrupt the CPU when an output device has accepted data transmitted by the CPU. INTR is set when $\overline{ACK}$ is a "one", OBF is a "one" and INTE is a "one". It is reset by the falling edge of $\overline{WR}$.

INTE A

Controlled by Bit Set/Reset of PC6.

INTE B

Controlled by Bit Set/Reset of PC2.

NOTE:

1. To strobe data into the peripheral device, the user must operate the strobe line in a hand shaking mode. The user needs to send $\overline{OBF}$ to the peripheral device, generates an $\overline{ACK}$ from the peripheral device and then latch data into the peripheral device on the rising edge of $\overline{OBF}$.

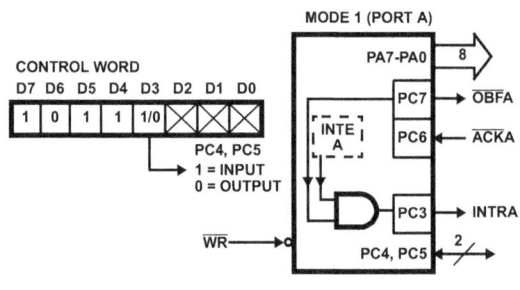

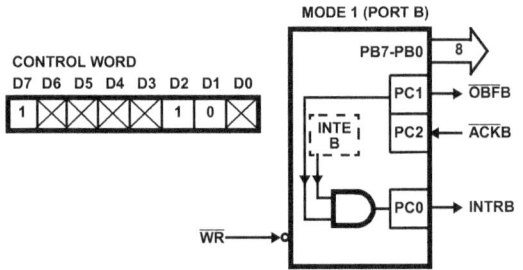

FIGURE 8. MODE 1 OUTPUT

300

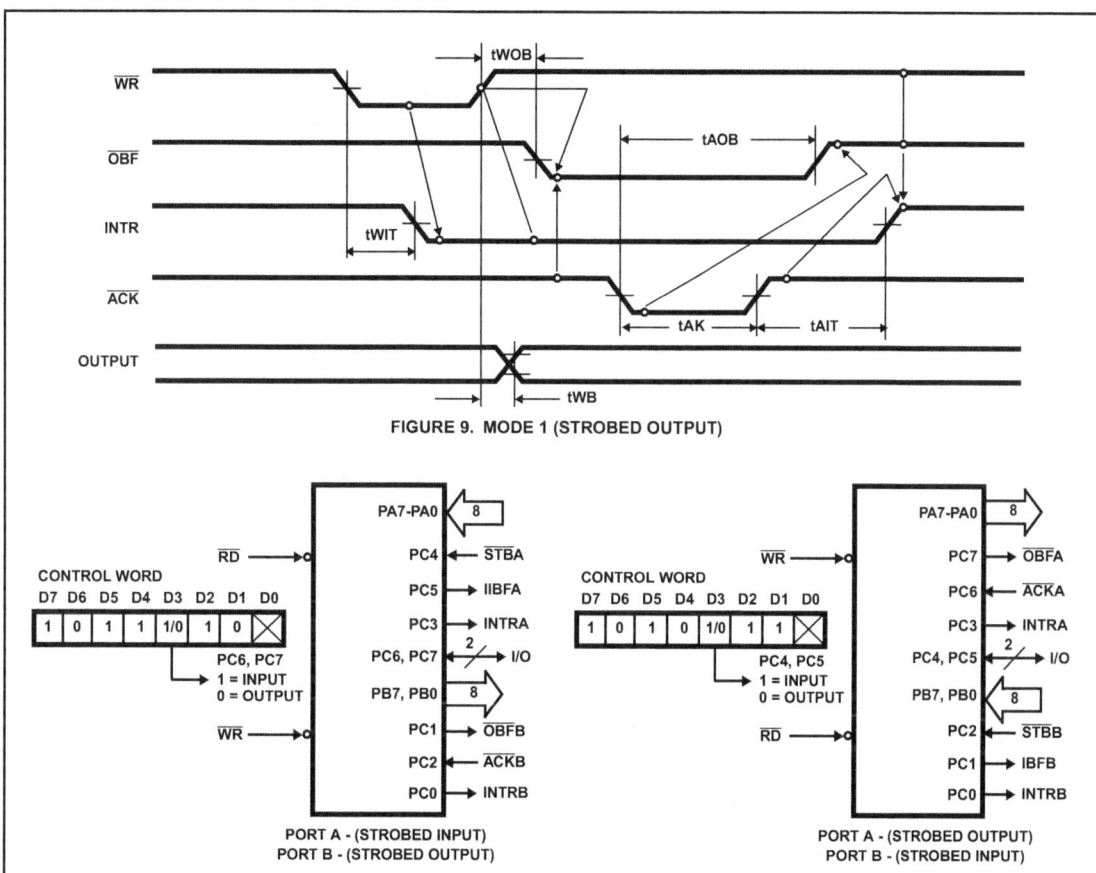

FIGURE 9. MODE 1 (STROBED OUTPUT)

PORT A - (STROBED INPUT)
PORT B - (STROBED OUTPUT)

PORT A - (STROBED OUTPUT)
PORT B - (STROBED INPUT)

Combinations of Mode 1: Port A and Port B can be individually defined as input or output in Mode 1 to support a wide variety of strobed I/O applications.

FIGURE 10. COMBINATIONS OF MODE 1

Operating Modes

Mode 2 (Strobed Bi-Directional Bus I/O)

The functional configuration provides a means for communicating with a peripheral device or structure on a single 8-bit bus for both transmitting and receiving data (bi-directional bus I/O). "Hand shaking" signals are provided to maintain proper bus flow discipline similar to Mode 1. Interrupt generation and enable/disable functions are also available.

Mode 2 Basic Functional Definitions:

- Used in Group A only
- One 8-bit, bi-directional bus Port (Port A) and a 5-bit control Port (Port C)
- Both inputs and outputs are latched
- The 5-bit control port (Port C) is used for control and status for the 8-bit, bi-directional bus port (Port A)

Bi-Directional Bus I/O Control Signal Definition
(Figures 11, 12, 13, 14)

INTR - (Interrupt Request). A high on this output can be used to interrupt the CPU for both input or output operations.

Output Operations

$\overline{OBF}$ - (Output Buffer Full). The $\overline{OBF}$ output will go "low" to indicate that the CPU has written data out to port A.

$\overline{ACK}$ - (Acknowledge). A "low" on this input enables the three-state output buffer of port A to send out the data. Otherwise, the output buffer will be in the high impedance state.

INTE 1 - (The INTE flip-flop associated with $\overline{OBF}$). Controlled by bit set/reset of PC4.

Input Operations

$\overline{STB}$ - (Strobe Input). A "low" on this input loads data into the input latch.

IBF - (Input Buffer Full F/F). A "high" on this output indicates that data has been loaded into the input latch.

INTE 2 - (The INTE flip-flop associated with IBF). Controlled by bit set/reset of PC4.

82C55A

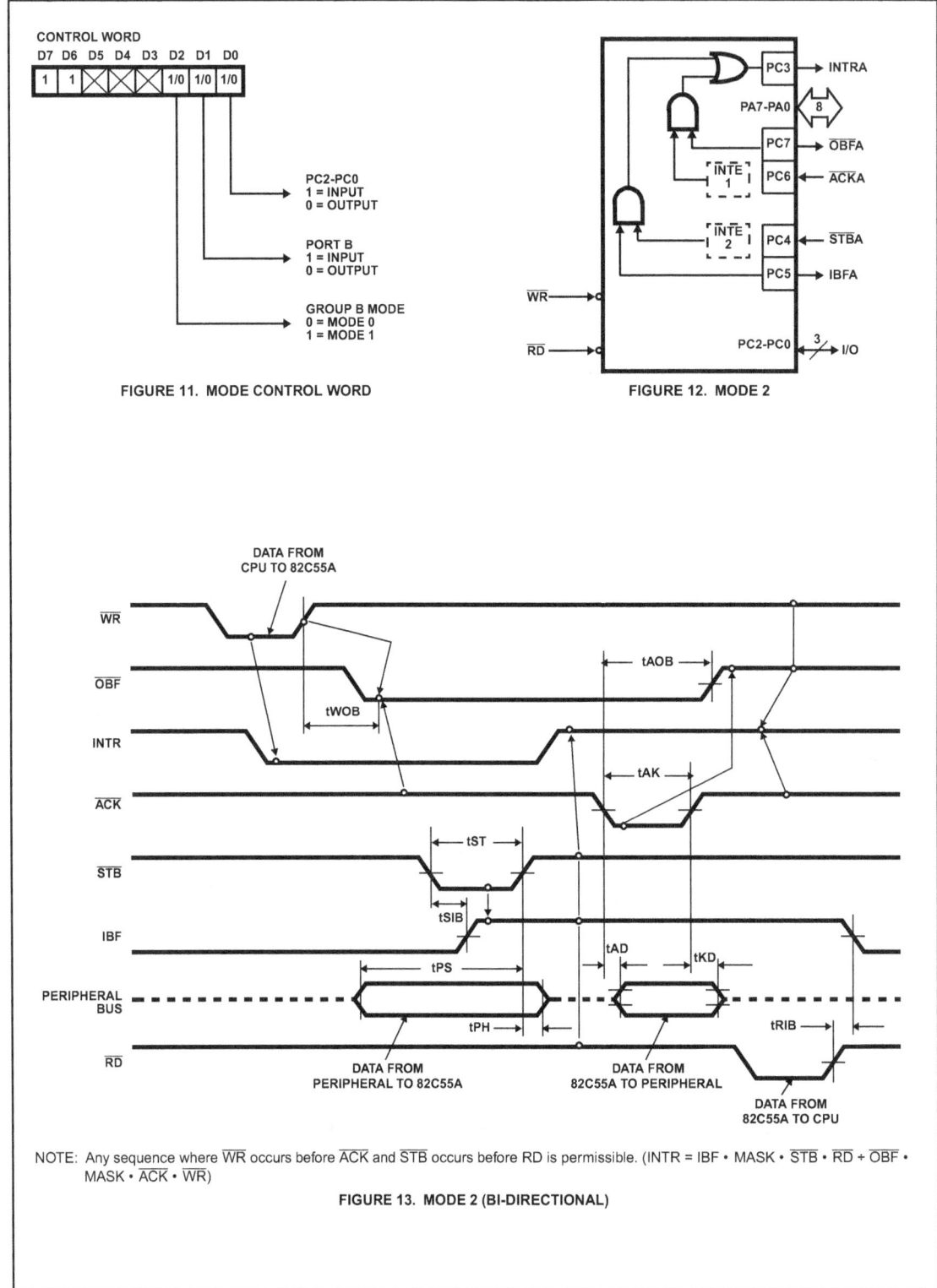

FIGURE 11. MODE CONTROL WORD

FIGURE 12. MODE 2

NOTE: Any sequence where $\overline{WR}$ occurs before $\overline{ACK}$ and $\overline{STB}$ occurs before RD is permissible. (INTR = IBF • MASK • $\overline{STB}$ • $\overline{RD}$ + $\overline{OBF}$ • MASK • $\overline{ACK}$ • $\overline{WR}$)

FIGURE 13. MODE 2 (BI-DIRECTIONAL)

82C55A

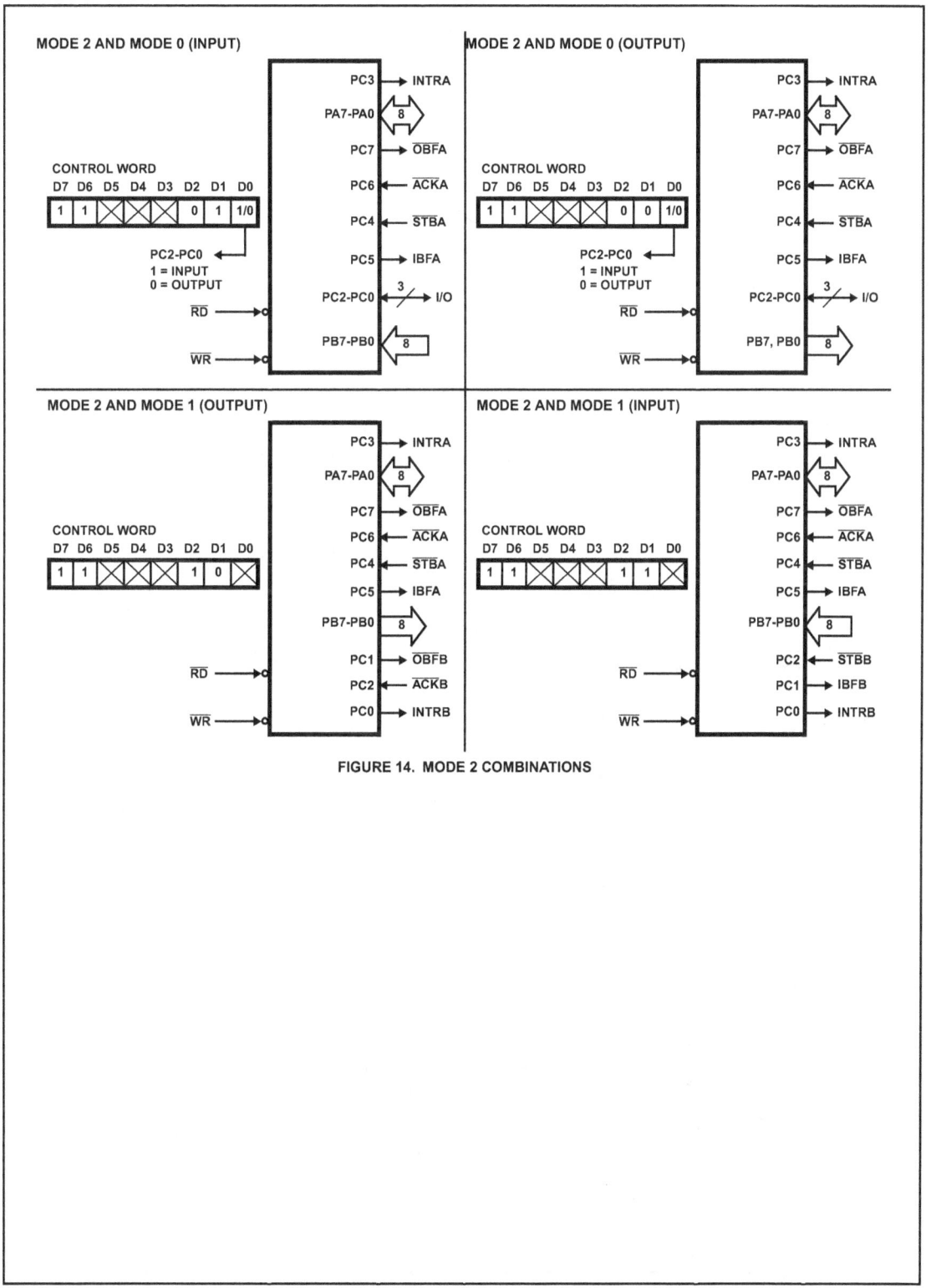

FIGURE 14. MODE 2 COMBINATIONS

MODE DEFINITION SUMMARY

	MODE 0		MODE 1		MODE 2
	IN	OUT	IN	OUT	GROUP A ONLY
PA0	In	Out	In	Out	← →
PA1	In	Out	In	Out	← →
PA2	In	Out	In	Out	← →
PA3	In	Out	In	Out	← →
PA4	In	Out	In	Out	← →
PA5	In	Out	In	Out	← →
PA6	In	Out	In	Out	← →
PA7	In	Out	In	Out	← →
PB0	In	Out	In	Out	
PB1	In	Out	In	Out	
PB2	In	Out	In	Out	
PB3	In	Out	In	Out	Mode 0 or Mode 1 Only
PB4	In	Out	In	Out	
PB5	In	Out	In	Out	
PB6	In	Out	In	Out	
PB7	In	Out	In	Out	
PC0	In	Out	INTRB	INTRB	I/O
PC1	In	Out	IBFB	$\overline{OBFB}$	I/O
PC2	In	Out	$\overline{STBB}$	$\overline{ACKB}$	I/O
PC3	In	Out	INTRA	INTRA	INTRA
PC4	In	Out	$\overline{STBA}$	I/O	$\overline{STBA}$
PC5	In	Out	IBFA	I/O	IBFA
PC6	In	Out	I/O	$\overline{ACKA}$	$\overline{ACKA}$
PC7	In	Out	I/O	$\overline{OBFA}$	$\overline{OBFA}$

Special Mode Combination Considerations

There are several combinations of modes possible. For any combination, some or all of Port C lines are used for control or status. The remaining bits are either inputs or outputs as defined by a "Set Mode" command.

During a read of Port C, the state of all the Port C lines, except the $\overline{ACK}$ and $\overline{STB}$ lines, will be placed on the data bus. In place of the $\overline{ACK}$ and $\overline{STB}$ line states, flag status will appear on the data bus in the PC2, PC4, and PC6 bit positions as illustrated by Figure 17.

Through a "Write Port C" command, only the Port C pins programmed as outputs in a Mode 0 group can be written. No other pins can be affected by a "Write Port C" command, nor can the interrupt enable flags be accessed. To write to any Port C output programmed as an output in Mode 1 group or to change an interrupt enable flag, the "Set/Reset Port C Bit" command must be used.

With a "Set/Reset Port Cea Bit" command, any Port C line programmed as an output (including IBF and $\overline{OBF}$) can be written, or an interrupt enable flag can be either set or reset. Port C lines programmed as inputs, including $\overline{ACK}$ and $\overline{STB}$ lines, associated with Port C fare not affected by a "Set/Reset Port C Bit" command. Writing to the corresponding Port C bit positions of the $\overline{ACK}$ and $\overline{STB}$ lines with the "Set Reset Port C Bit" command will affect the Group A and Group B interrupt enable flags, as illustrated in Figure 17.

INPUT CONFIGURATION

D7	D6	D5	D4	D3	D2	D1	D0
I/O	I/O	IBFA	INTEA	INTRA	INTEB	IBFB	INTRB

GROUP A   GROUP B

OUTPUT CONFIGURATION

D7	D6	D5	D4	D3	D2	D1	D0
OBFA	INTEA	I/O	I/O	INTRA	INTEB	OBFB	INTRB

GROUP A   GROUP B

FIGURE 15. MODE 1 STATUS WORD FORMAT

D7	D6	D5	D4	D3	D2	D1	D0
OBFA	INTE1	IBFA	INTE2	INTRA	X	X	X

GROUP A   GROUP B

(Defined by Mode 0 or Mode 1 Selection)

FIGURE 16. MODE 2 STATUS WORD FORMAT

Current Drive Capability

Any output on Port A, B or C can sink or source 2.5mA. This feature allows the 82C55A to directly drive Darlington type drivers and high-voltage displays that require such sink or source current.

Reading Port C Status (Figures 15 and 16)

In Mode 0, Port C transfers data to or from the peripheral device. When the 82C55A is programmed to function in Modes 1 or 2, Port C generates or accepts "hand shaking" signals with the peripheral device. Reading the contents of Port C allows the programmer to test or verify the "status" of each peripheral device and change the program flow accordingly.

There is not special instruction to read the status information from Port C. A normal read operation of Port C is executed to perform this function.

INTERRUPT ENABLE FLAG	POSITION	ALTERNATE PORT C PIN SIGNAL (MODE)
INTE B	PC2	$\overline{ACKB}$ (Output Mode 1) or $\overline{STBB}$ (Input Mode 1)
INTE A2	PC4	$\overline{STBA}$ (Input Mode 1 or Mode 2)
INTE A1	PC6	$\overline{ACKA}$ (Output Mode 1 or Mode 2)

FIGURE 17. INTERRUPT ENABLE FLAGS IN MODES 1 AND 2

Applications of the 82C55A

The 82C55A is a very powerful tool for interfacing peripheral equipment to the microcomputer system. It represents the optimum use of available pins and flexible enough to interface almost any I/O device without the need for additional external logic.

Each peripheral device in a microcomputer system usually has a "service routine" associated with it. The routine manages the software interface between the device and the CPU. The functional definition of the 82C55A is programmed by the I/O service routine and becomes an extension of the system software. By examining the I/O devices interface characteristics for both data transfer and timing, and matching this information to the examples and tables in the detailed operational description, a control word can easily be developed to initialize the 82C55A to exactly "fit" the application. Figures 18 through 24 present a few examples of typical applications of the 82C55A.

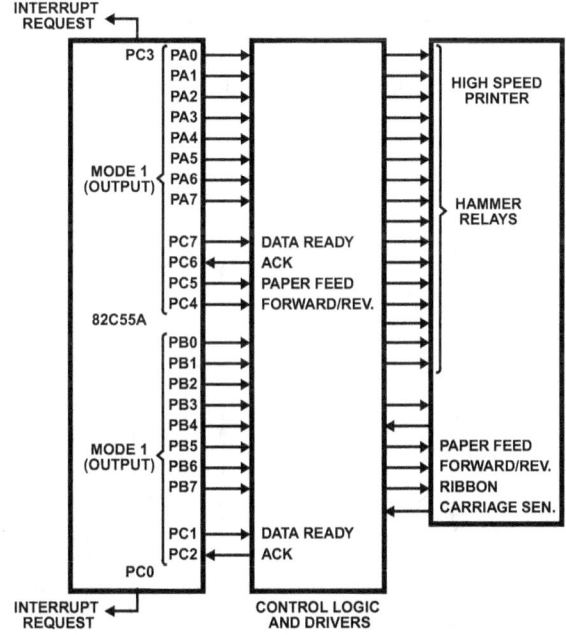

FIGURE 18. PRINTER INTERFACE

82C55A

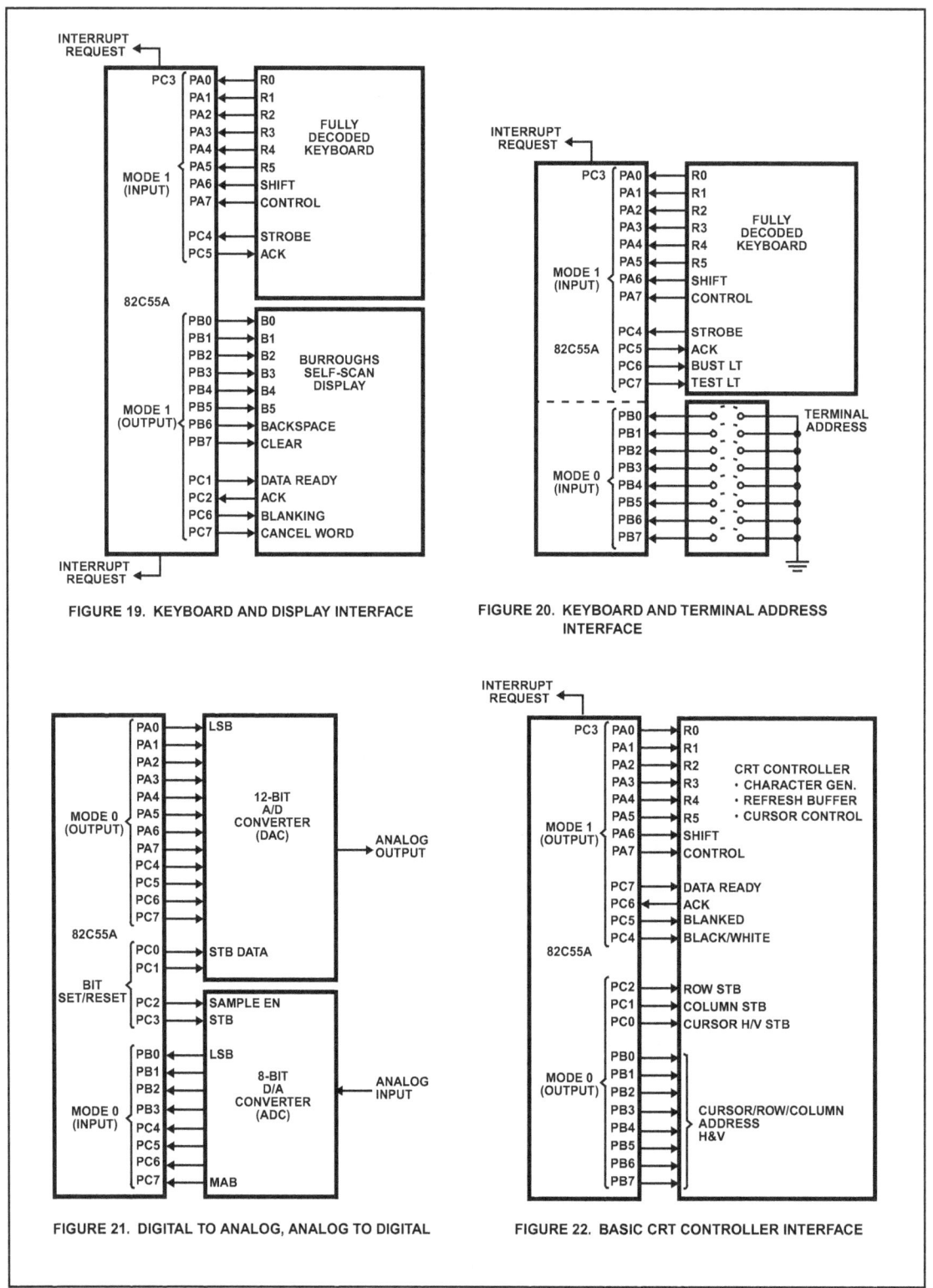

FIGURE 19. KEYBOARD AND DISPLAY INTERFACE

FIGURE 20. KEYBOARD AND TERMINAL ADDRESS INTERFACE

FIGURE 21. DIGITAL TO ANALOG, ANALOG TO DIGITAL

FIGURE 22. BASIC CRT CONTROLLER INTERFACE

306

82C55A

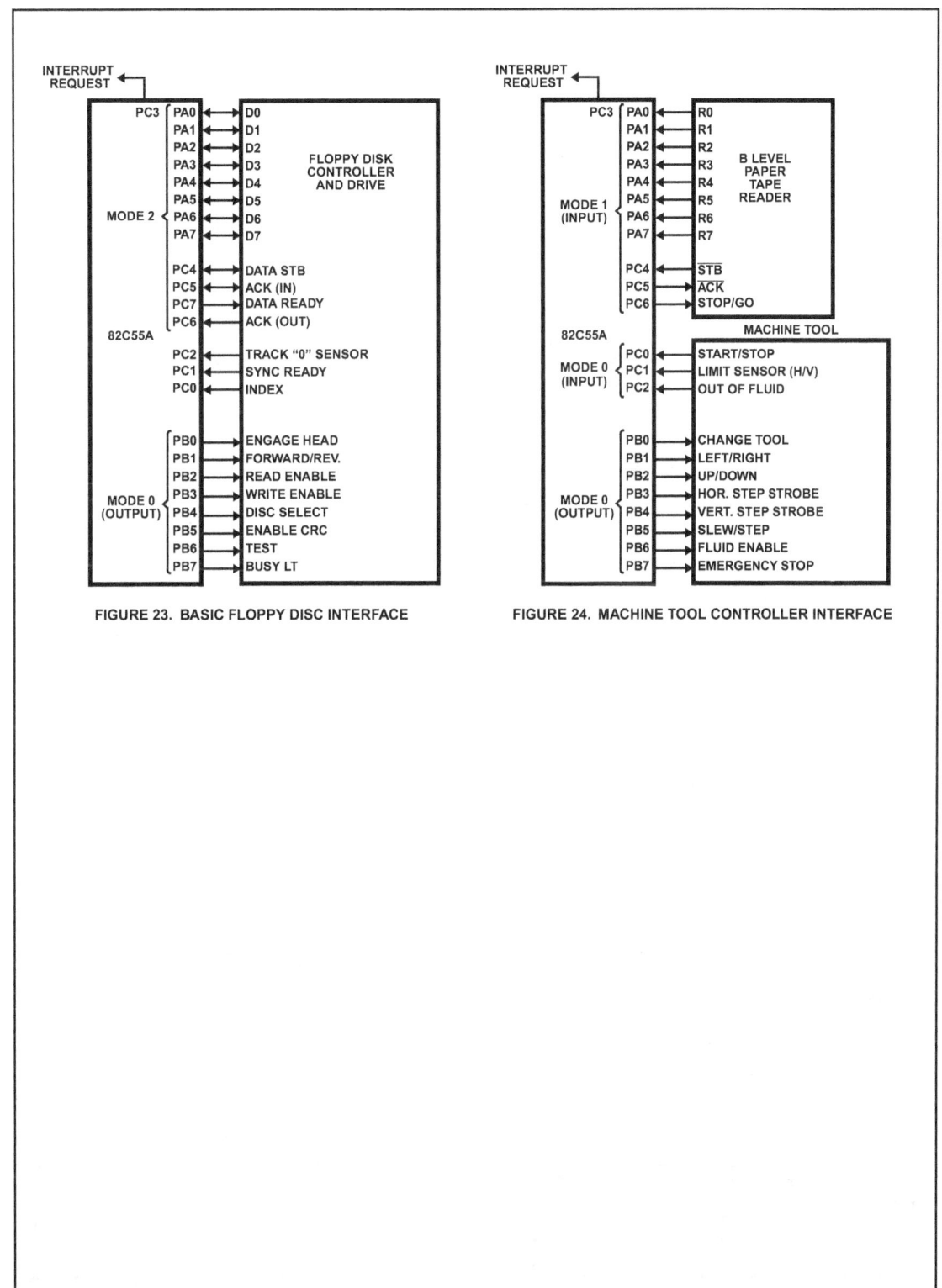

FIGURE 23. BASIC FLOPPY DISC INTERFACE

FIGURE 24. MACHINE TOOL CONTROLLER INTERFACE

82C55A

Absolute Maximum Ratings $T_A = 25^oC$

Supply Voltage . . . . +8.0V
Input, Output or I/O Voltage . . . . GND-0.5V to V_{CC}+0.5V
ESD Classification . . . . Class 1

Operating Conditions

Voltage Range . . . . +4.5V to 5.5V
Operating Temperature Range
  C82C55A . . . . 0^oC to 70^oC
  I82C55A . . . . -40^oC to 85^oC
  M82C55A . . . . -55^oC to 125^oC

Thermal Information

Thermal Resistance (Typical, Note 1)	θ_{JA}	θ_{JC}
CERDIP Package	50^oC/W	10^oC/W
CLCC Package	65^oC/W	14^oC/W
PDIP Package	50^oC/W	N/A
PLCC Package	46^oC/W	N/A

Maximum Storage Temperature Range . . . . -65^oC to 150^oC
Maximum Junction Temperature
  CDIP Package . . . . 175^oC
  PDIP Package . . . . 150^oC
Maximum Lead Temperature (Soldering 10s) . . . . 300^oC
  (PLCC Lead Tips Only)

Die Characteristics

Gate Count . . . . 1000 Gates

CAUTION: Stresses above those listed in "Absolute Maximum Ratings" may cause permanent damage to the device. This is a stress only rating and operation of the device at these or any other conditions above those indicated in the operational sections of this specification is not implied.

NOTE:

1. θ_{JA} is measured with the component mounted on an evaluation PC board in free air.

Electrical Specifications
$V_{CC} = 5.0V \pm 10\%$; $T_A = 0^oC$ to $+70^oC$ (C82C55A);
$T_A = -40^oC$ to $+85^oC$ (I82C55A);
$T_A = -55^oC$ to $+125^oC$ (M82C55A)

SYMBOL	PARAMETER	LIMITS		UNITS	TEST CONDITIONS
		MIN	MAX		
V_{IH}	Logical One Input Voltage	2.0 2.2	-	V	I82C55A, C82C55A, M82C55A
V_{IL}	Logical Zero Input Voltage	-	0.8	V	
V_{OH}	Logical One Output Voltage	3.0 V_{CC} -0.4	-	V	I_{OH} = -2.5mA, I_{OH} = -100μA
V_{OL}	Logical Zero Output Voltage	-	0.4	V	I_{OL} +2.5mA
I_I	Input Leakage Current	-1.0	+1.0	μA	$V_{IN} = V_{CC}$ or GND, DIP Pins: 5, 6, 8, 9, 35, 36
IO	I/O Pin Leakage Current	-10	+10	μA	VO = V_{CC} or GND DIP Pins: 27 - 34
IBHH	Bus Hold High Current	-50	-400	μA	VO = 3.0V. Ports A, B, C
IBHL	Bus Hold Low Current	50	400	μA	VO = 1.0V. Port A ONLY
IDAR	Darlington Drive Current	-2.5	Note 2, 4	mA	Ports A, B, C. Test Condition 3
ICCSB	Standby Power Supply Current	-	10	μA	V_{CC} = 5.5V, $V_{IN} = V_{CC}$ or GND. Output Open
ICCOP	Operating Power Supply Current	-	1	mA/MHz	T_A = +25^oC, V_{CC} = 5.0V, Typical (See Note 3)

NOTES:

2. No internal current limiting exists on Port Outputs. A resistor must be added externally to limit the current.

3. ICCOP = 1mA/MHz of Peripheral Read/Write cycle time. (Example: 1.0μs I/O Read/Write cycle time = 1mA).

4. Tested as V_{OH} at -2.5mA.

Capacitance $T_A = 25^oC$

SYMBOL	PARAMETER	TYPICAL	UNITS	TEST CONDITIONS
CIN	Input Capacitance	10	pF	FREQ = 1MHz, All Measurements are referenced to device GND
CI/O	I/O Capacitance	20	pF	

82C55A

AC Electrical Specifications $V_{CC} = +5V \pm 10\%$, GND = 0V; T_A = -55°C to +125°C (M82C55A) (M82C55A-5);
T_A = -40°C to +85°C (I82C55A) (I82C55A-5);
T_A = 0°C to +70°C (C82C55A) (C82C55A-5)

SYMBOL	PARAMETER	82C55A-5		82C55A		UNITS	TEST CONDITIONS
		MIN	MAX	MIN	MAX		
READ TIMING							
(1) tAR	Address Stable Before $\overline{RD}$	0	-	0	-	ns	
(2) tRA	Address Stable After $\overline{RD}$	0	-	0	-	ns	
(3) tRR	$\overline{RD}$ Pulse Width	250	-	150	-	ns	
(4) tRD	Data Valid From $\overline{RD}$	-	200	-	120	ns	1
(5) tDF	Data Float After $\overline{RD}$	10	75	10	75	ns	2
(6) tRV	Time Between $\overline{RD}$s and/or $\overline{WR}$s	300	-	300	-	ns	
WRITE TIMING							
(7) tAW	Address Stable Before $\overline{WR}$	0	-	0	-	ns	
(8) tWA	Address Stable After $\overline{WR}$	20	-	20	-	ns	
(9) tWW	$\overline{WR}$ Pulse Width	100	-	100	-	ns	
(10) tDW	Data Valid to $\overline{WR}$ High	100	-	100	-	ns	
(11) tWD	Data Valid After $\overline{WR}$ High	30	-	30	-	ns	
OTHER TIMING							
(12) tWB	$\overline{WR}$ = 1 to Output	-	350	-	350	ns	1
(13) tIR	Peripheral Data Before $\overline{RD}$	0	-	0	-	ns	
(14) tHR	Peripheral Data After $\overline{RD}$	0	-	0	-	ns	
(15) tAK	ACK Pulse Width	200	-	200	-	ns	
(16) tST	STB Pulse Width	100	-	100	-	ns	
(17) tPS	Peripheral Data Before STB High	20	-	20	-	ns	
(18) tPH	Peripheral Data After STB High	50	-	50	-	ns	
(19) tAD	ACK = 0 to Output	-	175	-	175	ns	1
(20) tKD	ACK = 1 to Output Float	20	250	20	250	ns	2
(21) tWOB	$\overline{WR}$ = 1 to OBF = 0	-	150	-	150	ns	1
(22) tAOB	ACK = 0 to OBF = 1	-	150	-	150	ns	1
(23) tSIB	STB = 0 to IBF = 1	-	150	-	150	ns	1
(24) tRIB	$\overline{RD}$ = 1 to IBF = 0	-	150	-	150	ns	1
(25) tRIT	$\overline{RD}$ = 0 to INTR = 0	-	200	-	200	ns	1
(26) tSIT	STB = 1 to INTR = 1	-	150	-	150	ns	1
(27) tAIT	ACK = 1 to INTR = 1	-	150	-	150	ns	1
(28) tWIT	$\overline{WR}$ = 0 to INTR = 0	-	200	-	200	ns	1
(29) tRES	Reset Pulse Width	500	-	500	-	ns	1, (Note)

NOTE: Period of initial Reset pulse after power-on must be at least 50μsec. Subsequent Reset pulses may be 500ns minimum.

309

Timing Waveforms

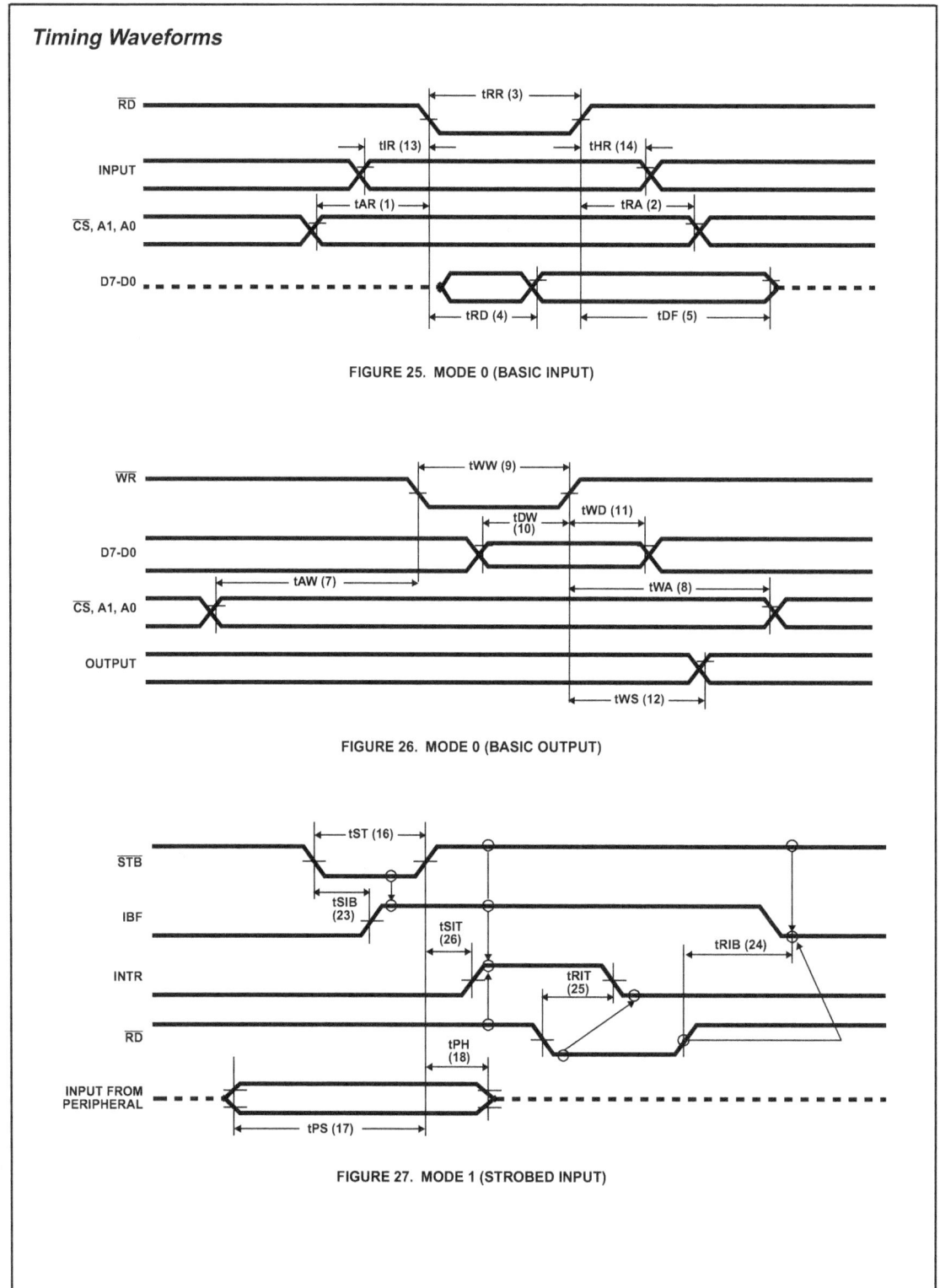

FIGURE 25. MODE 0 (BASIC INPUT)

FIGURE 26. MODE 0 (BASIC OUTPUT)

FIGURE 27. MODE 1 (STROBED INPUT)

Timing Waveforms (Continued)

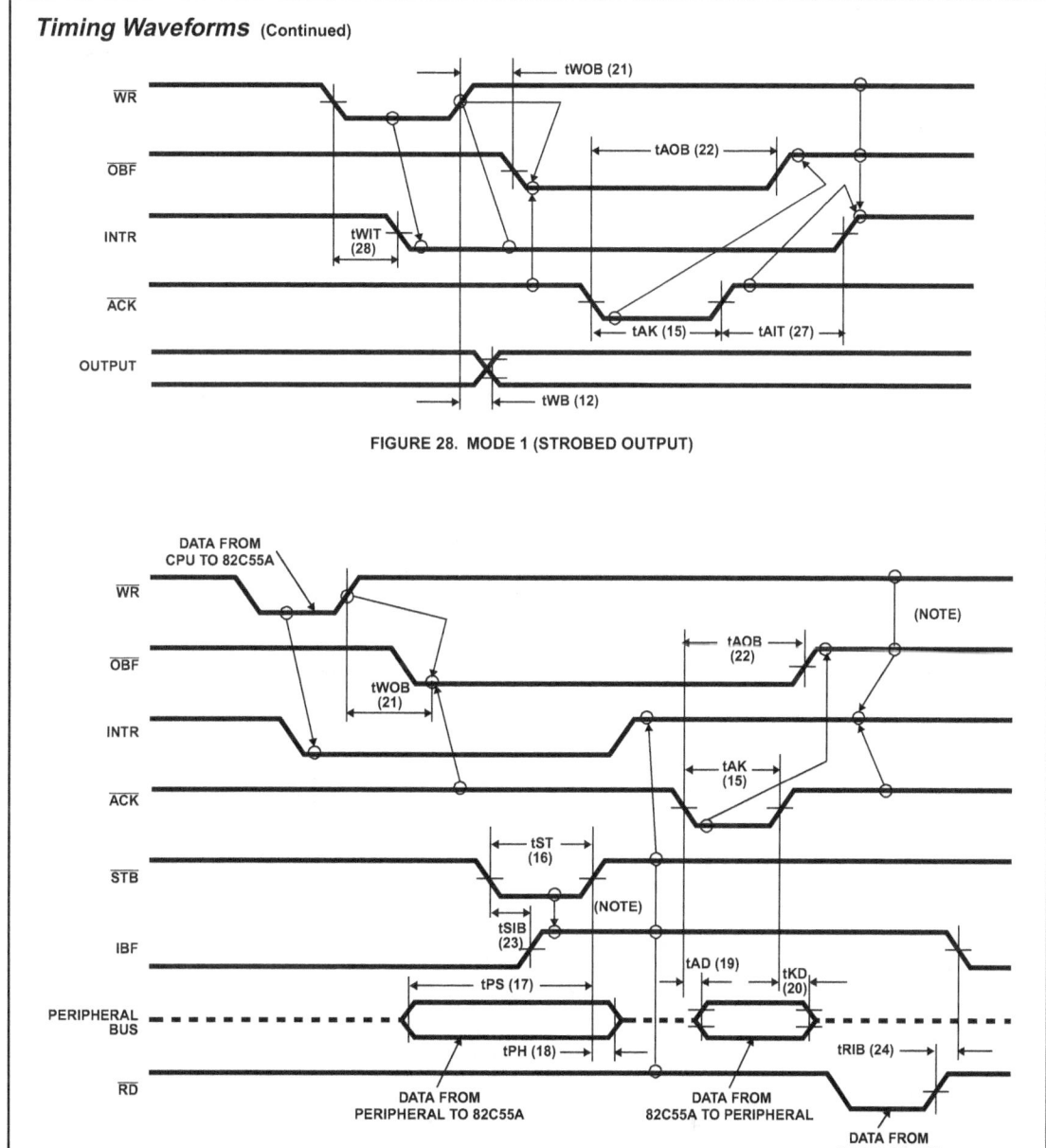

FIGURE 28. MODE 1 (STROBED OUTPUT)

FIGURE 29. MODE 2 (BI-DIRECTIONAL)

NOTE: Any sequence where $\overline{WR}$ occurs before $\overline{ACK}$ and $\overline{STB}$ occurs before $\overline{RD}$ is permissible. (INTR = IBF • $\overline{MASK}$ • $\overline{STB}$ • $\overline{RD}$ • $\overline{OBF}$ • $\overline{MASK}$ • $\overline{ACK}$ • $\overline{WR}$)

Timing Waveforms (Continued)

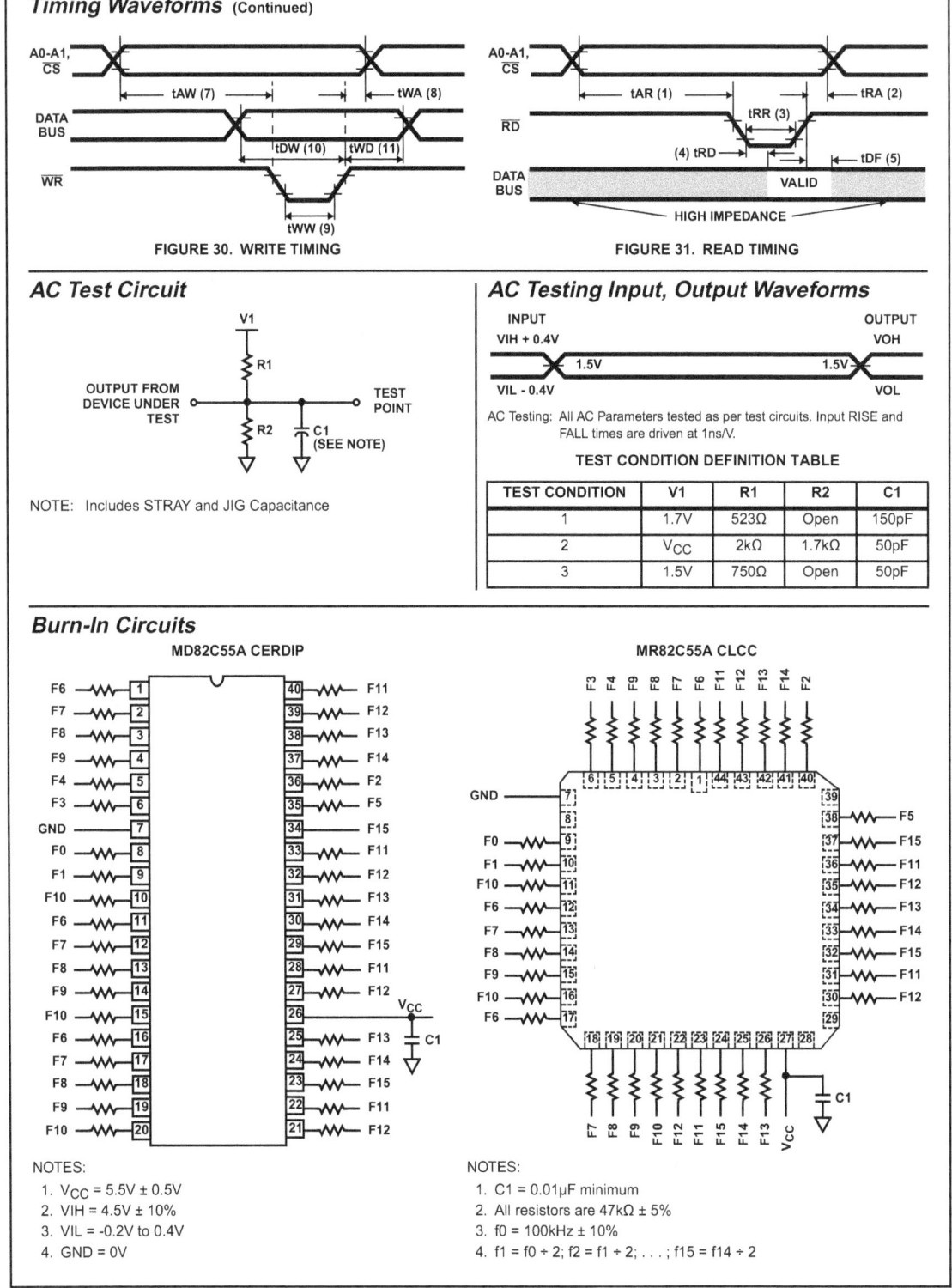

FIGURE 30. WRITE TIMING

FIGURE 31. READ TIMING

AC Test Circuit

NOTE: Includes STRAY and JIG Capacitance

AC Testing Input, Output Waveforms

AC Testing: All AC Parameters tested as per test circuits. Input RISE and FALL times are driven at 1ns/V.

TEST CONDITION DEFINITION TABLE

TEST CONDITION	V1	R1	R2	C1
1	1.7V	523Ω	Open	150pF
2	V_{CC}	2kΩ	1.7kΩ	50pF
3	1.5V	750Ω	Open	50pF

Burn-In Circuits

MD82C55A CERDIP

MR82C55A CLCC

NOTES:
1. V_{CC} = 5.5V ± 0.5V
2. VIH = 4.5V ± 10%
3. VIL = -0.2V to 0.4V
4. GND = 0V

NOTES:
1. C1 = 0.01μF minimum
2. All resistors are 47kΩ ± 5%
3. f0 = 100kHz ± 10%
4. f1 = f0 ÷ 2; f2 = f1 ÷ 2; . . . ; f15 = f14 ÷ 2

Die Characteristics

DIE DIMENSIONS:
95 x 100 x 19 ±1mils

METALLIZATION:
Type: Silicon - Aluminum
Thickness: 11kÅ ±1kÅ

GLASSIVATION:
Type: SiO_2
Thickness: 8kÅ ±1kÅ

WORST CASE CURRENT DENSITY:
0.78×10^5 A/cm^2

Metallization Mask Layout

82C55A

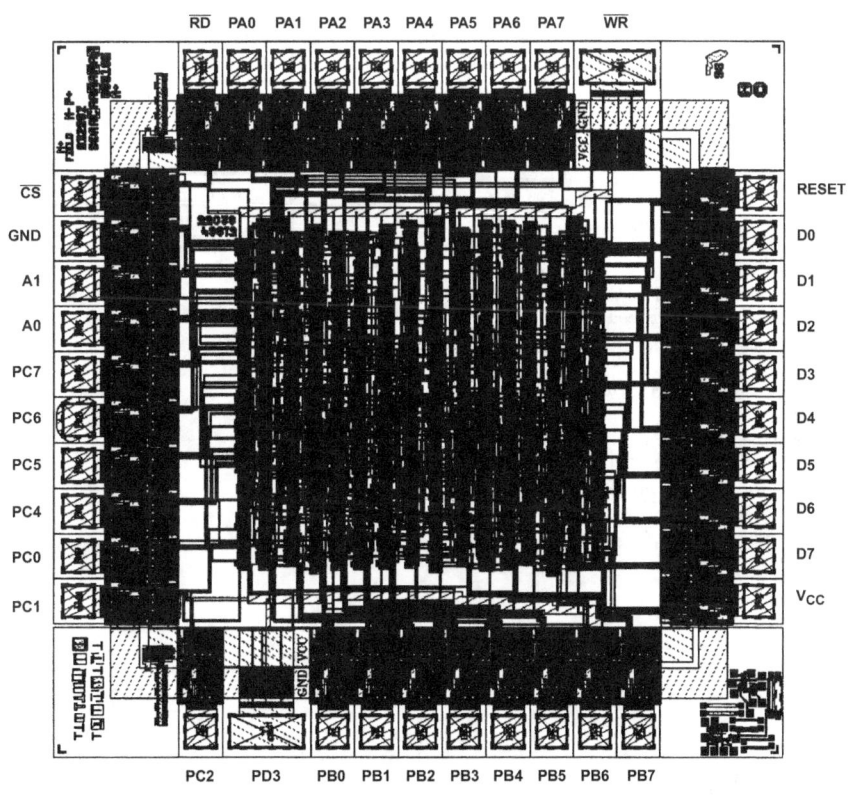

Dual-In-Line Plastic Packages (PDIP)

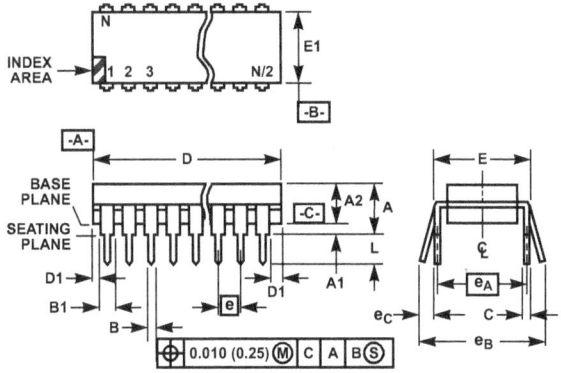

E40.6 (JEDEC MS-011-AC ISSUE B)
40 LEAD DUAL-IN-LINE PLASTIC PACKAGE

SYMBOL	INCHES		MILLIMETERS		NOTES
	MIN	MAX	MIN	MAX	
A	-	0.250	-	6.35	4
A1	0.015	-	0.39	-	4
A2	0.125	0.195	3.18	4.95	-
B	0.014	0.022	0.356	0.558	-
B1	0.030	0.070	0.77	1.77	8
C	0.008	0.015	0.204	0.381	-
D	1.980	2.095	50.3	53.2	5
D1	0.005	-	0.13	-	5
E	0.600	0.625	15.24	15.87	6
E1	0.485	0.580	12.32	14.73	5
e	0.100 BSC		2.54 BSC		-
e_A	0.600 BSC		15.24 BSC		6
e_B	-	0.700	-	17.78	7
L	0.115	0.200	2.93	5.08	4
N	40		40		9

Rev. 0 12/93

NOTES:

1. Controlling Dimensions: INCH. In case of conflict between English and Metric dimensions, the inch dimensions control.

2. Dimensioning and tolerancing per ANSI Y14.5M-1982.

3. Symbols are defined in the "MO Series Symbol List" in Section 2.2 of Publication No. 95.

4. Dimensions A, A1 and L are measured with the package seated in JEDEC seating plane gauge GS-3.

5. D, D1, and E1 dimensions do not include mold flash or protrusions. Mold flash or protrusions shall not exceed 0.010 inch (0.25mm).

6. E and e_A are measured with the leads constrained to be perpendicular to datum -C- .

7. e_B and e_C are measured at the lead tips with the leads unconstrained. e_C must be zero or greater.

8. B1 maximum dimensions do not include dambar protrusions. Dambar protrusions shall not exceed 0.010 inch (0.25mm).

9. N is the maximum number of terminal positions.

10. Corner leads (1, N, N/2 and N/2 + 1) for E8.3, E16.3, E18.3, E28.3, E42.6 will have a B1 dimension of 0.030 - 0.045 inch (0.76 - 1.14mm).

Plastic Leaded Chip Carrier Packages (PLCC)

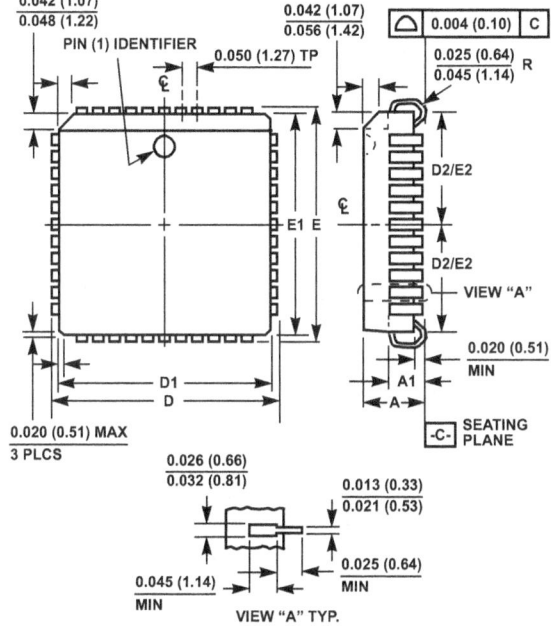

N44.65 (JEDEC MS-018AC ISSUE A)
44 LEAD PLASTIC LEADED CHIP CARRIER PACKAGE

SYM-BOL	INCHES		MILLIMETERS		NOTES
	MIN	MAX	MIN	MAX	
A	0.165	0.180	4.20	4.57	-
A1	0.090	0.120	2.29	3.04	-
D	0.685	0.695	17.40	17.65	-
D1	0.650	0.656	16.51	16.66	3
D2	0.291	0.319	7.40	8.10	4, 5
E	0.685	0.695	17.40	17.65	-
E1	0.650	0.656	16.51	16.66	3
E2	0.291	0.319	7.40	8.10	4, 5
N	44		44		6

Rev. 2 11/97

NOTES:

1. Controlling dimension: INCH. Converted millimeter dimensions are not necessarily exact.

2. Dimensions and tolerancing per ANSI Y14.5M-1982.

3. Dimensions D1 and E1 do not include mold protrusions. Allowable mold protrusion is 0.010 inch (0.25mm) per side. Dimensions D1 and E1 include mold mismatch and are measured at the extreme material condition at the body parting line.

4. To be measured at seating plane -C- contact point.

5. Centerline to be determined where center leads exit plastic body.

6. "N" is the number of terminal positions.

Ceramic Dual-In-Line Frit Seal Packages (CERDIP)

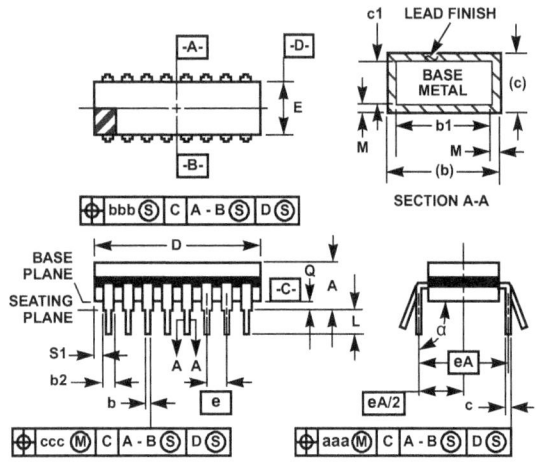

F40.6 MIL-STD-1835 GDIP1-T40 (D-5, CONFIGURATION A)
40 LEAD CERAMIC DUAL-IN-LINE FRIT SEAL PACKAGE

SYMBOL	INCHES		MILLIMETERS		NOTES
	MIN	MAX	MIN	MAX	
A	-	0.225	-	5.72	-
b	0.014	0.026	0.36	0.66	2
b1	0.014	0.023	0.36	0.58	3
b2	0.045	0.065	1.14	1.65	-
b3	0.023	0.045	0.58	1.14	4
c	0.008	0.018	0.20	0.46	2
c1	0.008	0.015	0.20	0.38	3
D	-	2.096	-	53.24	5
E	0.510	0.620	12.95	15.75	5
e	0.100 BSC		2.54 BSC		-
eA	0.600 BSC		15.24 BSC		-
eA/2	0.300 BSC		7.62 BSC		-
L	0.125	0.200	3.18	5.08	-
Q	0.015	0.070	0.38	1.78	6
S1	0.005	-	0.13	-	7
α	90°	105°	90°	105°	-
aaa	-	0.015	-	0.38	-
bbb	-	0.030	-	0.76	-
ccc	-	0.010	-	0.25	-
M	-	0.0015	-	0.038	2, 3
N	40		40		8

Rev. 0 4/94

NOTES:

1. Index area: A notch or a pin one identification mark shall be located adjacent to pin one and shall be located within the shaded area shown. The manufacturer's identification shall not be used as a pin one identification mark.

2. The maximum limits of lead dimensions b and c or M shall be measured at the centroid of the finished lead surfaces, when solder dip or tin plate lead finish is applied.

3. Dimensions b1 and c1 apply to lead base metal only. Dimension M applies to lead plating and finish thickness.

4. Corner leads (1, N, N/2, and N/2+1) may be configured with a partial lead paddle. For this configuration dimension b3 replaces dimension b2.

5. This dimension allows for off-center lid, meniscus, and glass overrun.

6. Dimension Q shall be measured from the seating plane to the base plane.

7. Measure dimension S1 at all four corners.

8. N is the maximum number of terminal positions.

9. Dimensioning and tolerancing per ANSI Y14.5M - 1982.

10. Controlling dimension: INCH.

For information regarding Intersil Corporation and its products, see web site **http://www.intersil.com**

Sales Office Headquarters

NORTH AMERICA
Intersil Corporation
P. O. Box 883, Mail Stop 53-204
Melbourne, FL 32902
TEL: (407) 724-7000
FAX: (407) 724-7240

EUROPE
Intersil SA
Mercure Center
100, Rue de la Fusee
1130 Brussels, Belgium
TEL: (32) 2.724.2111
FAX: (32) 2.724.22.05

ASIA
Intersil (Taiwan) Ltd.
Taiwan Limited
7F-6, No. 101 Fu Hsing North Road
Taipei, Taiwan
Republic of China
TEL: (886) 2 2716 9310
FAX: (886) 2 2715 3029

Ceramic Leadless Chip Carrier Packages (CLCC)

J44.A MIL-STD-1835 CQCC1-N44 (C-5)
44 PAD CERAMIC LEADLESS CHIP CARRIER PACKAGE

SYMBOL	INCHES		MILLIMETERS		NOTES
	MIN	MAX	MIN	MAX	
A	0.064	0.120	1.63	3.05	6, 7
A1	0.054	0.088	1.37	2.24	-
B	0.033	0.039	0.84	0.99	4
B1	0.022	0.028	0.56	0.71	2, 4
B2	0.072 REF		1.83 REF		-
B3	0.006	0.022	0.15	0.56	-
D	0.640	0.662	16.26	16.81	-
D1	0.500 BSC		12.70 BSC		-
D2	0.250 BSC		6.35 BSC		-
D3	-	0.662	-	16.81	2
E	0.640	0.662	16.26	16.81	-
E1	0.500 BSC		12.70 BSC		-
E2	0.250 BSC		6.35 BSC		-
E3	-	0.662	-	16.81	2
e	0.050 BSC		1.27 BSC		-
e1	0.015	-	0.38	-	2
h	0.040 REF		1.02 REF		5
j	0.020 REF		0.51 REF		5
L	0.045	0.055	1.14	1.40	-
L1	0.045	0.055	1.14	1.40	-
L2	0.075	0.095	1.90	2.41	-
L3	0.003	0.015	0.08	0.38	-
ND	11		11		3
NE	11		11		3
N	44		44		3

Rev. 0 5/18/94

NOTES:

1. Metallized castellations shall be connected to plane 1 terminals and extend toward plane 2 across at least two layers of ceramic or completely across all of the ceramic layers to make electrical connection with the optional plane 2 terminals.

2. Unless otherwise specified, a minimum clearance of 0.015 inch (0.38mm) shall be maintained between all metallized features (e.g., lid, castellations, terminals, thermal pads, etc.)

3. Symbol "N" is the maximum number of terminals. Symbols "ND" and "NE" are the number of terminals along the sides of length "D" and "E", respectively.

4. The required plane 1 terminals and optional plane 2 terminals (if used) shall be electrically connected.

5. The corner shape (square, notch, radius, etc.) may vary at the manufacturer's option, from that shown on the drawing.

6. Chip carriers shall be constructed of a minimum of two ceramic layers.

7. Dimension "A" controls the overall package thickness. The maximum "A" dimension is package height before being solder dipped.

8. Dimensioning and tolerancing per ANSI Y14.5M-1982.

9. Controlling dimension: INCH.

Unidad 15

Stepper Motor

15.1. Motor P a P Unipolar y su Control

15.1.1. Tipos de motores de P a P

Hay dos clases de motores Paso a Paso:

1. Unipolar, tienen 5, 6 o 8 alambres.
2. Bipolar tiene 4 alambres.

15.1.2. Motor P a P Unipolar

El motor P a P unipolar (Figura 15.1) tiene dos bobinas idénticas independientes. Cada bobina tiene una toma central entre sus terminales. La resistencia entre una terminal y la toma central es 1/2 de la resistencia entre las dos terminales de la bobina. La resistencia de la mitad de la bobina vine definida en la placa del motor; por ejemplo, "5 ohms / phase" indica la resistencia desde la toma central a cualquiera de las terminales de la bobina.

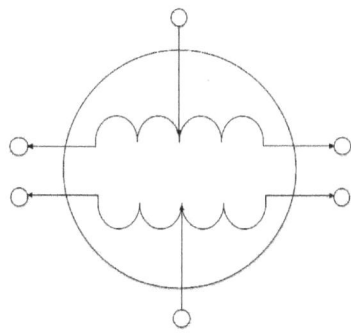

Figura 15.1: Motor P a P Unipolar

15.1.3. Control del Motor P a P unipolar

* La corriente en una bobina (estator) produce un campo magnético que atrae a un imán permanente instalado en el rotor del motor (Figura 15.2). El principio básico del control de un motor P a P es invertir la dirección de la corriente en las dos bobinas, en secuencia, a fin de interactuar con el rotor. Puesto que hay dos bobinas y dos direcciones para la corriente, esto nos da una posible secuencia de 4 pasos.

* Todo lo que tenemos que hacer es conseguir la secuencia correcta y el motor responderá corriendo continuamente. El motor solo avanza un ángulo pequeño ya sea en el sentido CW o en el sentido CCW, y la secuencia de 4 pasos se repite varias veces antes de ejecutar una revolución completa.

* El controlador Unipolar toma ventaja de la toma central para invertir la corriente con un truco inteligente – la toma central se conecta a la fuente positiva y uno de los dos terminales se conecta a tierra para obtener la inversión de corriente - pero solamente se energiza 1/2 de la bobina.

* Ambas terminales nunca se conectan a tierra al mismo tiempo, lo cual energizaría ambas mitades sin lograr nada, mas que pérdida de energía.

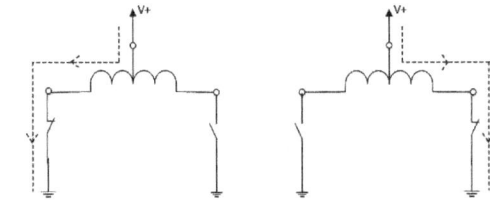

Figura 15.2: Cambio de la corriente en la bobina de un motor paso a paso

15.1.4. Modelo Conceptual de un Motor P a P Unipolar

En una secuencia basica CW "Wave Drive" , bobina 1a es desactvada y bobina 2a es activada para avanzar a la fase siguiente. Esta es la manera de guiar al rotor ativando y desactivando bobinas de una mabera contínua. Si dos bobinas adyacentes se activan, el rotor se atrae a la mitad entre las dos bobinas (Figura 15.3).

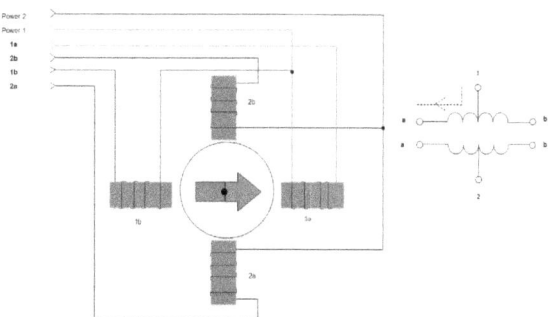

Figura 15.3: Modelo Conceptual de un Motor P a P Unipolar

15.1.5. Secuencia Wave Drive una Fase

* Consume la menor potencia. Solamente una fase se energiza a la vez. Asegura exactitud en posición a pesar de cualquier desbalance en las bobinas.
* La secuencia se representa con 4 bits, un "1" significa bobina energizada. Despues del ultimo paso en cada secuencia se repite la secuencia (Figura 15.4).
* Ejecutando la secuencia en el sentido inverso cambia el sentido de giro del motor.

Secuencia
0001
0010
0100
1000

Figura 15.4: Secuencia Wave Drive una Fase

15.1.6. Secuencia Torque alto, dos fases

Esta secuencia energiza dos fase adyacentes, que ofrece una mejora en el producto torque velocidad con mayor torque (Figura 15.5).

Secuencia
0011
0110
1100
1001

Figura 15.5: Secuencia Torque alto, dos fases

15.1.7. Secuencia "Half-Step"

Dobla la resolución de los pasos, pero el torque no es uniforme para cada paso porque estamos alternando entre Wave Drive una fase y Torque alto dos fases (Figura 15.6). Esta secuencia reduce la resonancia del motor ya que algunas veces el motor se queda entrampado en una frecuencia resonante particular. Esta secuencia tiene 8 pasos.

Secuencia
0001
0011
0010
0110
0100
1100
1000
1001

Figura 15.6: Secuencia "Half-Step"

15.1.8. Identificando motores P a P

La composición de un motor P a P (Figura 15.7) puede ser observada a continuación:

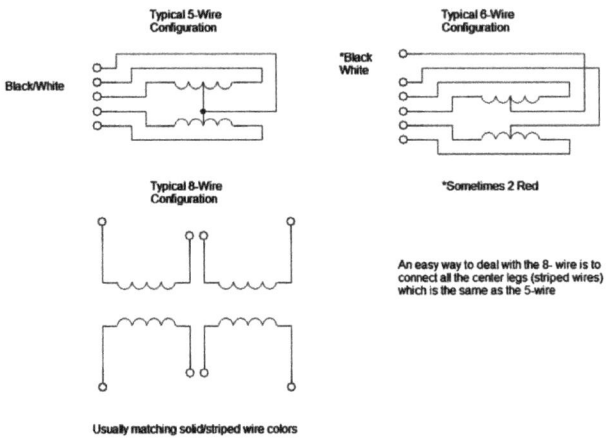

Figura 15.7: Identificando motores P a P

15.1.9. Valores Nominales de Motores P a P

* Los fabricantes al menos nominan dos de los tres parametros: Voltaje, corriente y Resistencia. Si uno de los tres parametros no se especifica se lo puede derivar usando la ley de Ohm.

Voltaje = Corriente x Resistencia.

* Si solamente se conoce la corriente nominal, entonces la resistencia nominal se la determina midiendo con un multimetro entre la toma central y una de las terminales de la bobina.

* En la nomenclatura que usa el fabricante, "phase" se refiere a 1/2 de la bobina de un motor unipolar.

* Por ejemplo: "5 ohms/phase" especifica la resistencia de 1/2 de la bobina. Un valor nominal de corriente "2 ampers/ phase" especifica la corriente nominal máxima del motor en 1/2 bobina.

15.2. Motor PaP Bipolar y su Control

15.2.1. Introducción

* El motor PaP bipolar es muy similar al motor PaP unipolar, excepto que las bobinas carecen de toma central. Debido a esto el motor PaP bipolar necesita de un control diferente que invierta la dirección de corriente en las bobinas alternando la polaridad en sus terminales, de aqui el nombre bipolar.
* Un motor PaP bipolar desarrolla mayor torque puesto que se energizan las bobinas completas ,en lugar de la mitad. Motores PaP de 4 terminales son estrictamente bipolares.
* Motores PaP de 5 o 6 terminales con tomas centrales son unipolares que pueden también funcionar como bipolares.

15.2.2. Modelo Conceptual de un Motor P a P Bipolar

*Un motor PaP bipolar (Figura 15.8) tiene dos bobinas que son identicas e independientes.

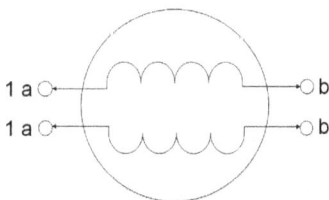

Figura 15.8: Motor P a P Bipolar

* El control bipolar tiene que invertir la polaridad del voltaje aplicado en cada bobina, tal que la corriente fluya en ambas direcciones, energizandolas en secuencia.

325

15.2.3. Mecanismo para invertir el voltaje en cada bobina

Este circuito se denomina Puente H, puesto que se parece a la letra H (Figura 15.9). Los diodos protegen los switches de los picos de voltaje debido a cargas inductivas en las bobinas. Para el control de motores PaP bipolares se nececitan dos de estos circuitos, uno para cada bobina.

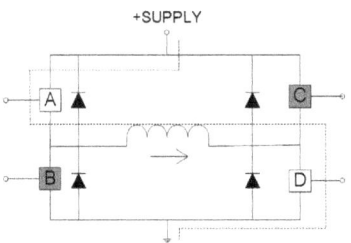

Figura 15.9: Mecanismo para invertir el voltaje en cada bobina

La corriente se puede invertir en una bobina simplemente cerrando los correspondientes switches . Cerrando AD para que la corriente fluya en una dirección, luego cerrando BC para que fluya en dirección opuesta. Estos puentes H se usan también en el control de solenoides y en el control de motores DC.

15.2.4. Modelo Conceptual de Motor P a P Bipolar

Las bobinas se activan en secuencia para atraer al rotor, indicado por flecha en la figura (recuerde corriente en una bobina genera campo magnético). La Figura 15.10 ilustra un paso de 90 grados por fase. Con 1a positivo y 1b negativo el rotor apunta al ESTE (flecha roja), invirtiendo la polaridad de estos dos terminales el rotor apuntaría al OESTE. Observe que la bobina 2 esta totalmente desactivada.

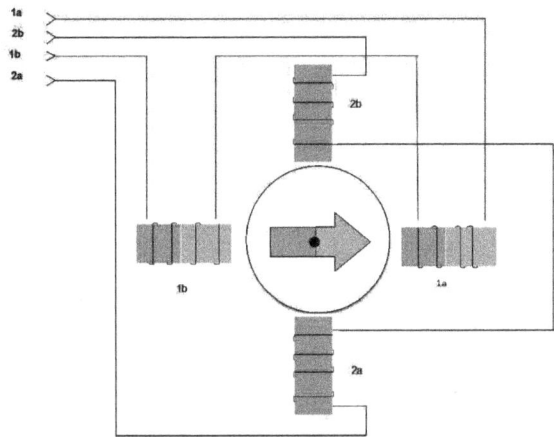

Figura 15.10: Modelo Conceptual de Motor P a P Bipolar

15.2.5. Secuencia CW Wave Drive

* El rotor es guiado activando y desactivando bobinas produciendo así un ciclo continuo en el movimiento del rotor.

* En la secuencia basica CW "wave drive", por ejemplo la bobina 1 se desactiva y bobina 2 se activa para avanzar un paso adicional en el sentido CW.

* Note que si dos bobinas adyacentes son activadas, el rotor se atrae a una posición intermedia entre las dos bobinas.

15.2.6. Una Fase Wave Drive

* Consume la menor potencia. Solamente una bobina se energiza a la vez (Figura 15.11). Asegura posicionamiento exacto del rotor a pesar de cualquier desbalance en las bobinas del motor.

Secuencia	Polaridad
0001	---+
0010	--+-
0100	-+--
1000	+---

Figura 15.11: Una Fase Wave Drive

15.2.7. Dos Fases Torque Alto

* Esta secuencia energiza dos fases adyacentes (Figura 15.12), que dá como resultado Torque- Velocidad mejorado con torque mayor.

Secuencia	Polaridad
0011	--++
0110	-++-
1100	++--
1001	+--+

Figura 15.12: Dos Fases Torque Alto

15.2.8. Secuencia Half Step

Dobla la resolución de pasos del motor, pero el torque no es uniforme para cada paso, porque estamos alternando entre Una Fase Wave Drive y Dos Fases Torque Alto (Figura 15.13). Esta secuencia reduce la resonancia del motor ya que algunas veces el motor se queda entra mpado en una frecuencia resonante particular. Esta secuencia tiene 8 pasos.

Secuencia	Polaridad
0001	- - - +
0011	- - + +
0010	- - + -
0110	- + + -
0100	- + - -
1100	+ + - -
1000	+ - - -
1001	+ - - +

Figura 15.13: Secuencia Half Step

15.2.9. Identificando Motores P a P

* Motores P a P de 4 alambres requieren un controlador bipolar, tal como Puente H Doble (Figura 15.14).
* Motores P a P de 5, 6 y 8 alambres pueden manejarse con controlador

unipolar o bipolar.

* Se puede usar un multimetro para ubicar la terminal central de las bobinas.

* Uno de los beneficios de un "driver" bipolar es que se lo puede usar tanto con motores unipolares como con motores bipolares.

* Un motor bipolar es simplemente un motor unipolar sin toma central de bobinas.

* Motores unipolares se podrian usar en dos configuraciones diferentes:

- Simplemente ignorar las tomas centrales.

- Usar la mitad de la bobina con la toma central y uno de los terminales de la bobina. Esto producirá menor torque pero permite mayor velocidad tope porque presenta menor inductancia.

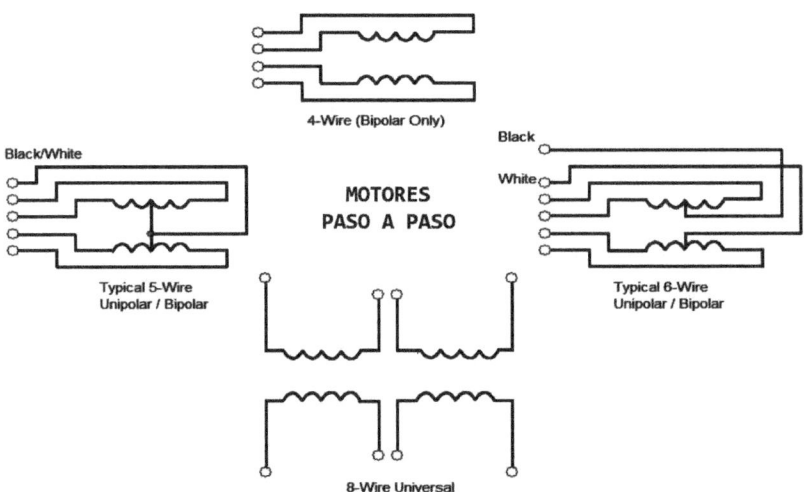

Figura 15.14: Identificando Motores P a P

15.2.10. Motor Unipolar como Bipolar

Se lo puede realizar de dos maneras (Figura 15.15) mediante torque o mediante velocidad:

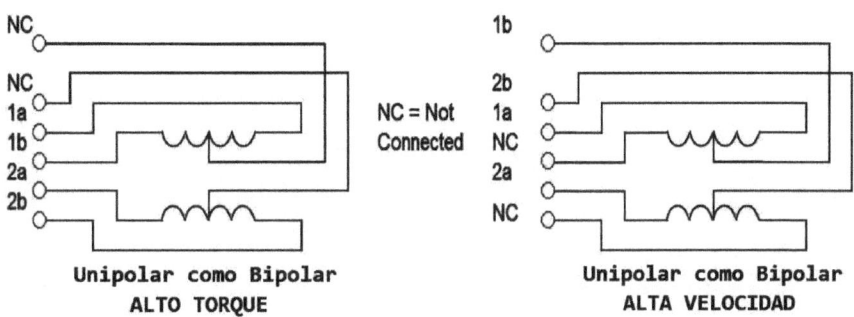

Figura 15.15: Motor Unipolar como Bipolar

Links
beginflushleft Cap 2

Desconocido.(1995).arquitecturas_16bits_8086-8088.21/04/2015,deDepartamentodeIngenieríaEléctricaYdeComputadorasSitioweb:
http://www.ingelec.uns.edu.ar/lmp2775/docs/arquitecturas_16bits_
8086-8088.pdf

Cap 3
JonathanQuirogaTinoco.(2014).Intel80386.2015,deZonaEmecSitioweb:
https://zonaemec.files.wordpress.com/2014/09/intel-80386.pdf

Cap 4
Desconocido.(Octubre,2009).Programaciónenlenguajeensamblador.2015,
deUniversidadAntonioNari~noSitioweb:http://www.oocities.org/micros_
uan/cap22.html
HildaHermar.(2009).ArquitecturadeComputadoras.2015,deHermarSitioweb:
http://hj-arqdcomp.blogspot.com/2009/05/35-modos-de-direccionamiento.
html

Cap 5
Fortino.(Nov09,2008).ModosdeDireccionamientoeInstruccionesdelAVRATmega32.
2015,dees.scribd.comSitioweb:http://es.scribd.com/doc/7842870/Capitulo3-Modos-de-Direccionamiento-e-Instrucciones-del-ATmega32-espanol#
scribd

Cap 6
MARCOSGONZÁLEZFLORES.(2011).ConjuntodeInstrucciones.2015,dewww.cs.
buap.mxSitioweb:http://www.cs.buap.mx/~mgonzalez/asm_mododir.pdf
nayirube_68.(Septiembre14,2011).Instruccionesaritméticaspara8086/
8088.2015,dees.scribd.comSitioweb:http://es.scribd.com/doc/64893455/
instrucciones-aritmeticas-para-8086-8088#scribd
Desconocido.(2012).IntroducciónalLenguajeEnsamblador.2015,decircuitoselectronicos.
orgSitioweb:http://www.circuitoselectronicos.org/2012/02/introduccion-al-lenguaje-ensamblador.
html

Cap 7
Desconocido.(2012).IntroducciónalLenguajeEnsamblador.2015,decircuitoselectronicos.
orgSitioweb:http://www.circuitoselectronicos.org/2012/02/introduccion-al-lenguaje-ensamblador.
html
RodrigoPaszniuk.(Mayo20,2013).EjerciciosresueltosenEnsamblador8086.
2015,dehttp://www.programacion.com.py/Sitioweb:http://www.programacion.
com.py/escritorio/ensamblador/ejercicios-resueltos-en-ensamblador-8086

Cap 8
AmilcarMeneses.(Marzo3,2002).Elmicroprocesador8086/8088.2015,dehttp:
//computacion.cs.cinvestav.mx/Sitioweb:http://computacion.cs.cinvestav.

mx/~ameneses/pub/tesis/ltesis/node14.html
ErnestoPérezSerna.(Mayo5,2002).INTERRUPCIONES.2015,dehttp://www.
rinconsolidario.orgSitioweb:http://www.rinconsolidario.org/eps/asm8086/
CAP10.html
AldoBaldeonMadue~no.(Octubre22,2010).InterrupcionesenEnsambladorIntel8086.
2015,deblogspot.comSitioweb:http://ingaldojbmad.blogspot.com/2010/
10/interrupciones-en-ensamblador-intel.html
EidanYoson.(Abril,2000).INTERRUPCIONES.2015,deEscuelaCastellanadeCrackingElementalSitioweb:
http://eidanyoson.8k.com/interrupciones.htm

Cap 9
EidanYoson.(Abril,2000).INTERRUPCIONES.2015,deEscuelaCastellanadeCrackingElementalSitioweb:
http://eidanyoson.8k.com/interrupciones.htm
ÁngelCruz.(Mayo24,2013).ManualdeInterrupcionesemu8086.2015,dees.
scribd,comSitioweb:http://eidanyoson.8k.com/interrupciones.htm
Desconocido.(Septiembre4,2012).RecursosdelSistema.2015,dehttp://
arantxa.ii.uam.es/Sitioweb:http://arantxa.ii.uam.es/~gdrivera/labetcii/
int_dos.htm

Cap 10
Desconocido.(Septiembre4,2012).RecursosdelSistema.2015,dehttp://
arantxa.ii.uam.es/Sitioweb:http://arantxa.ii.uam.es/~gdrivera/labetcii/
int_dos.htm
nayirube_68.(Septiembre14,2011).Instruccionesaritméticaspara8086/
8088.2015,dees.scribd.comSitioweb:http://es.scribd.com/doc/64893455/
instrucciones-aritmeticas-para-8086-8088#scribd
EidanYoson.(Abril,2000).INTERRUPCIONES.2015,deEscuelaCastellanadeCrackingElementalSitioweb:
http://eidanyoson.8k.com/interrupciones.htm

Cap 11
DinastíaSoft.(2002).EL8051.2015,dehttp://www.dinastiasoft.com.ar/
Sitioweb:http://www.dinastiasoft.com.ar/Tecnologia/8051.htm
Desconocido.(Diciembre5,2008).MICROCONTROLADORES.2015,deblogspot.
comSitioweb:http://losmicrocontroladores.blogspot.com/

Cap 14
8052.com.(2008).Timers.2015,dehttp://www.8052.com/Sitioweb:http:
//www.8052.com/tuttimer.phtml

Cap 15
Ejercicios.(2005).PROGRAMMINGTIMERS0AND1IN8051C.2015,dehttp://what-when-how.
com/Sitioweb:http://what-when-how.com/8051-microcontroller/programming-timers-0-and-1-in-8051-c/
Desconocido.(Junio,2004).CodeExamplesfor8051Timer1.2015,dewww.atmel.
comSitioweb:http://www.atmel.com/tools/CODEEXAMPLESFOR8051TIMER1.

aspx

Cap 17

AmolShah.(2003).CONFIGURINGHYPERTERMINALFORSERIALCOMMUNICATION.2015,
dehttp://www.dnatechindia.com/Sitioweb:http://www.dnatechindia.com/
Tutorial/8051-Tutorial/Configuring-HYPERTERMINAL-for-Serial-Communication.
html
8052.com.(2004).SerialCommunication.2015,dewww.8052.comSitioweb:
www.dnatechindia.com/Tutorial/8051-Tutorial/Configuring-HYPERTERMINAL-for-Serial-Communication.
html

Cap 18

VigneshChinnadurai.(Marzo3,2014).INTERFACINGOFMICRO-CONTROLLER8051TOADC(ADC0804)
.2015,deblogspot.comSitioweb:http://codenlogic.blogspot.com/2014/
03/interfacing-of-micro-controller-8051-to.html
8051projects.net.(2014).ADC0804Pin-outandTypicalConnections.2015,
dehttp://www.8051projects.net/Sitioweb:http://www.8051projects.net/
wiki/ADC0804_Interfacing_with_8051_Microcontroller

Cap 19

XilinxCorp..(2008).M8255.2015,dewww.8051projects.netSitioweb:www.
8051projects.net/wiki/ADC0804_Interfacing_with_8051_Microcontroller
Desconocido.(Octubre22,2014).28255:ProgrammablePeripheralInterface.
2015,deblogspot.comSitioweb:www.8051projects.net/wiki/ADC0804_Interfacing_
with_8051_Microcontroller
endflushleft

Unidad 16

PRÁCTICAS DE MICROPROCESADORES

16.1. Práctica 1: Familiarización con la arquitectura de los procesadores x86

NOTA:
Cada grupo (2 estudiantes) debe crear una carpeta de trabajo para cada práctica.
En directorio **C:** crear carpeta de trabajo **P# G #** , donde:

P es por paralelo
es número de paralelo
G es por Grupo
es número de grupo

Por ejemplo: La carpeta **P1G5** pertenece al **Paralelo# 1 Grupo# 5**, carpeta temporal de trabajo para la práctica del día, la misma que deberá ser **borrada** al finalizar la práctica.

16.1.1. OBJETIVOS

- Familiarizar al estudiante con la arquitectura interna de los procesadores x86.

- Usar el programa debug en el entorno MSDOS.

16.1.2. INTRODUCCIÓN

Windows Virtual PC:

En este primer parcial las prácticas se desarrollan usando el software **Windows Virtual PC** en **Windows 7** que simula una computadora y puede ejecutar programas como si fuese una computadora real. Es decir, su función es emular mediante virtualización, un hardware sobre el que funcione un determinado sistema operativo. Con esto se puede conseguir ejecutar varios sistemas operativos como MSDOS, Windows XP Mode y Windows 7 en la misma máquina y hacer que se comuniquen entre ellos.

El programa debug

El debug es un programa de MSDOS que permite visualizar y modificar el contenido de los registros del CPU, visualizar y modificar memoria (segmento de código, segmento de datos), introducir programas en ella y rastrear su ejecución. Una característica de debug es que despliega todo el código del programa en **formato hexadecimal**. Debug es útil para:

- Ensamblar pocas líneas de código

- Desensamblar código

- Correr paso a paso programas

- Desplegar datos en memoria

- Verificar estado de los registros del CPU

Comandos del debug

El ingreso a debug se realiza de forma sencilla a partir de la ventana de comandos de MS-DOS que opera bajo Windows, escribiendo debug-enter aparecerá el indicador de comandos que es un guión.
Los comandos más importantes son:

D: DUMP
D [intervalo]
Muestra el contenido de una zona de memoria en hexadecimal y en ASCII. Sin parámetros muestra los primeros 128 bytes a partir de la posición a la que se llegó en el último "d". Si se le da un rango, mostrará ese rango.

E DIRECCIÓN: EDIT
E dirección [lista]
Permite editar, byte por byte, una zona de memoria. Muestra (en hexadecimal) el byte de esa posición y permite escribir otro valor para cambiarlo. Pulsando espacio pasa al byte siguiente, dejando como estaba el anterior si no se ha cambiado, o guardando los cambios si se ha hecho. Para terminar la edición se pulsa ENTER.

R: REGISTERS
R [registro]
Sin parámetros, muestra el contenido de los registros de la CPU, así como la próxima instrucción a ejecutar."R [REGISTRO]" muestra el contenido del registro especificado y cambia el prompt de "-" a ":" invitando a que se cambie su valor. Pulsando Enter sin más lo deja como estaba.

A: ASSEMBLE
A [dirección]
Sin parámetros ensambla las instrucciones que se introduzcan, guardándolas en la dirección siguiente a la que se llegó en el último "a". Cuando se utiliza este comando se le puede dar como parámetro la dirección donde se desea que se inicie el ensamblado, si se omite el parámetro el ensamblado se iniciará en la localización especificada por CS:IP, usualmente 0100H, que es la localización donde deben iniciar los programas con extensión .COM, y será la localización que utilizaremos debido a que debug solo puede crear este tipo específico de programas.

U: UNASSEMBLE
U [intervalo]
Desensambla una zona de memoria. Si no se le dan parámetros empieza a hacerlo en la dirección apuntada por cs:ip. También se le puede decir qué zona se quiere ver con *U<dirección>* pudiendo ser la dirección absoluta *(Usegmento: desplazamiento)* o relativa al segmento de código actual *(Udesplazamiento)*. Si se da un rango de direcciones desensamblará esa zona: U 1000 2000 desensambla el código que haya desde cs:1000 a cs:2000. Todos los números son tratados como hexadecimales, así que U 1000 empieza a desensamblar desde la posición 4096 (decimal) del segmento de código.
Parámetros:*<dirección_ comienzo>[<dirección_ final>]*

Q: QUIT
Q
Salir de debug y volver al DOS.

T: TRACE

T [=dirección] [valor]

T=dirección inicial número de instrucciones <enter>. Si no se especifica la dirección inicial no es necesario el signo =, por defecto la dirección inicial está dada por CS: IP. Si no se especifica ninguno de los parámetros, T ejecuta la instrucción apuntada por CS: IP, es decir **T ENTER** ejecuta la instrucción actual apuntada por CS: IP.

Si haciendo "trace" se llega a una subrutina (CALL) o a una interrupción (INT) la siguiente instrucción que se ejecutará será la primera de la subrutina o la primera de la rutina de atención de la interrupción correspondiente.

P: STEP

P [=dirección] [número]

Trace puede ser incómodo si no se quiere depurar el código de las rutinas de interrupción o si ya se sabe el código que hay en las subrutinas y tan sólo interesa seguir avanzando sin entrar en ellas. En estos casos se usa el comando P.

G: GO (ejecutar)

Sin parámetros, empieza a ejecutar desde la posición CS:IP hasta que se acabe el programa.

Si las órdenes *"G<dirección>"*, la ejecución empieza en CS:IP y termina(debug pone un break point) justo antes de ejecutar la instrucción que se encuentra en *<dirección>*.

Parámetros: [<=dir_ origen>] <dir_ destino>
(NOTA: hay que incluir el "=")
Resultados:
Se ejecutan instrucciones desde CS:<dir_ origen>hasta CS:<dir_ destino>, si no se especifica la dirección Origen, se toma como dirección Origen CS:IP.

OJO: Por cierto no se les ocurra ejecutar el comando "G" a secas, porque puede parar en alguna instrucción que no tiene sentido y generar un bloqueo del sistema MS-DOS; para ejecutar con G el programa debe terminar con la instrucción INT 20H (o cualquier otro mecanismo de salida) que permite el regreso al nivel de commandos del DEBUG.

16.1.3. ESPECIFICACIONES

NOTA: No olvide crear su carpeta de trabajo para cada práctica. Documente todo su trabajo en el reporte.

El objetivo de esta primera práctica es aprender a usar debug para examinar y alterar el contenido de: registros, localidades de memoria, el registro de estado (banderas) y ejecución de instrucciones paso a paso. En muchos de los casos es muy conveniente imprimir la información mostrada en pantalla (tomar foto a la pantalla). Es importante que cada uno de los miembros del grupo entienda cada paso de la práctica puesto que en las lecciones o exámenes se plantearán temas basados en estas experiencias.

Arranque la **máquina virtual Windows XPMode**. Luego invoque el nivel de comandos del MSDOS hacienda click en **C:\\>**indicador del Sistema MSDOS.

Para invocar el programa DEBUG, en directorio raíz entrar lo siguiente:
C:\\>debug <enter>

El debug responde con el indicador guión " - ". El guión indica nivel de comandos del programa debug.

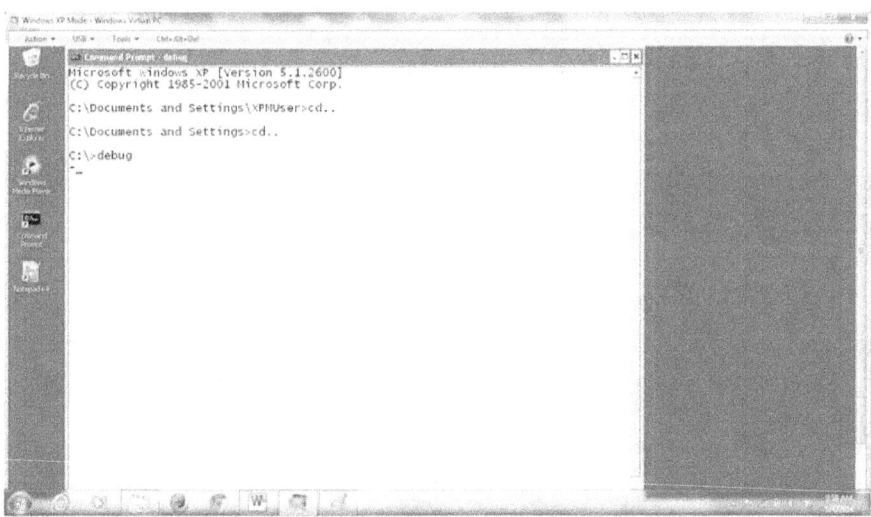

Figura 16.1: Debug Command Prompt

Para visualizar en pantalla todos los comandos del debug escriba:

-? <enter

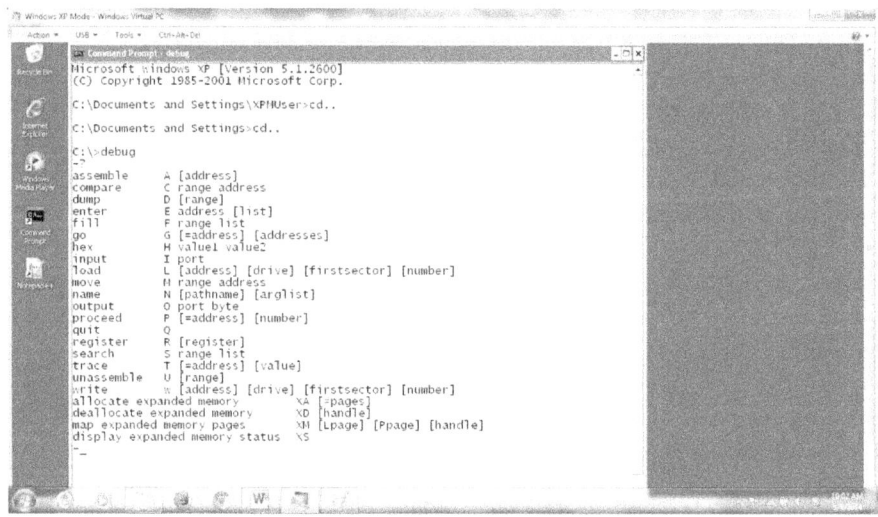

Figura 16.2: Comandos que se pueden usar en Debug

Observe que los comandos se invocan con letras simples y algunos requieren argumentos adicionales.

Registros del CPU-memoria de programa y memoria de datos

Para examinar el contenido de los registros internos del procesador ingrese:

-R<enter>

Este comando R visualiza en pantalla los registros del procesador, así como también las banderas de estado en la parte inferior derecha.
Para examinar y cambiar el contenido de un registro, el comando R usa el nombre de un registro como argumento.
Ejemplo, ingrese lo siguiente:

-R AX <enter>AX 0000 :1AB7<enter>

Examine nuevamente el registro con el comando R. Usted verá que el registro AX ahora contiene 1AB7.

Recuerde, estos procesadores usan dos registros especiales CS: IP para apuntar instrucciones. CS contiene el segmento de código e IP un desplazamiento. Si es necesario use el comando R para cargar IP con el desplazamiento deseado.

EJERCICIO 1: Instrucción de suma ADD

Ahora, vamos a instruir al procesador para que ejecute la suma de dos cantidades colocando instrucciones de máquina en el segmento de código. La operación deseada es AX ← AX + BX. Con el comando A ensamble las 5 instrucciones siguientes en CS: 100.

NOP MOV AX, 1234 MOV BX, 28AB ADD AX, BX NOP

Con el comando T ejecute paso a paso las 5 instrucciones. Antes de ejecutar T asegure que IP contenga el valor 100, es decir que apunte a la primera instrucción NOP.

¿Cuál es el resultado de la suma que la instrucción ADD deja en el operando destino AX?
AX=
Manualmente verifique la suma: 1234 + 28AB =

EJERCICIO 2: Suma de un dato en CPU con un dato residente en memoria

Ahora, sumemos el dato 1ABF hex residente en la localidad de memoria **DS:200**, con un dato en el registro AX. Para ingresar 1ABF hex al segmento de datos use el comando E, este comando espera el ingreso de un byte, con la barra espaciadora se incrementa direcciones de izquierda a derecha, se sale con ENTER. Recuerde el ordenamiento del pequeño indio, en debug las direcciones crecen de izquierda a derecha, es decir primero ingresa BF y luego 1A.
Ingrese el dato 1ABF hex con el comando **E DS: 200 ENTER**.
Con el comando A ensamble en segmento de código CS: 100, las 4 instrucciones siguientes:

NOP
MOV AX, 5A48
ADD AX, [200]
NOP

Con el comando T ejecute paso a paso las tres instrucciones.

¿Cuál es el resultado de la suma que la instrucción ADD AX,[200] deja en su operando destino AX?

AX=

Verifique manualmente la suma hexadecimal 1ABF + 5A48 =

EJERCICIO 3: Sumar dos datos de 16 bits residentes en memoria de datos, dejar resultado en CPU (registro BX)

Instale los datos en memoria, use el comando E.

El primer dato en memoria es:

DS: 150 2E

DS: 151 BA

El segundo dato en memoria es:

DS: 200 4C

DS: 201 12

En el segmento de código CS: 100, con comando A ensamble una secuencia de instrucciones que sume los dos números de 16 bits y deje el resultado en el registro BX. Con T ejecute sus instrucciones paso a paso y verifique el contenido final de BX.

Escriba el contenido final de BX =

Escriba en el reporte la secuencia de instrucciones que resuelven el ejercicio.

Usando funciones del MS-DOS

La instrucción **INT n** (n=tipo de interrupción) permite acceder a programas especiales que están presentes en memoria y que se cargan durante el arranque de la máquina. Por ahora, podríamos pensar en **INT n** como un "llamado de función". Un grupo de funciones del MSDOS se invocan con n=21(valor hex). El código de la función se carga en el registro AH del CPU, la instrucción INT 21H ejecuta la función.

EJERCICIO 4:La función 2 de MSDOS

Con el comando A ensamble en CS: 100, las instrucciones siguientes:

```
NOP
MOV AH,02
MOV DL,24
INT 21
MOV DL,26
INT 21
NOP
```
Verifique IP=100. Ejecute cada instrucción paso a paso con el **comando P**.

¿Qué pasa en pantalla cuando el procesador ejecuta por primera vez la instrucción INT 21?, luego ¿qué pasa en pantalla cuando ejecuta INT 21 por segunda vez?

El 02H en AH dirige al MS DOS para que ejecute una subrutina que imprime un caracter en la pantalla de texto. El caracter que imprime se especifica con código ASCII almacenado en el registro DL del CPU.

Mecanismo de salida:

Cuando un programa en lenguaje ensamblador termina su ejecución, debe permitirse el regreso al sistema operativo. Una forma de lograr esto es con la función **INT 20**. En los programas de nivel alto, tal como C, el compilador automáticamente inserta INT 20 al final del programa. Aquí, en nivel bajo, depende del programador si incluye o no el comando INT 20, con debug es mandatorio incluir INT 20 al final de los programas.

EJERCICIO 5

Ensamble en CS: 100 las instrucciones siguientes: (ignore los comentarios)

```
NOP
MOV AH, 2; función 2 de MSDOS
MOV DL, 2A; dato que demanda la función 2
INT 21; ejecuta la función 2
MOV DL, 23; nuevo dato
INT 21; ejecuta la función 2
INT 20; regresa al nivel de comandos
NOP
```

Ahora, para ejecutar el programa use el comando **G ENTER**. ¿Qué se visualiza en pantalla? Explique!

OJO: NO use el comando G sin la instrucción INT 20 al final del programa!

Observe que el **comando G** ejecuta las instrucciones desde la localidad inicial CS: 100 hasta encontrar **INT 20**. La instrucción **INT 20** ejecuta el regreso al nivel de comandos del programa debug.

EJERCICIO 6: La función 9 de MSDOS

Usando el comando A ensamble en **CS: 200** el programa siguiente:
NOP
MOV AH, 9
MOV DX, 020C
INT 21
MOV AH, 0
INT 21
DB 0D, 0A, "FUNCIÓN 9 DE SISTEMA MS-DOS",0D, 0A,"$ "

Verifique que IP=200. Con comando P ejecute el programa paso a paso.
Tome foto a la pantalla y explique.

Terminada la ejecución paso a paso, recargue nuevamente IP con 200 y ejecute el programa con el comando G ENTER.

Tome foto a la pantalla y explique.
Al ejecutar el programa usando el comando: G ENTER.
Tome foto a la pantalla y explique.

Investigue

1. ¿Qué acción ejecuta la función 0 de MS-DOS? MOV AH, 0 ejecutada con INT 21. Explique.

2. En la Función 9 de MSDOS, ¿Qué papel desempeña el caracter especial '$ ' ?

3. La directiva DB.

4. Significado de los caracteres de control 0D y 0A.

EJERCICIO 7

Con el comando E ingrese al segmento de datos DS:0200 la cadena de caracteres codificados en ASCII (valores hexadecimales) siguiente:

4C 41 **20** 46 55 4E 43 49 4F 4E 20 39 **20** 44 45 20 4D 53 44 4F 53 **20**
56 49 53 55 41 4C 49 5A 41 **20** 45 4E **20** 50 41 4E 54 41 4C 4C 41 **20** 55 4E
41 **20** 43 41 44 45 4E 41 **20** 44 45 **20** 43 41 52 41 43 54 45 52 45 53 0A 0D
24

Con comando A ensamble en CS:100 las instrucciones siguientes:

NOP
MOV AH, 9
MOV DX, 0200 INT 21
INT 20
NOP

Asegurar que IP = 0100.

Corra el programa con **G ENTER.**

¿Qué imprime, tome foto a la pantalla?

Visualice el código de máquina de las cinco instrucciones, use el comando **U**
CS: 100 109 y escriba el código de máquina de cada instrucción:

CODIGO DE MAQUINA

NOP   _ _ _ _ _ _ _ _ _ _ _ _ _ _ _ _
MOV AH, 9   _ _ _ _ _ _ _ _ _ _ _ _ _ _ _ _
MOV DX, 0200 _ _ _ _ _ _ _ _ _ _ _ _ _ _ _ _
INT 21   _ _ _ _ _ _ _ _ _ _ _ _ _ _ _ _
INT 20   _ _ _ _ _ _ _ _ _ _ _ _ _ _ _ _

Visualice la memoria de datos con el comando **D DS: 200**.

Explique el papel que desempeñan los tres últimos códigos ASCII de la cadena de caracteres mostrada arriba.

ASCII	Hex	Símbolo	ASCII	Hex	Símbolo	ASCII	Hex	Símbolo	ASCII	Hex	Símbolo
0	0	NUL	16	10	DLE	32	20	(espacio)	48	30	0
1	1	SOH	17	11	DC1	33	21	!	49	31	1
2	2	STX	18	12	DC2	34	22	"	50	32	2
3	3	ETX	19	13	DC3	35	23	#	51	33	3
4	4	EOT	20	14	DC4	36	24	$	52	34	4
5	5	ENQ	21	15	NAK	37	25	%	53	35	5
6	6	ACK	22	16	SYN	38	26	&	54	36	6
7	7	BEL	23	17	ETB	39	27	'	55	37	7
8	8	BS	24	18	CAN	40	28	(	56	38	8
9	9	TAB	25	19	EM	41	29	)	57	39	9
10	A	LF	26	1A	SUB	42	2A	*	58	3A	:
11	B	VT	27	1B	ESC	43	2B	+	59	3B	;
12	C	FF	28	1C	FS	44	2C	,	60	3C	<
13	D	CR	29	1D	GS	45	2D	-	61	3D	=
14	E	SO	30	1E	RS	46	2E	.	62	3E	>
15	F	SI	31	1F	US	47	2F	/	63	3F	?

ASCII	Hex	Símbolo	ASCII	Hex	Símbolo	ASCII	Hex	Símbolo	ASCII	Hex	Símbolo
64	40	@	80	50	P	96	60	`	112	70	p
65	41	A	81	51	Q	97	61	a	113	71	q
66	42	B	82	52	R	98	62	b	114	72	r
67	43	C	83	53	S	99	63	c	115	73	s
68	44	D	84	54	T	100	64	d	116	74	t
69	45	E	85	55	U	101	65	e	117	75	u
70	46	F	86	56	V	102	66	f	118	76	v
71	47	G	87	57	W	103	67	g	119	77	w
72	48	H	88	58	X	104	68	h	120	78	x
73	49	I	89	59	Y	105	69	i	121	79	y
74	4A	J	90	5A	Z	106	6A	j	122	7A	z
75	4B	K	91	5B	[	107	6B	k	123	7B	{
76	4C	L	92	5C	\	108	6C	l	124	7C		
77	4D	M	93	5D	]	109	6D	m	125	7D	}
78	4E	N	94	5E	^	110	6E	n	126	7E	~
79	4F	O	95	5F	_	111	6F	o	127	7F	□

Figura 16.3: Tabla de código ASCII

16.2. ANEXO PRÁCTICA 1

INTEGRANTE 1:
INTEGRANTE 2:
GRUPO
RESPONDER

Ejercicio 1

¿Cuál es el resultado de la suma que la instrucción ADD deja en el operando destino AX?
AX=
Manualmente verifique la suma: 1234 + 28AB =

Ejercicio 2

¿Cuál es el resultado de la suma que la instrucción ADD AX,[200] deja en su operando destino AX?
AX=
Verifique manualmente la suma hexadecimal 1ABF + 5A48 =

Ejercicio 3

Escriba el contenido final de BX =
Escriba en el reporte la secuencia de instrucciones que resuelven el ejercicio.

Ejercicio 4

¿Qué pasa en pantalla cuando el procesador ejecuta por primera vez la instrucción INT 21?, luego ¿qué pasa en pantalla cuando ejecuta INT 21 por segunda vez?

Ejercicio 5

Al ejecutar el programa usando el comando: G ENTER. ¿Qué se visualiza en pantalla? Explique.

Ejercicio 6

Al ejecutar el programa usando el comando: G ENTER.
Tome foto a la pantalla y explique.

Investigue

1. ¿Qué acción ejecuta la función 0 de MS-DOS? MOV AH, 0 ejecutada con INT 21. Explique.

2. En la Función 9 de MSDOS, ¿Qué papel desempeña el caracter especial "$" ?

3. La directiva DB.

4. Significado de los caracteres de control 0D y 0A.

Ejercicio 7

Corra el programa con **G ENTER.**
¿Qué imprime, tome foto a la pantalla?
Visualice el código de máquina de las cinco instrucciones, use el comando **U CS: 100 109** y escriba el código de máquina de cada instrucción:

CÓDIGO DE MÁQUINA

NOP	_ _ _ _ _ _ _ _ _ _ _ _ _ _ _ _
MOV AH, 9	_ _ _ _ _ _ _ _ _ _ _ _ _ _ _ _
MOV DX, 0200	_ _ _ _ _ _ _ _ _ _ _ _ _ _ _ _
INT 21	_ _ _ _ _ _ _ _ _ _ _ _ _ _ _ _
INT 20	_ _ _ _ _ _ _ _ _ _ _ _ _ _ _ _

Visualice la memoria de datos con el comando **D DS: 200**.
Explique el papel que desempeñan los tres últimos códigos ASCII de la cadena de caracteres mostrada arriba.

348

16.3. Práctica 2: Modos de Direccionamiento de Datos

NOTA:
Cada grupo (2 estudiantes) debe crear una carpeta de trabajo para cada práctica.
En directorio **C:** crear carpeta de trabajo **P# G #** , donde:

P es por paralelo
es número de paralelo
G es por Grupo
es número de grupo

Por ejemplo: La carpeta **P1G5** pertenece al **Paralelo# 1 Grupo# 5** , carpeta temporal de trabajo para la práctica del día, la misma que deberá ser **borrada** al finalizar la práctica.

16.3.1. OBJETIVOS

Al terminar esta práctica, el alumno será capaz de usar los mecanismos que tiene el CPU para acceder datos. A los diferentes mecanismos de acceso se conocen como modos de direccionamiento de datos.

- Direccionamiento por registro

- Direccionamiento inmediato

- Direccionamiento directo

- Direccionamiento indirecto

- Direccionamiento base relativo

- Direccionamiento indexado relativo

16.3.2. INTRODUCCIÓN

El CPU puede acceder operandos (datos) de varias formas que se conocen como modos de direccionamiento. El número de modos de direccionamiento se determina cuando el procesador se diseña y no puede cambiarse.

Los modos de direccionamiento son:

1. por registro

2. inmediato

3. directo

4. indirecto

5. base+ relativo

6. indexado+ relativo

7. base indexado + relativo

Direccionamiento por registro

Este modo de direccionamiento involucra el uso de registros para el almacenamiento de los datos que una instrucción procesa. En este caso el CPU no accede memoria por lo que su ejecución es muy rápida. A continuación tenemos algunos ejemplos:

MOV BX, DX; copia el contenido de DX en BX
MOV ES, AX; copia el contenido de AX en ES
ADD AL, BH; suma el contenido de BH al contenido de AL

Debe notarse que los registros fuente y destino deben coincidir en tamaño. Por ejemplo, MOV CL, AX marca error porque la fuente y destino son de distinto tamaño.

Direccionamiento Inmediato

Con este modo de direccionamiento el operando fuente es una constante. Cuando la instrucción se ensambla el operando (dato) se ubica inmediatamente después del código de operación de la instrucción. Por esta razón, este direccionamiento se ejecuta muy rápido. Este modo de direccionamiento no se usa para cargar información en los registros de segmento y en el registro de banderas, pero sí en todos los demás registros.
Ejemplos:

MOV AX, 89ABH; carga 89ABH em registro AX
MOV CX, 1BF6; carga el valor decimal 1BF6 en CX
MOV BL, E5H; carga E5H en BL

Para cargar información en los registros de segmento, primero se mueve el dato a uno de los registros de propósito general y de aquí se carga el registro de segmento. Ejemplo:

MOV AX, 4567H
MOV DS, AX
MOV DS, 4567H; **ilegal**

Direccionamiento Directo

En este modo de direccionamiento el dato reside en alguna localidad de memoria cuya dirección se ubica inmediatamente después del código de operación de la instrucción, es decir, ahora la dirección del dato forma parte del código de máquina de la instrucción. Esta dirección es un "desplazamiento" desde el origen del segmento, para calcular la dirección física multiplicamos DS por 16 y luego sumamos este desplazamiento. Ejemplo:

MOV DL, [0200]; mueve contenido de memoria DS: 0200H a DL
MOV [0210], AX; mueve contenido de AX a memoria DS: 0210H

Direccionamiento Indirecto

En este modo de direccionamiento, la dirección de la localidad de memoria del operando reside en un registro. Los registros usados para este propósito son SI, DI, y BX. Estos registros actúan como punteros, y como tales siempre guardan el desplazamiento de dirección de la localidad de memoria que almacena el operando (dato), este desplazamiento se combina con DS para generar la dirección física.
Ejemplos:

MOV AX, [BP]; carga AX con el contenido de memoria
;apuntada por SS:BP.
MOV CL, [SI]; transfiere contenido de memoria DS: SI a registro CL
MOV [SI], AH; carga memoria DS: SI con el contenido de AH

Direccionamiento Base-Relativo

En este modo de direccionamiento, la dirección efectiva del dato se calcula sumando a BX ó BP un valor numérico. Por defecto el segmento de BX es DS y de BP es SS. Por ejemplo:

MOV CX, [BX]+10 ;mueve DS: BX+10 y DS: BX+10+1 a registro CX.
                    ; PA=DSx16 + BX+10 para LSB.
                    ; PA=DSx16 + BX+10+1 para MSB.
MOV AL, [BP]+5 ; mueve SS: BP+5 a registro AL.
                    ; PA=SSx16 + BP+5
Para el ensamblador las tres instrucciones siguientes son equivalentes

MOV AL, [BP]+5
MOV AL, [BP+5]
MOV AL, 5[BP]

Direccionamiento Indexado-Relativo

Este direccionamiento es similar al direccionamiento base relativo, excepto que ahora usamos SI y DI más un desplazamiento numérico para el cálculo de la dirección efectiva del dato. Ejemplos:

MOV DX, [SI]+5; PA= DSx16 + SI +5
MOV CL, [DI] + 20; PA= DSx16 + DI + 20

16.3.3.   ESPECIFICACIONES

Usando el programa DEBUG ensamble los ejercicios siguientes, en lo posible documente su trabajo mediante fotos de pantalla (use tecla Imprimir Pantalla).

Ejercicio 1

Con Debug (comando A ensambla, U desensambla) obtenga código de máquina de las instrucciones siguientes:

MOV AX, 2EA9	Respuesta:_____	# de bytes:_____
ADD AX, 346C	Respuesta:_____	# de bytes:_____
MOV CX, AX	Respuesta:_____	# de bytes:_____
MOV DH, AH	Respuesta:_____	# de bytes:_____
MOV AH, 9B	Respuesta:_____	# de bytes:_____

Ejercicio 2

Con Debug genere código de máquina de:

NOP	Respuesta:_____	# de bytes:_____
ADD AX, 346C	Respuesta:_____	# de bytes:_____
MOV [0200], AX	Respuesta:_____	# de bytes:_____
MOV CL, [0150]	Respuesta:_____	# de bytes:_____
MOV BX, [5614]	Respuesta:_____	# de bytes:_____

Ejercicio 3

Ensamble el siguiente programa en **CS:100** y ejecute paso a paso con P.

```
NOP
MOV AX, 1500
MOV DS, AX
MOV AX, CDEF
MOV SI, 0200
MOV [SI], AX
INT 20
NOP
```

La instrucción **MOV [SI],AX** transfiere una palabra (dos bytes) a la memoria de datos.

Llene la tabla con la dirección lógica y el contenido de cada localidad de memoria afectada por la ejecución de la instrucción **MOV [SI],AX**, aplique el ordenamiento del pequeño indio. Para visualizar datos use el comando D.

Dirección Lógica DS:desplazamiento	Contenido de memoria
Dirección menor	
Dirección mayor	

Ejercicio 4

Ensamble en CS:100 el siguiente segmento de programa:

```
MOV AX, 1300
MOV DS, AX
MOV AX, 2000
MOV SS, AX
MOV BX, 0200
MOV SI, 0600
MOV BP, 0300
MOV AX, 678D
MOV [BX] +6, AX
INC AX
MOV [SI]+8, AX
ADD AX, 7
INC AX
MOV [BP]+10, AX
INT 20
```

Con comando P, ejecute el programa paso a paso. Con cada instrucción examine los registros del CPU y también el valor de los operandos que se encuentran en la memoria.

Para las tres instrucciones mostradas en la tabla calcule la dirección efectiva EA asociada con el operando destino. Con comando D visualice el contenido de memoria y llene la tercera columna de la tabla con el valor del contenido de memoria correspondiente al operando destino que demanda dos bytes en memoria.

Instrución	Dirección lógico de Operando Destino	Contenido de memoria Operando destino dos bytes
mov[BX]+6,AX	**DS:EA** *EA=BX+6	
mov[SI]+8,AX	**DS:EA** *EA=SI+8	
mov[BP]+10,AX	**SS:EA** *EA=BP+10	

* EA=Dirección Efectiva del dato

Ejercicio 5

Directiva DB: Define en memoria datos tipo byte. Esta directiva DB del ensamblador del DEBUG nos permite crear arreglos en el segmento de datos, en este ejercicio creamos un arreglo de 9 bytes en el segmento 1000H:0050H, en consecuencia inicialice DS con 1000H. El proceso de crear un arreglo en el segmento de datos se ilustra a continuación:

A DS: 0050 enter **DB** A1B2C3D4E5F6E8 0000enter.

Use la barra de espacio para separar el ingreso de cada uno de los **9 bytes**, la tecla enter valida el arreglo.
Visualice el arreglo con el comando **D DS: 0050 L9 enter**. El siguiente segmento de programa usa el arreglo que acabamos de crear.
Ensamble el programa en CS: 100.

NOP
MOV AX, [050]
ADD AX, [052]
ADC AX, 5290
MOV [57], AX
MOV SI,55

LDS AX,[SI]
NOP
MOV BX, 1000
MOV DS,BX
STC
INT 20

Con el comando **P** ejecute paso a paso el programa.
Después de ejecutar LDS AX, [SI]:
AX=
DS=
Después de ejecutar INT 20: visualice el arreglo de datos y escriba el contenido final de las localidades siguientes en la memoria de datos:
DS:55=
DS:56=
DS:57=
DS:58=
Estado Final de CF= (bandera de acarreo)

Ejercicio 6

Ingrese al segmento de código las instrucciones siguientes, use **A CS:0100**.

CS: 0100 NOP
CS: 0101 MOV AX,1000
CS: 0104 MOV DS, AX
CS: 0106 MOV AL, 0A
CS: 0108 MOV [0150], AL
CS: 010B MOV AL, CC
CS: 010D MOV [0151], AL
CS: 0110 MOV AL,20
CS: 0112 MOV CL, 0A
CS: 0114 ADD AL, [0150]
CS: 0118 DEC CL
CS: 011A JNZ 0114; implementa un lazo
CS: 011C MOV BH, AL
CS: 011E MOV [0151], AL
CS: 0121 MOV CL, [0151]
CS: 0125 SUB CL, [0150]
CS: 0129 **INT 3 ;ruptura (breakpoint)**
CS: 012A NOP

Antes de ejecutar el programa verifique **IP=100H** y también la presen-

cia de la instrucción **INT 3** (punto de ruptura) en el programa.
Corra el programa con: **G ENTER**.

¿Cuál es el valor hexadecimal final de:
DS: 0150=
DS: 0151=
Registro CL=

16.4.   ANEXO PRÁCTICA 2

INTEGRANTE 1:
INTEGRANTE 2:
GRUPO

RESPONDER

Ejercicio 1

Con Debug (comando U desensambla) obtenga código de máquina de las
instrucciones siguientes:

MOV AX, 2EA9	Respuesta:_____	# de bytes:_____
ADD AX, 346C	Respuesta:_____	# de bytes:_____
MOV CX, AX	Respuesta:_____	# de bytes:_____
MOV DH, AH	Respuesta:_____	# de bytes:_____
MOV AH, 9B	Respuesta:_____	# de bytes:_____

Ejercicio 2

Con Debug genere código de máquina de:

NOP	Respuesta:_____	# de bytes:_____
ADD AX, 346C	Respuesta:_____	# de bytes:_____
MOV [0200], AX	Respuesta:_____	# de bytes:_____
MOV CL, [0150]	Respuesta:_____	# de bytes:_____
MOV BX, [5614]	Respuesta:_____	# de bytes:_____

Ejercicio 3

Llene la tabla con la dirección lógica y el contenido de cada localidad de memoria afectada por la ejecución de la instrucción **MOV [SI],AX**, aplique el ordenamiento del pequeño indio. Para visualizar datos use el comando D.

Dirección Lógica DS: desplazamiento	Contenido de memoria
Dirección menor	
Dirección mayor	

Ejercicio 4

Para las tres instrucciones mostradas en la tabla calcule la dirección efectiva EA asociada con el operando destino. Con comando D visualice el contenido de memoria y llene la tercera columna de la tabla con el valor del contenido de memoria correspondiente al operando destino que demanda dos bytes en memoria.

Instrucción	Dirección lógica de Operando Destino	Contenido de memoria Operando destino dos bytes
mov[BX]+6,AX	**DS:EA** *EA=BX+6	
mov[SI]+8,AX	**DS:EA** *EA=SI+8	
mov[BP]+10,AX	**SS:EA** *EA=BP+10	

* EA=Dirección Efectiva del dato

Ejercicio 5

Después de ejecutar LDS AX, [SI]:
AX=
DS=
Después de ejecutar INT 20: visualice el arreglo de datos y escriba el contenido final de las localidades siguientes en la memoria de datos:
DS:55=
DS:56=
DS:57=
DS:58=
Estado Final de CF= (bandera de acarreo)

Ejercicio 6

¿Cuál es el valor hexadecimal final de:
DS: 0150=
DS: 0151=
Registro CL=

16.5. Práctica 3: Ensamblador MASM

16.5.1. OBJETIVOS

Al terminar esta práctica, el alumno será capaz de:

- Ensamblar un programa usando el ensamblador MASM.

- Conocer los diferentes archivos generados por el ensamblador y ligador.

- Analizar un programa con CODEVIEW

- Usar Programación Estructurada.

16.5.2. CONTENIDO

- El programa ensamblador MASM.

- El depurador CODEVIEW.

- Declaración de segmentos, variables y constantes.

- Suma de enteros de 16 bits.

- Aritmética ASCII.

- Mensaje de bienvenida en pantalla de texto.

16.5.3. INTRODUCCIÓN

El programa MASM

El Macro Assembler (MASM) versión 6.15, se encuentra instalado en el directorio C:\Masm615>, en la plataforma Windows XP Mode.

Windows 7 → Windows Virtual PC → Windows XP Mode

Los archivos de respaldo para editar, ensamblar y depurar se encuentran en el mismo directorio Masm615 en la máquina virtual. Para editar el programa fuente usar el editor de texto **notepad++**. Guardar el programa fuente con extensión .ASM, por ejemplo P1.ASM, donde P1 representa el nombre del archivo fuente.

Archivos generados por el ensamblador:

- MASM toma el archivo de código fuente y crea un archivo con código objeto con extensión .OBJ.

- LINK toma uno o varios archivos de código objeto y produce un solo archivo ejecutable con extensión .EXE

- La versión 6.0 del macroensamblador de Microsoft combina MASM y LINK en un solo commando.

- MASM genera también un archivo con extensión .LST que contiene tanto el código fuente como el código de máquina de cada instrucción.

Para ensamblar en modo real use el comando **make16** (genera código de máquina para procesadores de 16 bits). Antes de ejecutar el comando make16 asegúrese de tener una copia de **MAKE16.BAT** en su directorio de trabajo. El comando para ensamblar es:

C:\Masm615>P# G# >make16 P1enter

El programa CODEVIEW

El programa CODEVIEW es mucho más amigable que DEBUG, permite fácilmente hacer el seguimiento a la ejecución de instrucciones y los cambios que ocurren tanto en el segmento de datos como en el grupo de registros de trabajo del microprocesador.
CODEVIEW se ejecuta desde la línea de comandos del MSDOS. Por ejemplo para analizar el programa P0 en carpeta de trabajo PRÁCTICAS, el comando es:

C:\masm615>PRACTICAS>CVP0.EXE enter

Esto lleva a memoria el archivo ejecutable **P0.EXE** para su correspondiente análisis como se puede apreciar en la figura 16.4 . CODEVIEW muestra una ventana de código, una ventana de comandos, una ventana de memoria 1 y una ventana de registros. Si no aparecen todas las ventanas deseadas use el menú de la pestaña Windows y habilite la ventana requerida. Siempre es conveniente que la ventana de memoria muestre el contenido del segmento de datos de su programa, de tal forma que se pueda hacer el seguimiento a los cambios que ocurran con los datos residentes en memoria. Después de abrir la ventana de memoria, con el ratón se debe editar la dirección (SEGMENT:OFFSET) de los datos de tal manera que se los pueda visualizar en pantalla.

Para el RESET o para ANIMACIÓN del programa haga clic en la pestaña RUN. Para la ejecución paso a paso use la tecla F8 o F10. A medida que se avanza con el programa, codeview marca contraste lumínico en los registros y localidades de memoria con la ejecución de instrucciones que las afectan.

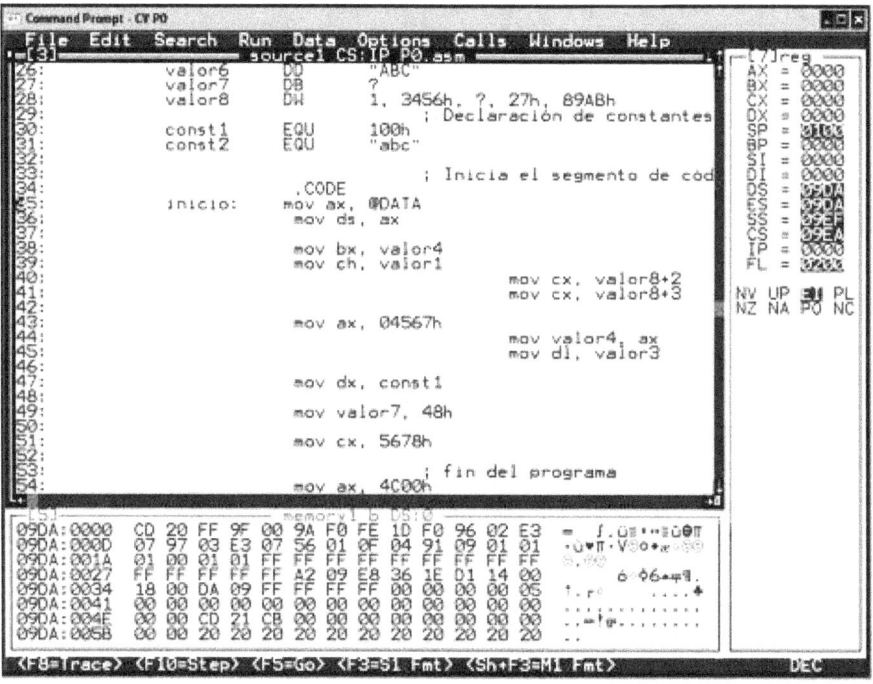

Figura 16.4: CODEVIEW

362

16.5.4. ESPECIFICACIONES

Usando el programa ensamblador **MASM, CODEVIEW** y el editor de texto **notepad**++ resolver los ejercicios siguientes, documente su trabajo mediante fotos de pantalla (use tecla Imprimir Pantalla).

Ejercicio 1

Edite y ensamble P1. Ejecute paso a paso en CODEVIEW. Ensamble P1 con: MAKE16 P1 enter.

Programa 1 Declaración de segmentos, constantes, variables y movimiento de datos

```
;  ********************************************************************
;  Programa: P1.ASM
;  Descripcion: Declaracion de segmentos, variables, constantes y
;  movimiento de  datos. El programa usa la funcion 4CH de MSDOS que
;  permite  salir, es decir regresar al nivel de comandos de MSDOS.
;  ********************************************************************
                   .MODEL SMALL
                   .386
                   .STACK 64H; Reserva 100 bytes para Stack
                   .DATA
;Declaracion de variables
      VAR1         DW10,  20,  30,  40,  50,120,70,  200,  215,150
VAR2               DW8H,10H,16H,20H,30H,40H,50H,60H,64H,0F1H,0D2H,0B5H
VAR3               DB      "12345ABCD"
VAR4               DW      0AFEDH
VAR5               DD      89AB12A6H
VAR6               DD      2468ACEAH
VAR7               DB      ?
VAR8               DW      30,  5436H,  ?,74H,  28ABH
VAR9               DD      ?
; Declaracion de constantes
CONST1             EQU     53556
CONST2             EQU     0ACE148CDH
                   .CODE   ; segmento de codigo
PRINCIPAL          PROC    FAR
                   MOV     AX, @DATA
                   MOV     DS, AX
             MOV         BX, VAR4
                   MOV     CX, VAR1+2
                   ADD     CX, VAR1+3
                   MOV     BH, VAR3+2
                   MOV     AX, 04567h
                   MOV     VAR4, AX
                   MOV     DL, VAR3
                   MOV     DX, CONST1
                   MOV     VAR9, CONST2
                   MOV     AX, VAR2+2
                   ADD     AX, VAR2+5
                   MOV     VAR2+10, AX
                   MOV     VAR7, AL
                   MOV     AX, VAR8+8
                   SUB     AX, VAR8
                   MOV     VAR8+4,AX
                   CALL    SALIR; regresa a MSDOS
NOP
RET
PRINCIPAL          ENDP
;Subrutina SALIR
SALIR              PROC    NEAR
                   MOV       AX, 4C00H; funcion 4CH en registro AH
                   INT       21H; ejecuta regreso a MSDOS
                   RET
SALIR              ENDP
                   END     PRINCIPAL
```

En su directorio de trabajo P# G# >escriba el comando cv P1.exe como se ilustra a continuación:

CV P1.EXE enter puede excluir la extensión.EXE

Este comando carga P1.EXE en la memoria para ejecutarlo con el depurador CODEVIEW. Con tecla F10 ejecute el programa paso a paso.

Con el editor de texto abra el archivo P1.LST y conteste las preguntas siguientes:

1. ¿Cuál es el desplazamiento(offet) de la variable VAR8?

2. ¿Cuál es el código de máquina de la instrucción ADDCX, VAR1 + 3?

3. ¿Cuál es el código de máquina de MOV VAR2+10,AX?

4. ¿Cuál es el desplazamiento offset de la variable VAR9?

Cargar P1.EXE en la memoria para ejecutarlo con el depurador CODE-VIEW. Con tecla F10 ejecute el programa paso a paso y conteste las preguntas siguientes:

1. ¿Cuál es el contenido de DS después de ejecutar MOVDS, AX?

2. ¿Cuál es el contenido de CX después de ejecutar ADD CX, VAR1+3?

3. ¿Cuál es el contenido de BH después de ejecutar MOV BH, VAR3 + 2?

4. ¿Cuál es el contenido de VAR9 después de ejecutar MOV VAR9, CONST2?

5. ¿Cuál es el contenido de la variable VAR2+10 después de ejecutar MOVVAR2+10, AX?

6. ¿Cuál es el contenido de la variable VAR8+4 después de ejecutar MOV VAR8+4, AX?

Nota: Incluya en su reporte el listado de P1.asm editado con notepad++.

Ejercicio 2

Edite y ensamble P2.ASM. Ejecute paso a paso en CODEVIEW.

Programa 2 Suma de enteros de 16 bits

```
;  *********************************************************************
;  Programa: P2.ASM
;  Descripcion: Suma enteros de 16 bits residentes en memoria de datos
;  definidos en ARREGLO, deja el resultado en la variable SUMA.
;********************************************************************
                        TITLE Suma elementos de ARREGLO.
                        .MODEL SMALL
                        .STACK 200
                        .DATA    ; segmento de datos
                        ORG      300H
        ARREGLO         DW       1234H, 5678H,1A24H, 4B56H, 500, 1024
        CNT             DW       5
        SUMA            DW       ?
                        .CODE    ; segmento de codigo
INICIO:         MOV     AX, @DATA
                MOV     DS, AX
                        MOV      CX, CNT
                        MOV      BX, OFFSET ARREGLO
                        MOV      AX, 0
        BUCLE:          ADD      AX, WORD PTR [BX]
                        INC      BX
                        INC      BX
                        DEC      CX
                        JNZ      BUCLE
                        MOV      SUMA, AX
                        MOV      AX, 4C00H
                        INT      21H
                        END      INICIO; Fin del programa fuente.
```

Ensamble P2, luego con el editor de texto abra el archivo P2.LST y conteste las preguntas siguientes:

1. Escriba el OFFSET del elemento 500 de ARREGLO

2. Escriba el OFFSET de la instrucción MOV CX, CNT

3. Escriba el OFFSET de la variable SUMA

4. Observe el código de máquina de MOV AX, @DATA. Usted verá "B8 R". Esto se debe a que el símbolo @DATA representa la dirección de segmento que no se conoce hasta que el programa se lleva a memoria para su ejecución.

5. ¿Por qué son necesarias las dos primeras instrucciones del programa? MOV AX,@ DATA y MOV DS, AX.

Cargar P2.EXE en CODEVIEW.
Con F10 ejecute paso a paso y conteste las preguntas

366

1. Cual es el contenido de BX después de ejecutar MOV BX, OFFSET ARREGLO?

2. Este valor inicial en BX ¿Qué representa?

3. ¿Cuál es la dirección lógica inicial de ARREGLO?

4. ¿Cuál es la dirección lógica de la variable SUMA?

5. ¿Cuál es el contenido final de la variable SUMA?

La instrucción LOOP: La instrucción LOOP es el reemplazo de DEC y JNZ. La instrucción LOOP primero decrementa CX (CX←CX - 1), luego salta a etiqueta si CX $\neq$ 0, con CX $=$ 0 no ejecuta el salto (sale del lazo).

Para evaluar ejercicio 2: Modifique P2.asm de tal forma que sume solamente los 4 últimos elementos de ARREGLO, además implemente el BUCLE(lazo) con la instrucción LOOP en reemplazo de las dos instrucciones DEC CX y JNZ BUCLE.
Ejecute paso a paso con F8 hasta salir de BUCLE y verifique la nueva suma.

Nota: Capture pantalla mostrando el nuevo resultado de SUMA. Incluya en reporte el listado de P2.asm modificado y editado con notepad++.

Ejercicio 3

Edite y ensamble P3.ASM. Ejecute paso a paso en CODEVIEW.

Programa 3 Suma de dígitos decimales codificados en ASCII

```
;  *******************************************************************
;  Programa: P3.ASM
;  Descripcion: Aritmetica ASCII. Suma numeros de dos digitos decimales
;  codificados  en ASCII. Usa la instruccion AAA que genera BCD
;  desempaquetado para facilitar la conversion a codigo ASCII
;  Visualiza resultado en pantalla de texto.
;  *******************************************************************
            .MODEL SMALL
            .STACK
            .DATA
SUMDO1   DB          34H,  32H  ; SUMANDO1=42 codificado en ASCII
SUMDO2   DB          35H,  38H  ; SUMANDO2=58 codificado en ASCII
SUMA     DB          4DUP(?)  ; reserva 4 bytes para SUMA codificada en ASCII
            .CODE
INICIO:       MOV       AX, @DATA
            MOV       DS, AX
            MOV       AX, 0
            MOV       AL, SUMDO1+1
            ADD       AL, SUMDO2+1; suma digitos menos significativos
;  ajuste ascii despues de la suma, genera BCD desempaquetado
            AAA
;  convierte BCD desempaquetado en codigo ASCII
            ADD       AX, 3030H
;  preservar resultado ASCII en memoria
            MOV       SUMA, AL
            MOV       AH,0
            STC
            MOV       AL,SUMDO1;suma digitos mas significativos
            ADC       AL,SUMDO2
            AAA
            ADD       AX,3030H; BCD desempaquetado a ASCII
            MOV       SUMA+1, AL
            MOV       SUMA+2, AH
;  Visualiza resultado de la suma en pantalla de texto
            MOV       AH, 2
            MOV       DL, SUMA+2
            INT       21H
            MOV       DL, SUMA+1
            INT       21H
            MOV       DL, SUMA
            INT       21H
;  Termina el programa y regresa a MSDOS
            MOV       AX, 4C00H
            INT       21H
            END       INICIO
```

Ensamble P3 y proceda con los pasos siguientes:

1. Cargar P3.exe en CODEVIEW.

2. Ejecute paso a paso(use F10) hasta apuntar la primera instrucción AAA, observe el estado de
   AX =
   AF =

3. Ejecute la instrucción AAA y observe el estado de:
   AX =
   CF =
   AF =

4. Continuar con la ejecución paso a paso hasta apuntar la instrucción MOV AH,2. Verifique el contenido de la variable SUMA (SUMA, SUMA+1 Y SUMA+2) en segmento de datos y escriba el contenido de las localidades de memoria:
   SUMA=
   SUMA+1=
   SUMA+2=

5. Salga de CODEVIEW y ejecute el programa desde MSDOS. Verifique la suma en pantalla y escriba su valor. Mediante aritmética decimal (base 10) confirme el valor de la suma.

6. En el segmento de datos modifique el valor de SUMDO1=62 (base 10) y SUMDO2=56 (base 10) codificados en ASCII.

7. Repita los pasos del 1 al 5.

8. ¿Cuál es el propósito de la instrucción ADD AX, 3030h?

9. ¿Qué formato decimal (empaquetado o desempaquetado) genera la instrucción AAA en registro AX?

Nota: Incluya en su reporte el listado de P3.asm editado con notepad++.

Ejercicio 4

Edite, ensamble y ejecute P4.

Programa 4 Mensaje de Bienvenida

```
;  ********************************************************************
;  Programa: P4.ASM
;  Descripcion:El programa visualiza en Pantalla un mensaje de bienvenida.
;  Programacion estructurada:El programa principal invoca macros y llama
;  subrutinas. Los macros y Subrutinas usan funciones de ROMBIOS y MSDOS.
; Macros:
;  LPANT limpia pantalla de texto con atributo azul.
;  LVENT limpia ventana con atributo verde.
;  Subrutinas:
;  PCURSOR posiciona cursor en pantalla de texto.
; DISPLAY visualiza cadena de caracteres en pantalla.
;  SALIR regresa al nivel de comandos del MSDOS.
;  Estudiar:Funciones 02H, 06H de ROMBIOS y las funciones 09H, 0CH de MSDOS.
;  ********************************************************************
                TITLE Visualizar en pantalla mensaje de bienvenida.
                .MODEL SMALL
                .STACK  64
                .DATA
CR              EQU 0DH ;caracter de control "carriage return"
LF              EQU 0AH ;caracter de control "line feed"
MENSAJE DB 2AH,20H,'EJERCICIO 4',CR,LF,LF
DB 2AH, 20H, 'Bienvenidos al Lab de Microprocesadores'
DB 20H,02H,01H,02H,01H,02H,01H,CR,LF, LF
DB 2AH, 20H, 'Arquitectura Interna de los MICPs xx86 +'
DB      'Ensamblador MASM version 6.15.', CR, LF, LF
DB 2AH, 20H, 'Disfruten la Programacion en Lenguaje Ensamblador. ',
        CR, LF, LF, LF, '$'
                .CODE
; listado de macros
LPANT           MACRO   M, N ;limpia pantalla con atributo azul
                MOV     AX,0600H
                MOV     BH,1FH; atributo
                MOV     CX,M
                MOV     DX,N
                INT     10H
                ENDM
LVENT           MACRO   M,N ; ventana con atributo verde
                MOV     AX,0600H
                MOV     BH,2FH; atributo
                MOV     CX,M
                MOV     DX,N
                INT     10H
                ENDM
```

```
;Programa Principal.
PRINCIPAL      PROC     FAR
               MOV      AX, @DATA
               MOV      DS, AX
               LPANT    0000H, 184FH; limpia toda la pantalla con atributo azul.
               LVENT    0000H, 094BH; genera ventana verde
               CALL     PCURSOR ; posiciona el cursor en la pantalla de texto
; Observe que la cadena  termina con caracter especial $.
               LEA DX, MENSAJE ;carga EA inicial de cadena de caracteres en DX.
               CALL     DISPLAY ;visualiza en pantalla la cadena de caracteres.
               CALL     SALIR
PRINCIPAL      ENDP
; listado de subrutinas
; ******************************************************************
PCURSOR    PROC     NEAR
               MOV      DX, 0;DH=#fila , DL=#col
               MOV      BH,0;numero de pagina-normalmente 0
               MOV      AH,2
               INT      10H ; BIOS
               RET
PCURSOR    ENDP
; ******************************************************************
DISPLAY    PROC     NEAR
               MOV      AH,9;muestra cadena de caracteres en pntalla
               INT      21H; MSDOS
               RET
DISPLAY    ENDP
; ******************************************************************
SALIR   PROC     NEAR
               MOV      AX,4C00H
               INT      21H
               RET
SALIR   ENDP
; ******************************************************************
               END      PRINCIPAL
```

Ejecute P4: Observe que el texto del mensaje aparece en ventana de color verde con caracteres en color blanco, la ventana verde se inicia en fila # 0 - columna # 0 y termina en la fila # 9 - columna # 75, es decir sin margen superior y sin margen izquierdo.

Para evaluar ejercicio 4: Modifique el programa de tal forma que la ventana verde con el mensaje de bienvenida se reubique en pantalla con un margen superior de 8 filas y un margen izquierdo de 4 columnas, mantenga en color azul el fondo de la pantalla de texto.

Nota: Capture pantalla mostrando nueva posición de la ventana verde con su mensaje de bienvenida. Incluya en reporte el listado de P4.asm modificado y editado con notepad++.

371

7	6	5	4	3	2	1	0
BL	R	G	B	I	R	G	B

Figura 16.5: Byte Atributo de colores

16.6. ANEXO PRÁCTICA 3

INTEGRANTE 1:
INTEGRANTE 2:
GRUPO

RESPONDER

Ejercicio 1

Con el editor de texto abra el archivo P1.LST y conteste las preguntas siguientes:

1. ¿Cuál es el desplazamiento(offet) de la variable VAR8?

2. ¿Cuál es el código de máquina de la instrucción ADDCX, VAR1 + 3?

3. ¿Cuál es el código de máquina de MOV VAR2+10,AX?

4. ¿Cuál es el desplazamiento offset de la variable VAR9?

Cargar P1.EXE en la memoria para ejecutarlo con el depurador CODE-VIEW. Con tecla F10 ejecute el programa paso a paso y conteste las preguntas siguientes:

1. ¿Cuál es el contenido de DS después de ejecutar MOVDS, AX?

2. ¿Cuál es el contenido de CX después de ejecutar ADD CX, VAR1+3?

3. ¿Cuál es el contenido de BH después de ejecutar MOV BH, VAR3 + 2?

4. ¿Cuál es el contenido de VAR9 después de ejecutar MOV VAR9, CONST2?

5. ¿Cuál es el contenido de la variable VAR2+10 después de ejecutar MOVVAR2+10, AX?

6. ¿Cuál es el contenido de la variable VAR8+4 después de ejecutar MOV VAR8+4, AX?

372

Nota: Incluya en su reporte el listado de P1.asm editado con notepad++.

Ejercicio 2

Con el editor de texto abra el archivo P2.LST y conteste las preguntas siguientes:

1. Escriba el OFFSET del elemento 500 de ARREGLO

2. Escriba el OFFSET de la instrucción MOV CX, CNT

3. Escriba el OFFSET de la variable SUMA

4. Observe el código de máquina de MOV AX, @DATA. Usted verá "B8 R". Esto se debe a que el símbolo @DATA representa la dirección de segmento que no se conoce hasta que el programa se lleva a memoria para su ejecución.

5. ¿Por qué son necesarias las dos primeras instrucciones del programa? MOV AX,@ DATA y MOV DS, AX.

Cargar P2.EXE en CODEVIEW.
Con F10 ejecute paso a paso y conteste las preguntas

1. ¿Cuál es el contenido de BX después de ejecutar MOV BX, OFFSET ARREGLO?

2. Este valor inicial en BX ¿Qué representa?

3. ¿Cuál es la dirección lógica inicial de ARREGLO?

4. ¿Cuál es la dirección lógica de la variable SUMA?

5. ¿Cuál es el contenido final de la variable SUMA?

Para evaluar Ejercicio 2: Modifique P2.asm de tal forma que sume solamente los 4 últimos elementos de ARREGLO, además implemente el BUCLE(lazo) con la instrucción LOOP en reemplazo de las dos instrucciones DEC CX y JNZ BUCLE.
Ejecute paso a paso con F8 hasta salir de BUCLE y verifique la nueva suma.

Nota: Capture pantalla mostrando el nuevo resultado de SUMA. Incluya en reporte el listado de P2.asm modificado y editado con notepad++.

Ejercicio 3

Proceda con los pasos siguientes:

1. Ensamble P3

2. Cargar P3.exe en CODEVIEW.

3. Ejecute paso a paso (use F10) hasta apuntar la primera instrucción AAA, observe el estado de
AX =
AF =

4. Ejecute la instrucción AAA y observe el estado de:
AX =
CF =
AF =

5. Continuar con la ejecución paso a paso hasta apuntar la instrucción MOV AH,2. Verifique el contenido de la variable SUMA (SUMA, SUMA+1 Y SUMA+2) en segmento de datos y escriba el contenido de las localidades de memoria:
SUMA=
SUMA+1=
SUMA+2=

6. Salga de CODEVIEW y ejecute el programa desde MSDOS. Verifique la suma en pantalla y escriba su valor. Mediante aritmética decimal (base 10) confirme el valor de la suma.

7. En el segmento de datos modifique el valor de SUMDO1=62 (base 10) y SUMDO2=56 (base 10) codificados en ASCII.

8. Repita los pasos del 1 al 5.

9. ¿Cuál es el propósito de la instrucción ADD AX, 3030h?

10. ¿Qué formato decimal (empaquetado o desempaquetado) genera la instrucción AAA en registro AX?

Nota: Incluya en su reporte el listado de P3.asm editado con notepad++.

Ejercicio 4

Para evaluar Ejercicio 4: Modifique el programa de tal forma que la ventana verde con el mensaje de bienvenida se reubique en pantalla con un margen superior de 8 filas y un margen izquierdo de 4 columnas, mantenga en color azul el fondo de la pantalla de texto.

Nota: Capture pantalla mostrando nueva posición de la ventana verde con su mensaje de bienvenida. Incluya en reporte el listado de P4.asm modificado y editado con notepad++.

16.7. Práctica 4: Funciones de ROMBIOS y MS-DOS

16.7.1. OBJETIVOS

Al terminar esta práctica, el alumno será capaz de:

- Limpiar pantalla de texto.

- Posicionar cursor en pantalla de texto de la PC.

- Visualizar caracteres en pantalla.

- Interactuar con el teclado ASCII de la PC.

- Definir atributo de colores en pantalla de texto.

Para usar las funciones de ROMBIOS y MSDOS colocar el número de la función en el registro AH. Para los detalles y requerimientos de las funciones consultar APÉNDICE A del Texto por BARRY B. BRAY.[?]

16.7.2. CONTENIDO

ROMBIOS: funciones de servicio de pantalla se ejecutan con la interrupción INT 10H.

- Función 00H: pantalla modo texto 25x80.

- Función 02H: posición de cursor en pantalla de texto.

- Función 06H: barre la pantalla de texto.

- Función 09H: imprime caracter con atributo de color en posición actual del cursor.

- Función 0EH: imprime un caracter en posición actual del cursor.

- Función 10H: espera por tecla ACSII, esta función se ejecuta con la interrupción INT 16H.

MSDOS: estas funciones se ejecutan con la interrupción INT 21H.

- Función 01H: espera por tecla ASCII, automáticamente genera eco.

- Función 07H: espera por tecla ASCII, no genera eco.

- Función 08H: espera por tecla ASCII, responde a CNTL+BREAK y no genera eco.

- Función 09H; visualiza en pantalla una cadena de caracteres, usa como fin de cadena el caracter especial $, la dirección inicial de la cadena en registro DS: DX.

- Función 4CH: finaliza el programa y devuelve el control al MSDOS.

16.7.3. INTRODUCCIÓN

Recursos del sistema
Servicios ROMBIOS y MSDOS

El MSDOS y el ROMBIOS del PC proveen de rutinas de servicio que se pueden utilizar para incrementar la versatilidad de los programas del usuario. A estas rutinas se las llama utilizando las características de la interrupción por software (INT n) del microprocesador.

El sistema de entrada salida básico (BIOS) es un conjunto de subrutinas almacenadas en **ROMBIOS**, que pueden usarse para entrada salida de bajo nivel a distintos dispositivos (pantalla, teclado, etc). Esta práctica examinar a algunas funciones de BIOS. A nivel del sistema operativo MSDOS también tenemos un conjunto de funciones o subrutinas que nos ayudaran a interactuar con el teclado ASCII y pantalla de video.
La ventana de video en modo texto bajo MSDOS es una matriz de **25 filas x 80 columnas**, como se ilustra en la figura 4.1.

Figura 16.6: Ventana de video

16.7.4. ESPECIFICACIONES

Usando el programa ensamblador **MASM, CODEVIEW** y el editor de texto **notepad**++ resolver los ejercicios siguientes, documente su trabajo mediante fotos de pantalla (use tecla Imprimir Pantalla).

Ejercicio 1

Edite y ensamble P1. Ejecute paso a paso en CODEVIEW. Ensamble P5 con: MAKE16 P1 enter.

Programa 5 Funciones de ROMBIOS y MSDOS

```
;  *********************************************************************
;  Programa: P5.ASM
;  Descripcion: Familiarizacion con algunas funciones de ROMBIOS y MSDOS.
;  La funcion 09H de MSDOS visualiza cadena de caracteres.
;  La  funcion 0EH de ROMBIOS visualiza un solo caracter.
;  Con funcion 0EH se imprimen diez caritas negras en lazo LOOP.
;  La funcion 10H de ROMBIOS(se ejecuta con INT 16H) espera hasta que el
;  usuario aprete una tecla.
;  *********************************************************************
            .MODEL SMALL
            .STACK 100H
            .DATA
MSJ      DB  'Funcion 0EH de BIOS visualiza un solo caracter: se ejecuta con
                  INT 10H ',13,10

         DB  'A continuacion usando la funcion 0EH de BIOS se imprimen diez
                  caritas negras ',13,10,'$'
MSJ1     DB  10,13,'La funcion 10H de BIOS espera por tecla : se ejecuta
                  con INT 16H ',13,10

         DB  'Para salir presione cualquier tecla...',13,10,'$'
.CODE
inicio: MOV    AX,@DATA
        MOV    DS,AX
        LEA    DX, MSJ
MOV    AH, 09h;funcion 09h de la interrupcion 21h de MSDOS
        INT    21H
        MOV    CX,10
LZO:    MOV    AL,02H; ascii de carita negra
        MOV    AH,0EH; exhibe en pantalla de texto un caracter
        INT    10H; ejecuta funcion 0EH de BIOS
        LOOP   LZO
        MOV    AL,10; avance de linea LF
        MOV    AH,0EH
        INT    10H
        MOV    AL,13;retorno de cursor CR
        MOV    AH,0EH
        INT    10H
        LEA    DX, MSJ1
        MOV    AH,09h;funcion 09h de la interrupcion 21h de MSDOS
        INT    21h
        MOV    AH,10h ; espera por una tecla
        INT    16H
        MOV    AX,4C00h
        INT    21h
        END Inicio
```

Cargue P5.EXE en Codeview, con F10 ejecute paso a paso.

1. Avance paso a paso hasta la primera INT 21H. Ejecute INT 21H. Haga un clic en pestaña Windows, luego un clic en **View Output**. Tome foto al primer mensaje (MSJ) en pantalla de texto. Para regresar a CODEVIEW aprete barra de espacio.

2. Visualice la ventana memory1 (segmento de datos del programa), apunte al primer caracter de la cadena **MSJ** y escriba en su reporte sus 8 primeros caracteres ASCII.

3. Ejecute LZO paso a paso hasta salir con CX=0, nuevamente clic en Windows, clic en View Output. Confirme el trabajo de la función 0Eh de BIOS y tome foto a la pantalla. Regrese a codeview.

4. Avance paso a paso hasta la segunda INT 21H. Ejecute INT 21H. Haga un clic en pestaña Windows, luego un clic en View Output. Tome foto de mensaje (MSJ1) en pantalla de texto. Regrese a codeview con barra de espacio.

5. Siga paso a paso hasta la ejecución de la última INT 21H. Observe que devuelve el control a MSDOS. El programa termina exitosamente.

6. Salga de CODEVIEW.

7. Ejecute P5.exe y no se olvide de apretar cualquier tecla, tomar foto a la pantalla.

Ejercicio 2

Edite, ensamble y corra P6.ASM.

Programa 6 Movimiento del cursor en pantalla de texto

```
; ********************************************************************
; Programa: P6.ASM
; Descripcion: El programa implementa  el movimiento del cursor en la
; pantalla de texto (25x80). Para ejecutar el movimiento usa las teclas:
; N (norte), S (sur), E (este) y O (oeste).
; Instrucciones de salto usadas: JMP, JZ (JE), JNZ (JNE) y la instruccion
; de comparacion CMP. Funciones de BIOS usadas:
; Funcion 00H (pantalla modo texto 25x80).
; Funcion 02H (posiciona cursor en pantalla).
; Funcion 06H (usada para limpiar pantalla).
; Funciones de MSDOS usadas:
; Funcion 07H (espera por dato desde teclado ASCII),
; Funcion 09H (visualiza cadena de caracteres en pantalla),
; Funcion 4CH (devuelve el control al MSDOS).
; Macros: SALIR (usa funcion 4CH de MSDOS).
; ********************************************************************
                TITLE Movimiento del Cursor en Pantalla de Texto
;
; Definicion de macro SALIR
SALIR           MACRO
                MOV     AX, 4C00H
                INT     21H
                ENDM
;
                .MODEL SMALL
                .STACK 32H
                .DATA
FILA            DB 12    ; coordenadas
COL             DB 40    ; del centro de la pantalla
MSJ             DB 'Se sale con tecla ESC. $'
                .CODE
PP              PROC     FAR
MOV      AX, @DATA
                MOV     DS, AX
CALL     MTXT25X80; modo texto 25x80
CALL     LPANT; limpia pantalla—fija atributo
CALL     MENSAJE
CALL     PCURSOR; posicion inicial del cursor
LAZO1:          MOV     AH, 7    ; funcion 7 de MSDOS
                INT     21H       ; espera hasta que usuario aprete una teclado
                CMP     AL,'N'    ; luego compara ....
                JNE     SALTO1
                CALL    NORTE
                CALL    PCURSOR
                JMP     LAZO1
SALTO1:         CMP     AL,'S'
                JNE     SALTO2
                CALL    SUR
                CALL    PCURSOR
                JMP     LAZO1
SALTO2:         CMP     AL,'O'
                JNE     SALTO3
                CALL    OESTE
                CALL    PCURSOR
                JMP     LAZO1
```

```
; ****************************************************************
SALTO3:             CMP    AL, 'E'
                    JNE    SALTO4
                    CALL   ESTE
                    CALL   PCURSOR
                    JMP    LAZO1

SALTO4: CMP         AL,1BH; para salir verifica por tecla ESC.
                    JNE    LAZO1
                    SALIR
                    RET
PP                  ENDP; Fin de PP (Programa Principal)
; ****************************************************************
; LISTADO DE PROCEDIMIENTOS (SUBRUTINAS)
; ****************************************************************
MENSAJE PROC        NEAR
                    MOV    AH, 09H; imprime cadena de caracteres
                    LEA    DX, MSJ; direccion inicial de la cadena
                    INT    21H
                    RET
MENSAJE ENDP
; ****************************************************************
MTXT25X80           PROC   NEAR; Modo Texto 25x80
                    MOV    AH, 0; funcion 0 de BIOS
                    MOV    AL, 3; el codigo 3 define modo texto
                                        ; 25 filas 80 columnas
                    INT    10H
                    RET
MTXT25X80           ENDP
; ****************************************************************
LPANT               PROC   NEAR; limpia pantalla de texto
                    MOV    AX, 0600H; AH=06 funcion de BIOS, AL=00
                                              ;(borra ventana)
                    MOV    BH, 0E8H; atributo-fondo amarillo-caracteres negros
                    MOV    CX, 0; fila 0, columna 0
                    MOV    DX, 184FH; fila 18h, columna 4Fh
                    INT    10H
                    RET
LPANT               ENDP
; ****************************************************************
PCURSOR             PROC   NEAR
                    MOV    AH, 2; funcion 2 de BIOS posiciona cursor
                    MOV    DH, FILA
                    MOV    DL, COL
                    MOV    BH, 0
                    INT    10H
                    RET
PCURSOR             ENDP
```

382

```
; ***************************************************************
NORTE            PROC      NEAR
                 DEC FILA
                 CMP       [FILA],0FFH
                 JNZ       SALIRN
                 MOV       [FILA],24
SALIRN: RET
NORTE            ENDP
; ***************************************************************

SUR              PROC      NEAR
                 INC       FILA
                 CMP       [FILA],25
                 JNZ       SALIRS
                 MOV       [FILA],0
SALIRS: RET
SUR              ENDP
; ***************************************************************
ESTE             PROC      NEAR
                 INC       COL
                 NOP
                 NOP
                 NOP
                 RET
ESTE             ENDP
; ***************************************************************
OESTE            PROC      NEAR
                 DEC       COL
                 NOP
                 NOP
                 NOP
                 RET
OESTE            ENDP
; ***************************************************************
                 END       PP
```

Ejecute P6.EXE y verifique su funcionamiento.

Aprete tecla N y observe el movimiento del cursor, aprete S y observe movimiento. Aprete tecla E y observe movimiento, aprete O y observe movimiento. Hay problemas con el movimiento horizontal del cursor. ¿Verdad?

Para evaluar ejercicio 2: Modifique el programa para que el cursor en su movimiento horizontal de la vuelta la pantalla de manera correcta, por ejemplo, si el cursor se sale del borde derecho este debe aparecer de inmediato en el borde izquierdo sobre la misma fila, cosa similar cuando se sale del borde izquierdo debe aparecer de inmediato en borde derecho sobre la misma fila.

En su reporte incluya listado de P6.ASM modificado.
Dibuje diagrama de flujo (nivel alto) de PP.

383

Ejercicio 3

Atributo de colores de pantalla de texto

D7	D6	D5	D4	D3	D2	D1	D0
BL	R	G	B	I	R	G	B

Figura 16.7: Debug Command Prompt

BL= parpadeo
I= intensidad
Parpadeo e Intensidad se aplican solamente para la vista frontal.
R= rojo G= verde B= azul tres colores fundamentales.
La vista de fondo toma solamente 8 colores mientras
que la vista frontal toma 16 colores.

D3D2D1D0 define vista frontal.
D6D5D4 define la vista de fondo.
Para los colores consultar Texto Guia del Curso

Edite y ensamble P7.ASM.

Programa 7 Configuración del byte de Atributo

```
;  *********************************************************************
;  Programa P7.ASM.
;  Descripcion: P7 parpadea un mensaje dentro de una ventana en el centro
;  de la pantalla de texto. Usa un diseno modular y por lo tanto requiere
;  de la directiva INCLUDE.
;  La directiva INCLUDE incorpora al programa fuente el fichero de nombre
;  LABMICP.INC.
;  LABMICP.INC contiene los macros y subrutinas  que demanda el PP
;  (Programa Principal).
;  Para implementar retardos se usa la subrutina DELAY del fichero
;  LABMICP.INC.
;  Funciones usadas:
;  Funcion 06H de MSDOS para explorar el teclado ASCII.
;  Funcion 09H de MSDOS para visualizar cadenas de caracteres.
;  Funcion 06H de ROMBIOS para limpiar pantalla con atributo de color.
;  Funcion 02H de ROMBIOS para posicionar el cursor.
;  *********************************************************************
                    TITLE Parpadeo de un mensaje en centro de pantalla de texto
                    .MODEL SMALL
                    .STACK  50
                    .DATA
LF                  EQU      10
CR                  EQU      13
MSJINI              DB       'Para iniciar aprete la tecla 1',LF,CR,'$'
MSJFIN              DB       'Para salir aprete cualquier tecla ','$'
BDIA                DB       'BUENOS DIAZ$'
BNOCHE    DB       'BUENAS NOCHES$'
                    .CODE
                    INCLUDE LABMICP.INC; LABMICP.INC contiene los macros y
                    ;las subrutinas que demanda el PP (Programa Principal)
;
;INICIO PROGRAMA PRINCIPAL
PRINCIPAL           PROC   FAR
                    MOV              AX,@DATA
                    MOV              DS,AX
                    LPANT            0000H,184FH
                    CURSOR  5,25
                    DISPLAY  MSJINI
                    ESPERAT;apretar  tecla 1 para iniciar
                    CURSOR  5,25
                    DISPLAY  MSJFIN
LAZO:               LVENT            0C21H,0E2DH
                    CURSOR  13,34
                    DISPLAY  BDIA
                    MOV              CX,33146
                    CALL             DELAY1
                    LVENT            0C21H,0E2DH
                    MOV              CX,33146
                    CALL             DELAY1
                    SALIRCT;aprete cualquier tecla para salir
                    JZ               LAZO
                    LPANT            0000H,184FH
                    CALL             SALIR
                    NOP
                    RET
PRINCIPAL           ENDP;FIN PROGRAMA PRINCIPAL
                    END      PRINCIPAL
```

385

Programa 8 FICHERO: LABMICP.INC

```
;  **********************************************************************
;  LABMICP.INC
;  Descripcion: Este fichero debe almacenarse en la carpeta de trabajo
;  de cada grupo.
;  Contiene los macros siguientes:
;  LPANT limpia pantalla
;  LVENT limpia ventana
;  CURSOR posiciona cursor
;  DISPLAY visualiza cadenas de caracteres en pantalla
;  ESPERAT espera hasta que usuario aprete una tecla
;  SALIRCT explora teclado ASCII, se sale de PP apretando cualquier tecla.
;  Contiene las subrutinas siguientes:
;  DELAY
;  DELAY1
;  Nota: El usuario puede agregar a este archivo todos los macros y
;    subrutinas que requiera.
;  **********************************************************************
;  Listado de Macros
LPANT           MACRO   M, N
                MOV     AX,0600H
                MOV     BH,1FH
                MOV     CX,M
                MOV     DX,N
                INT     10H
                ENDM
; ─────────────────────────────────────────────────────────────
LVENT           MACRO   M,N
                MOV     AX,0600H
                MOV     BH,4FH
                MOV     CX,M
                MOV     DX,N
                INT     10H
                ENDM
; ─────────────────────────────────────────────────────────────
CURSOR  MACRO   FILA,COL
                MOV     AH,2;fija pos cursor
                MOV     BH,0;pagina 0
                MOV     DH,FILA
                MOV     DL,COL
                INT     10H
                ENDM
; ─────────────────────────────────────────────────────────────
DISPLAY MACRO   CADENA
                MOV     AH,9;
                LEA     DX, CADENA
                INT     21H
                ENDM
; ─────────────────────────────────────────────────────────────
ESPERAT MACRO
LAZOT:          MOV     DL,0FFH
                MOV     AH,06H
                INT     21H
                JZ      LAZOT
                CMP     AL,31H
                JNZ     LAZOT
                NOP
                ENDM
```

```
; ─────────────────────────────────────────────────────
SALIRCT MACRO
                MOV     DL,0FFH
                MOV     AH,06H
                INT     21H
                NOP
                NOP
                ENDM
; ─────────────────────────────────────────────────────
;Listado  de  Subrutinas
; ─────────────────────────────────────────────────────
;Subrutina  DELAY
;La  patita  PB4  de  puerto  61H  cambia  de  estado  cada  15.085  microsegundos
;Subrutina  DELAY  cuenta  CX  veces  15.085  microsegundos
DELAY           PROC    NEAR
                PUSH    AX
BUCLE:          IN      AL,61H
                AND     AL,10H
                CMP     AL,AH
                JZ      BUCLE;espera  por  cambio  en  PB4
                MOV     AH,AL;guarda  nuevo  estad0  de  PB4
                LOOP    BUCLE;  la  instruccion  LOOP  primero  ejecuta
                                        ;CX  <——CX-1  luego  ...
                POP     AX
                RET
DELAY           ENDP
; ─────────────────────────────────────────────────────
;Subrutina  DELAY1  implementa  un  retardo  de  100  milisegundos
;con  CX=6629  (base  10)
DELAY1  PROC    NEAR
                MOV     BL,10
DD1:            CALL    DELAY
                DEC     BL
                JNZ     DD1
                RET
DELAY1  ENDP
; ─────────────────────────────────────────────────────
;Subrutina  SALIR
SALIR           PROC    NEAR
                MOV     AX,4C00H
                INT     21H
                RET
SALIR           ENDP
```

Corra P7.EXE.

En reporte incluya FOTO A COLOR de ventana con resultados.

Para evaluar ejercicio 3: Modifique el programa para que parpadee BUE-
NAS NOCHES (ver variable BNOCHE en segmento de datos) en una ventana con fondo amarillo y los caracteres (BUENAS NOCHES solamente) en
negro. Consulte BYTE ATRIBUTO.

Tome foto a color de los nuevos resultados, incluya en reporte listado de
P7.ASM modificado.

16.8. ANEXO PRÁCTICA 4

INTEGRANTE 1:
INTEGRANTE 2:
PARALELO:
GRUPO:

RESPONDER

Ejercicio 1

Cargue P5.EXE en Codeview, con F10 ejecute paso a paso y conteste las preguntas siguientes:
Visualice la ventana memory1 (segmento de datos del programa), apunte al primer caracter de la cadena MSJ y escriba en su reporte sus 8 primeros caracteres ASCII.

Ejercicio 2

Para evaluar ejercicio 2: Modifique el programa para que el cursor en su movimiento horizontal de la vuelta la pantalla de manera correcta, por ejemplo, si el cursor se sale del borde derecho este debe aparecer de inmediato en el borde izquierdo sobre la misma fila, cosa similar cuando se sale del borde izquierdo debe aparecer de inmediato en borde derecho sobre la misma fila.

En su reporte incluya listado de P6.ASM modificado.
Dibuje diagrama de flujo (nivel alto) de PP.

Ejercicio 3

Para evaluar ejercicio 3: Modifique el programa para que parpadee BUENAS NOCHES (ver variable BNOCHE en segmento de datos) en una ventana con fondo amarillo y los caracteres (BUENAS NOCHES solamente) en negro. Consulte BYTE ATRIBUTO.

Tome foto a color de los nuevos resultados, incluya en reporte listado de P7.ASM modificado.

16.9. Práctica 5: Instrucciones aritméticas y manejo de cadenas

16.9.1. OBJETIVOS

- Familiarizar al estudiante con el conjunto de instrucciones.

  * Instrucciones Aritméticas suma, resta y ajustes:
    ADD, ADC, SUB, SBB, DAA, DAS, AAA, AAS

  * Instrucciones de multiplicación, división y ajustes:
    MUL, DIV, IMUL, IDIV, AAM, AAD

  * Instrucciones lógicas:
    AND, OR, XOR

  * Instrucciones de desplazamiento:
    SHL, SHR, SAR, SAL.

  * Instrucciones de rotación:
    RCL, RCR, ROL, ROR.

  * Instrucciones de salto condicionales:
    JZ, JNZ, JC, JNC, LOOP, . . .

- Manejo de cadenas y su visualización en pantalla de texto.

  * Instrucciones primitivas para manejo de cadenas (strings) son:
    MOVS, LODS, STOS, CMPS, SCAS.

Para usar las funciones de ROMBIOS y MSDOS colocar el número de la función en el registro AH. Para los detalles y requerimientos de las funciones consultar APENDICE A del Texto por BARRY B. BRAY.

16.9.2. CONTENIDO

- Suma de números BCD empaquetados.

- Resta de números BCD empaquetados.

- Suma ASCII.

- Multiplicación y división.

- Instrucciones Lógicas, Desplazamiento y Rotación.

- Instrucciones para el manejo de cadenas (strings).

16.9.3. INTRODUCCIÓN

Suma de números BCD empaquetados

Hay un problema con la suma de números codificados en BCD que debe corregirse.

El problema es, después de sumar números BCD empaquetados, el resultado no es BCD.
Por ejemplo, sumando
MOV AL,17H
ADD AL,28H
el resultado es: AL=3FH (0011 1111B) que no es BCD !!!!!!

Para corregir se usa la instrucción DAA que funciona de la siguiente manera:

1. Si después de ADD o ADC el nibble bajo es mayor que 9, o si AF=1, suma 0110 al nibble bajo.

2. Si el nibble alto es mayor que 9, o si CF=1, suma 0110 al nibble alto.

Resta de números BCD empaquetados

La resta de números BCD empaquetados también muestra problemas.
Por suerte tenemos la instrucción DAS especialmente diseñada para resolver el problema.
DAS se la usa después de SUB y de SBB.
Para ajuste se usa la instrucción DAS que funciona de la siguiente manera:

1. Si después de SUB o SBB el nibble bajo es mayor que 9, o si AF=1 entonces resta 0110 del nibble bajo.

2. Si el nibble alto es mayor que 9, o si CF=1 entonces resta 0110 del nibble alto.

Suma ASCII

Se puede usar números ASCII como operandos en las instrucciones ADD o ADC, pero también hay problemas que debemos corregir ya que el resultado de la suma no esta en formato ASCII.

Para ajuste se usa la instrucción AAA que funciona de la manera siguiente:

1. Si el resultado de la suma es menor o igual a 9, deja en AL un solo dígito BCD empaquetado.

2. Pero si el resultado es mayor a 9, pasa el bit extra al acarreo y suma 1 al registro AH, de tal forma que AH contiene el segundo dígito BCD desempaquetado

NOTA:

Las instrucciones DAA, DAS y AAA funcionan solamente con el registro AX.

DAA ajuste decimal después de la suma

DAS ajuste decimal después de la resta

AAA ajuste ASCII después de la suma

Multiplicación sin signo: MUL S

La multiplicación usa los registros AX, AL, AH, DX, EAX y EDX. Debemos considerar tres casos:

1. byte x byte

2. word x word

3. byte x Word

Multiplicación con signo: IMUL S

La multiplicación de enteros con signo es similar a la multiplicación sin signo, la única diferencia está en que los operandos pueden ser positivos o negativos. En consecuencia debe aplicarse ley de los signos para la multiplicación.

MULTIPLICACIÓN	OPERANDO 1	S:OPERANDO 2	RESULTADO
byte x byte	AL 1	Registro de 8 bits o Memoria	AX(16 bits)
word x word	AX 1	Registro de 16 bits o Memoria	DX:AX(32 bits)
byte x word	AL=byte, AH=0 1	Registro de 16 bits o Memoria	DX:AX(32 bits)

División sin signo: DIV S

En la división de enteros sin signo debe considerarse los casos siguientes: byte / byte word / word word / byte. Hay situaciones en que el CPU no puede llevar a efecto la división, en estos casos el CPU automáticamente genera una interrupción.

Los casos son:

1. Si el divisor es cero, y

2. Si el cociente es demasiado grande para el registro usado. En el caso de las PC, estas visualizan en pantalla el mensaje "divide overflow".

División con signo: IDIV S

La división de enteros con signo es similar a la división sin signo. La única diferencia está en que el dividendo y el divisor pueden ser positivos o negativos, en consecuencia debe aplicarse la ley de los signos para la división. El signo del residuo siempre es igual al signo del dividendo.

DIVISIÓN	DIVIDENDO	DIVISOR S:2	RESIDUO	COCIENTE
byte/byte	AL=byte, AH=0	Registro de 8 bits o Memoria	AH	AL
word/word	AX=word, DX=0	Registro de 16 bits o Memoria	DX	AX
word/byte	AX=word	Registro de 8 bits o Memoria	AH	AL

Cociente:
Si AL >FFH genera interrupción que visualiza "divide overflow"
Si AX >FFFFH genera interrupción que visualiza "divide overflow"

Instrucciones para el manejo de cadenas (strings)

Las instrucciones utilizadas hasta el momento han manejado datos definidos como un solo byte, palabra o doble palabra. Sin embargo, a veces es necesario mover o comparar campos de datos que exceden estas longitudes. Por ejemplo puede comparar nombres a fin de clasificarlas en orden ascendente. Los elementos en este formato son conocidos como cadenas y puede ser de caracter o numérico. Para procesar una cadena de caracteres, el lenguaje ensamblador proporciona cinco instrucciones primitivas: MOVS, LODS, STOS, CMPS y SCAS.Sus variantes son:
MOVSB, MOVSW, MOVSD: Mueve un byte, palabra o doble palabra desde una localidad de memoria a otra. Usa los dos punteros SI y DI.
LODSB, LODSW, LODSD: Carga desde memoria un byte, palabra o doble palabra hacia el acumulador (AL, AX o EAX). Usa el puntero SI.
STOSB, STOSW, STOSD: Almacena el contenido del registro Acumulador (AL, AX o EAX) en la memoria. Usa el puntero DI.
CMPSB, CMPSW, CMPSD: Compara localidades de memoria de un byte, palabra o doble palabra. Usa los dos punteros SI y DI.
SCASB, SCASW, SCASD: Compara el contenido del Acumulador (AL,AX o EAX) con el contenido de la memoria. Usa el puntero DI.
El puntero **SI** por defecto apunta al segmento de datos **DS**. El puntero **DI** por defecto apunta al segmento extra de datos **ES**. Con bandera DF=0 los punteros incrementan y con DF=1 los punteros decrementan automáticamente con la ejecución de la instrucción primitiva.

El prefijo **REP** hace que una instrucción primitiva se ejecute de manera repetitiva un número de veces dado por el contenido del registro **CX**.

Instrucciones Lógicas

- **AND:** es útil para encerar bits en un operando. Por ejemplo, la operación: AND AL, 0FH encera los bits b7b6b5b4 pero no afecta los bits b3b2b1b0.

- **OR:** es útil para encender bits en un operando. Por ejemplo, la operación: OR AL, 0FH enciende los bits b3b2b1b0 pero no afecta los bits b7b6b5b4.

- **XOR:** es útil para complementar bits en un operando. Por ejemplo, la operación: XOR AL, 0FH complementa los bits b3b2b1b0 pero no afecta los bits b7b6b5b4. La operación XOR también puede usarse para limpiar registros - la operación XOR AX, AX encera el registro AX. Las instrucciones de desplazamiento y rotación se usan para manipular cantidades binarias a nivel de bits dentro de registros o localidades de memoria.

Instrucciones de desplazamiento

- **SHL:** desplazamiento lógico a la izquierda, por la derecha siempre ingresa un cero.

- **SHR:** desplazamiento lógico a la derecha, por la izquierda siempre ingresa un cero.

- **SAL:** desplazamiento aritmético a la izquierda.

- **SAR:** desplazamiento aritmético a la derecha.

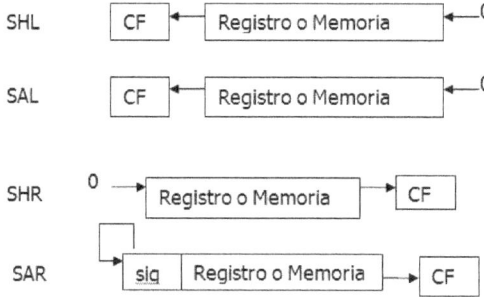

Figura 16.8: Instrucciones de desplazamiento

Instrucciones de rotación

Posicionan datos binarios rotando registros o localidades de memoria de un extremo al otro o a través de la bandera de acarreo CF. Las cuatro instrucciones de rotación son: RCL, ROL, RCR y ROR.

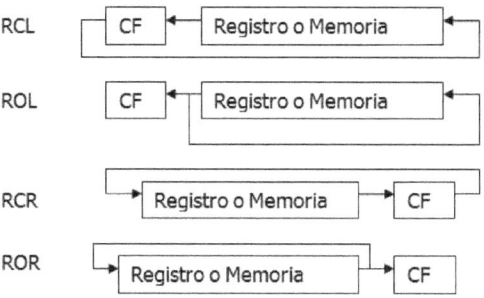

Figura 16.9: Instrucciones de rotación

16.9.4. ESPECIFICACIONES

Usando el programa ensamblador **MASM, CODEVIEW** y el editor de texto **notepad++** resolver los ejercicios siguientes, documente su trabajo mediante fotos de pantalla (use tecla Imprimir Pantalla).

Ejercicio 1

Edite y ensamble P8.

Programa 9 Suma de dos números de 10 dígitos

```
;  ********************************************************************
;  Programa: P8.ASM
;  Descripcion: Este programa suma dos numeros de diez digitos
;  codificados en ASCII residentes en memoria, NUM1 y NUM2.
;  El resultado ASC2 < ———NUM1 + NUM2 queda registrado en la variable
;  ASC2. La subrutina DISPLAY visualiza el resultado de la suma en
;  la pantalla de texto.
;  ********************************************************************
          TITLE    Sumando numeros ASCII
          .MODEL SMALL
          .STACK   64
          .DATA
MSJ       DB       'SUMANDO NUMEROS ASCII ',10,13, 'EL RESULTADO DE LA SUMA ES: $'
NUM1      DB       '0659478127'
NUM2      DB       '0779563678'
BCD1      DB       10 DUP(?)
ASC2      DB       11 DUP(?)
ASC3      DB       10 DUP (?)
          .CODE
          INCLUDE LABMICP.INC; incorpora  las subrutinas ASCSUMA y CONVERT
PP        PROC     FAR
          MOV      AX,@DATA
          MOV      DS, AX
          LPANT    0000H, 184FH
          CURSOR   3,0
          DISPLAY  MSJ
          CALL     ASCSUMA
          CALL     CONVERT
          DISPLAY ASC2
          CURSOR 5,0
          CALL     SALIR
          RET
PP        ENDP
          END      PP
```

395

Programa 10 FICHERO: ACSUMA y CONVERT

```
;  ***********************************************************************
;  Subrutina ASCSUMA. Esta subrutina suma los numeros ASCII (NUM1+NUM2)
;  y deja el resultado BCD desempaquetado en la variable BCD1.
ASCSUMA                 PROC      NEAR
                        CLC
                        MOV       CX,10
                        MOV       BX,9
ATRAS:                  MOV       AL,NUM1[BX]
                        ADC       AL,NUM2[BX]
                        AAA
                        MOV       BCD1[BX],AL
                        DEC       BX
                        LOOP      ATRAS
                        RET
ASCSUMA                 ENDP
;
;Subrutina CONVERT. Esta subrutina convierte codigo BCD desempaquetado
;(en variable BCD1) a codigo ASCII (variable ASC2).
CONVERT                 PROC      NEAR
                        MOV       BX,OFFSET BCD1
                        MOV       SI,OFFSET ASC2
                        MOV       CX,5
ATRAS2:                 MOV       AX,WORD PTR [BX]
                        OR        AX,3030H
                        MOV       WORD PTR[SI],AX
                        ADD       BX,2
                        ADD       SI,2
                        LOOP      ATRAS2
                        MOV       BYTE PTR[SI], '$'
                        RET
CONVERT                 ENDP
```

Correr P8.EXE y verifique su funcionamiento. Tome foto a colora la pantalla.

Para evaluar el ejercicio 1: Modifique el programa P8.ASM para que sume los nuevos valores NUM1= 98765124 con NUM2= 12457859 y deje el resultado en ASC3.

Tome foto a color a la pantalla con el resultado del programa modificado.
Incluya en su reporte el listado del programa fuente P8.ASM modificado.

Ejercicio 2

Edite y ensamble P9.ASM.

396

Programa 11 Promedio de números enteros

```
;  **********************************************************************
;  Programa: P9.ASM.
;  Descripcion: Este programa calcula el promedio de seis numeros enteros.
;  Usa las instrucciones ADD y DIV.
;  **********************************************************************
                TITLE Promedio de varios numeros enteros tipo palabra.
                .MODEL SMALL
                .STACK  64
                .DATA
TABLA           DW              15000,10132,2000,12424,10354,6000
SUMA            DW              ?
PROM            DW              ?
RESID           DW              ?
NUM             DW              6
ASCNUM   DB             6 DUP(?)
MSJ9            DB              10,10,13, 'El promedio de seis enteros del
                                arreglo TABLA es:$'
                .CODE
                INCLUDE LABMICP.INC; ver listado en la ultima pagina.
PP              PROC            FAR
                MOV             AX, @DATA
                MOV             DS, AX
                LPANT           0, 184FH
                CURSOR  2,0
                MOV             BX, OFFSET TABLA
                MOV             CX, 6
                MOV             AX, 0
BUCLE:          ADD             AX, WORD PTR [BX]; genera suma de 6 enteros
                INC             BX
                INC             BX
                DEC             CX
                JNZ             BUCLE
                MOV             SUMA, AX; registra suma en memoria
                MOV             DX, 0; DX:AX dividendo (suma)
                DIV             NUM; divisor tipo palabra (16 bits)
                MOV             PROM, AX; AX=cociente
                MOV             RESID, DX; DX=residuo
                DISPLAY MSJ9
                BINASC  PROM; binario de 16 bits a ASCII, deja valor en ASCNUM
                DISPLAY         ASCNUM; visualiza promedio en pantalla
                CURSOR  5,0
                CALL            SALIR
                RET
PP              ENDP
                END             PP
```

Cargue P9.EXE en CODEVIEW para su ejecución paso a paso con F10.
Después de ejecutar MOV SUMA, AX:
valor hex de SUMA= _ _ _ _ _ _ _ _ , equivalente decimal= _ _ _ _ _ _ _ _

Después de ejecutar DIV NUM:
valor hex de cociente AX=_ _ _ _ _ _ _ _ , equivalente decimal_ _ _ _ _ _ _ _
valor hex de residuo DX=_ _ _ _ _ _ _ _ , equivalente decimal _ _ _ _ _ _ _ _

Contenido de variables:
PROM =_ _ _ _ _ _ _ _ hex, equivalente decimal= _ _ _ _ _ _ _ _
RESID= _ _ _ _ _ _ _ _ hex, equivalente decimal= _ _ _ _ _ _ _ _

Dibuje el mapa de memoria mostrando el contenido hexadecimal de cada localidad del arreglo ASCNUM. Salga de CODEVIEW y ejecute el programa. Tome foto a la pantalla.

Ejercicio 3

Edite y ensamble P10.ASM.

Programa 12 Operaciones con cadenas

```
;  *******************************************************************
;  Programa: P10.ASM.
;  Descripcion: El programa genera en memoria dos copias delarreglo
;  MENSA1 con los nombres MENSA2 y MENSA3, ademas visualiza ambas copias
;  en la pantalla de texto. Usa las instrucciones MOVSB y MOVSW para
;  transferencias de memoria amemoria. El programa se inicia limpiando
;  pantalla con atributo nuevo de color y llama a las subrutinas
;  MVS_20B y MVS_10W para crear copias en memoria.
;  Use INCLUDE LABMICP.INC.
;  *******************************************************************
                .MODEL SMALL
                .STACK 40H
                .DATA
    MENSA1                  DB 'OPERACIONES CON CADENAS DE CARACTERES'
    MENSA2          DB 'Copia # 1: ',38 DUP (?), 10, 13, '$'
    MENSA3                  DB 'Copia # 2: ',38 DUP (?), 10, 13, '$'
    FILA                EQU    3
    COL             EQU    0
                .CODE
                INCLUDE LABMICP.INC
    PP              PROC  FAR
        MOV     AX, @DATA
        MOV     DS, AX
        MOV     ES, AX
        LPANT   0, 184FH
        CURSOR FILA, COL
        CALL    MVS_20B; copia MENSA1 en MENSA2
        CALL    MVS_10W; copia MENSA2 en MENSA3
                DISPLAY MENSA2
        DISPLAY MENSA3
        CALL    SALIR
        RET
    PP              ENDP
    END     PP
```

399

Programa 13 FICHERO: MVS _ 20B y MVS _ 10W

```
;  *****************************************************************
MVS_20B           PROC NEAR;  COPIA  BYTES
                  CLD
                  MOV CX,37
                  LEA  SI ,  MENSA1
                  LEA  DI ,  MENSA2+10
                  REP  MOVSB
                  RET
        MVS_20B           ENDP
;
        MVS_10W           PROC NEAR;COPIA  PALABRAS
                  CLD
                  MOV CX,19
                  LEA  SI ,  MENSA2+10
                  LEA  DI ,  MENSA3+10
                  REP  MOVSW
                  RET
        MVS_10W           ENDP
```

Corra el programa. Tome foto de la pantalla con resultados.

Para evaluar ejercicio 3: Modifique en segmento de datos la cadena MEN-SA1 con: 'Las instrucciones primitivas MOVSB y MOVSW requieren de un prefijo REP de repetición.'
Haga los cambios necesarios en el segmento de código y corra el programa. Tome foto a la ventana con el nuevo resultado

Ejercicio 4

Editar y ensamblar P11.ASM.

Programa 14 Descubre el mensaje

```
;  *********************************************************************
;  Programa: P11.ASM.
;  Descripcion: Este programa descifra el mensaje escondido en TABLA1,
;  para lo cual se inicia limpiando pantalla y creando la cadena TABLA2
;  que luego imprime en pantalla de texto. El programa espera por la
;  tecla enter que permite visualizar el mensaje escondido (TABLA2).
;  Se usa la instruccion LODSB y la funcion 8 de MSDOS que espera hasta
;  que el usuario presione una tecla. Use INCLUDE LABMICP.INC.
;  *********************************************************************
                    .MODEL SMALL
                    .STACK 40H
                    .DATA
TABLA1              DB  '"osomreh y odirolfoyam a necahosoivulllirba y
                            osotnevozraM"'
TABLA2              DB 63 DUP (20H),10,13, '$'
MSJ11              DB  ' Para visualizar el mensaje escondido aprete la tecla
                            ENTER',10, 13, 10, 13, '$'
                    .CODE
                    INCLUDE LABMICP.INC; incorpora subrutinas DESCIFRA, ESPERA, SALIR
PP                      PROC FAR
                    MOV     AX, @DATA
                    MOV     DS, AX
                    MOV     ES, AX
                    LPANT 0,184FH
                    CURSOR  3, 0
                    DISPLAY   MSJ11
                    LEA DI, TABLA2+63
                    CALL    DESCIFRA
                    CALL    ESPERA
                    DISPLAY   TABLA2
                    CURSOR  6,0
                    CALL    SALIR
                    RET
PP                  ENDP    ; Fin del programa Principal.
                    END     PP
```

Programa 15 FICHERO: DESCIFRA y ESPERA

```
;  ****************************************************************
DESCIFRA          PROC    NEAR
                  LEA     SI , TABLA1
                  CLD
                  MOV CX,  63
A20:              LODSB
                  MOV [DI] , AL
                  DEC  DI
                  LOOP  A20
                  RET
DESCIFRA          ENDP
;
ESPERA  PROC      NEAR
                  MOV     AH, 8; funcion 8 de MSDOS, espera por cualquier tecla
                  INT     21H
                  CMP     AL, 0DH;
                  JNZ     ESPERA; sale si tecla apretada es ENTER
                  RET
ESPERA  ENDP
```

Corra P11 y tome foto de la pantalla

Regrese a notepad++ y modifique TABLA1 con:

"La tecnología actual permiteimplementar microprocesadores de 80 y mas núcleos"

Actualizar tamaño de TABLA2 acorde con longitud del nuevo mensaje de TABLA1. Haga los cambios necesarios en el segmento de código.

Ensamble y corra el programa. Tome foto.

Incluya en reporte foto depantalla con resultados y listado de P11.ASM modificado.

Ejercicio 5

Edite y ensamble P12.ASM.

Programa 16 Operación XOR

```
;  ********************************************************************
;  Programa: P12.ASM
;  Descripcion: Este programa visualiza en pantalla con formato binario
;  de 8 bits el resultado de la Operacion logica XOR entre NUMBIN
;  almacenado en memoria con la constante FFH. Este ejercicio
;  requiere de las instrucciones de desplazamiento SHL y SHR.
;  ********************************************************************
                         .MODEL SMALL
                         .STACK 32
                         .DATA
        NUMBIN   DB      01011011B
        MS12        DB        'RESULTADO XORBINARIO DE 8 BITS: ','$'
        MSF12       DB        10,13,'Verifique manualmente este resultado ',
                              1,2,'$'
                         .CODE
        PP          PROC    FAR
                    MOV     AX, @DATA
                    MOV     DS, AX
                    MOV     DX, OFFSET MS12
                    MOV     AH, 9
                    INT     21H
                    ;******************************
                    MOV     BL, NUMBIN
                    XOR     BL, 0FFH
                    MOV     CX, 8
        LAZO1:      SHR     BL, 1
                    JC      ESUNO
                    MOV     DL, 30H
                    JMP     DISPLAY
        ESUNO:  MOV DL, 31H
        DISPLAY:    MOV     AH, 2
                    INT     21H
                    LOOP    LAZO1
                    MOV     DX,OFFSET MSF12
                    MOV     AH, 9
                    INT     21H
                    .EXIT
RET
        PP          ENDP
                    END     PP
```

Ejecute P12.EXE y verifique el resultado de XOR en pantalla.

Hay un problema con el resultado de XOR en pantalla, se imprime del bit menos significativo al más significativo, es decir al revés de lo normal. Tome foto a la pantalla.

Para evaluar ejercicio 5: Ponga NUMBIN DW 0ABCDH en lugar de NUMBIN DB 11010101B en el segmento de datos.

Modifique el programa para visualizar el resultado XOR (entre NUMBIN con 0FFFFH) de 16 bits en el centro de la pantalla con el mensaje siguiente

403

(dos líneas de texto), donde b es un digito binario:

RESULTADO XOR BINARIO DE 16 BITS:bbbbbbbbbbbbbbbb
Verifique manualmente este resultado.

Ejecute P12.exe modificado y verifique que el resultado sea correcto. Incluya en su reporte el listado de esta última modificación de P12.ASM.

16.10.   ANEXO PRÁCTICA 5

INTEGRANTE 1:
INTEGRANTE 2:
PARALELO:
GRUPO:

RESPONDER

Ejercicio 1

Para evaluar el ejercicio 1: Modifique el programa P8.ASM para que sume los nuevos valores NUM1= 98765124 con NUM2= 12457859 y deje el resultado en ASC3.

Tome foto a color a la pantalla con el resultado del programa modificado. Incluya en su reporte el listado del programa fuente P8.ASM modificado.

Ejercicio 2

Después de ejecutar MOV SUMA, AX:
valor hex de SUMA= _ _ _ _ _ _ _ _ , equivalente decimal= _ _ _ _ _ _ _ _

Después de ejecutar DIV NUM:
valor hex de cociente AX=_ _ _ _ _ _ _ _ , equivalente decimal_ _ _ _ _ _ _ _
valor hex de residuo DX=_ _ _ _ _ _ _ _ , equivalente decimal _ _ _ _ _ _ _ _

Contenido de variables:
PROM =_ _ _ _ _ _ _ _ hex, equivalente decimal= _ _ _ _ _ _ _ _
RESID= _ _ _ _ _ _ _ _ hex, equivalente decimal= _ _ _ _ _ _ _ _

Dibuje el mapa de memoria mostrando el contenido hexadecimal de cada localidad del arreglo ASCNUM. Salga de CODEVIEW y ejecute el programa. Tome foto a la pantalla.

Para evaluar ejercicio 2: Modifique el programa para que el cursor en su movimiento horizontal de la vuelta la pantalla de manera correcta, por ejemplo, si el cursor se sale del borde derecho este debe aparecer de inmediato en el borde izquierdo sobre la misma fila, cosa similar cuando se sale del borde izquierdo debe aparecer de inmediato en borde derecho sobre la misma fila.

En su reporte incluya listado de P6.ASM modificado.
Dibuje diagrama de flujo (nivel alto) de PP.

Ejercicio 3

Para evaluar ejercicio 3: Modifique en segmento de datos la cadena MEN-SA1 con: 'Las instrucciones primitivas MOVSB y MOVSW requieren de un prefijo REP de repetición.'
Haga los cambios necesarios en el segmento de código y corra el programa. Tome foto a la ventana con el nuevo resultado

Ejercicio 4

Regrese a notepad++ y modifique TABLA1 con:

"La tecnología actual permite implementar microprocesadores de 80 y más núcleos"

Actualizar tamaño de TABLA2 acorde con longitud del nuevo mensaje de TABLA1. Haga los cambios necesarios en el segmento de código.

Ensamble y corra el programa. Tome foto.
Incluya en reporte foto de pantalla con resultados y listado de P11.ASM modificado.

Ejercicio 5

Para evaluar ejercicio 5: Hay un problema con el resultado de XOR en pantalla, se imprime del bit menos significativo al más significativo, es decir al revés de lo normal. Tome foto a la pantalla.
Haga los cambios en segmento de código (no en segmento de datos) para que el resultado de XOR se imprima en el orden normal, es decir del bit más significativo al bit menos significativo.

Ejecute P12.exe y verifique que el resultado sea correcto, tome foto a la pantalla.

Para evaluar ejercicio 5: Ponga NUMBIN DW 0ABCDH en lugar de NUMBIN DB 11010101B en el segmento de datos.
Modifique el programa para visualizar el resultado XOR (entre NUMBIN con 0FFFFH) de 16 bits en el centro de la pantalla con el mensaje siguiente (dos líneas de texto), donde b es un digito binario:

RESULTADO XOR BINARIO DE 16 BITS:bbbbbbbbbbbbbbbb
Verifique manualmente este resultado.

Ejecute P12.exe modificado y verifique que el resultado sea correcto. Incluya en su reporte el listado de esta última modificación de P12.ASM.

16.11. Práctica 6: Tutorial Básico del entorno de desarrollo uVision4

16.11.1. OBJETIVOS

- Familiarizar al estudiante con el entorno de desarrollo uVision4.

- Familiarizar al estudiante con la arquitectura de los microcontroladores derivados del original 8051/8052.

- Familiarizar al estudiante con la simulación de sistemas digitales.

16.11.2. CONTENIDO

- Arquitectura interna del MICC AT89C51RB2 / AT89C51RC2.

- Tutorial Básico del entorno de desarrollo uVision4.

  - Creación de un proyecto nuevo.
  - Ejecución paso a paso.
  - Observación de registros varios.
  - Hoja de trabajo.

- Simulación de un sistema digital basado en el MICC AT89C51RC2: rotación de LEDs en puertos P1 y P2.

Arquitectura Interna MICC de 8 bits compatible con AT89C52

Características principales:

- 4 puertos de 8 bits

- 3 temporizadores de 16 bits

- 256 bytes de memoria RAM

- 16K / 32K bytes de memoria FLASH

- 9 fuentes de interrupción

- 2 punteros de datos

- Comunicación UART

- Comunicación SPI

- Temporizador WDT

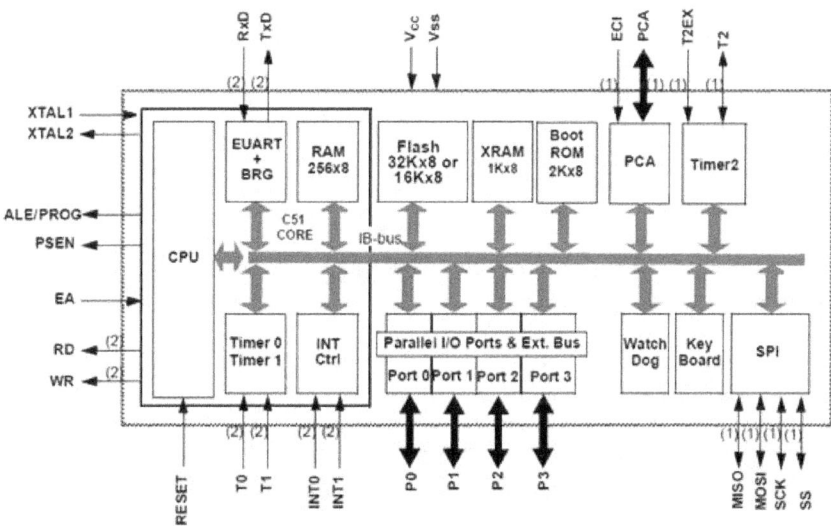

Figura 16.10: Block Diagram

Tutorial Básico del Entorno de desarrollo uVision4

Creación de un Proyecto Nuevo

1. Lo primero que se necesita es crear una carpeta de trabajo para cada práctica. En el directorio Windows 7 (C:) crear la carpeta de trabajo P# G# , donde:

P Paralelo
Número de paralelo
G Grupo
Número de grupo

Por ejemplo: P1G5 pertenece al Paralelo # 1 Grupo # 5. Esta será su carpeta temporal de trabajo para la práctica del día. La misma que deberá ser borrada al finalizar la práctica.

2. Abrimos el programa uVision4, en la figura 16.11. se muestra su ventana inicial.

3. Iniciar un Nuevo proyecto en ensamblador desde el menú "Proyect" seleccionando "New uVision Proyect" tal como se muestra en la figura 16.12.

4. Seleccione su carpeta de trabajo y asigne nombre al proyecto, ejemplo PRÁCTICA6. Ver figura 16.13.

5. Haga click en "save".

6. Aparecerá la ventana para seleccionar el microcontrolador. Seleccione Atmel. Figura 16.14.

7. Expanda Atmel y seleccione el microcontrolador AT89C52, luego haga click en OK tal como se muestra en la figura 16.15.

8. Aparece una ventana pequeña (Figura 16.16). Por ahora haga click en NO.

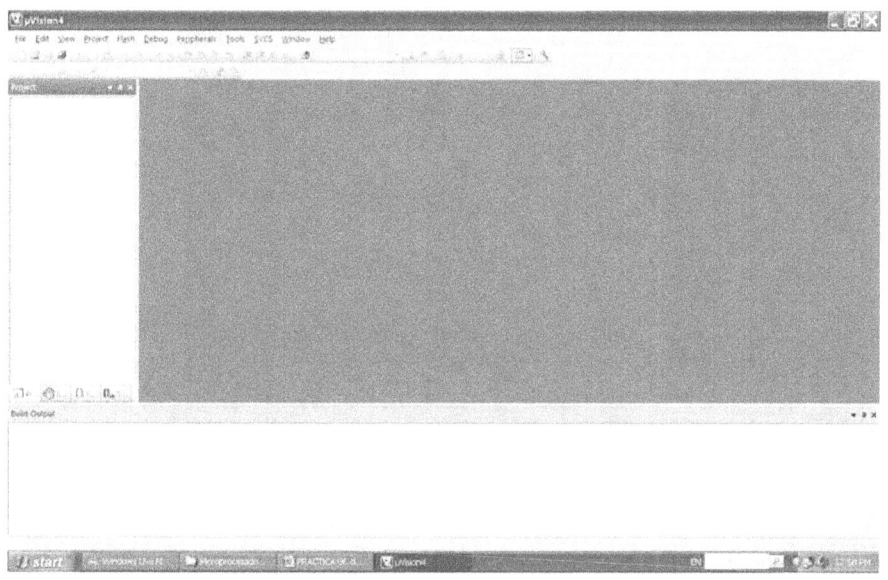

Figura 16.11: Ventana inicial de uVision4 Paso 2

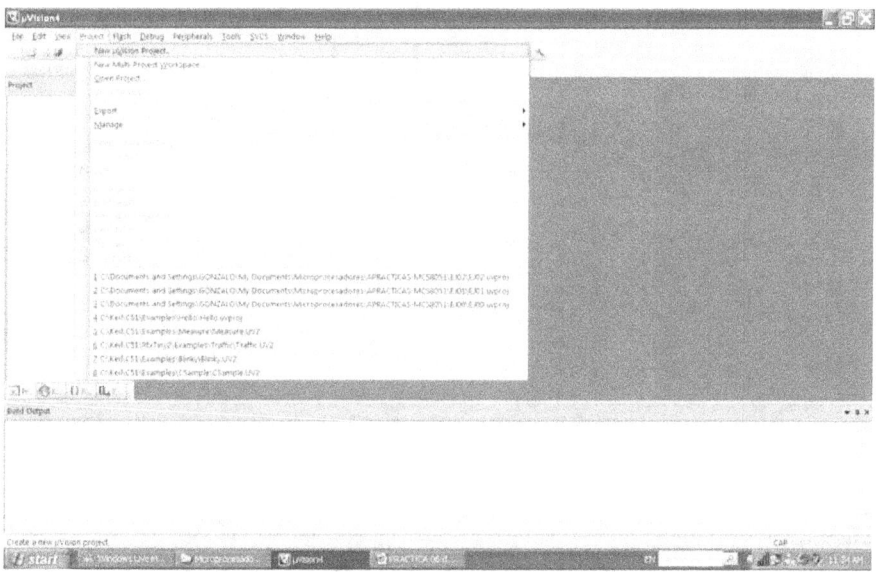

Figura 16.12: Creación de un Nuevo Proyecto. Paso 3

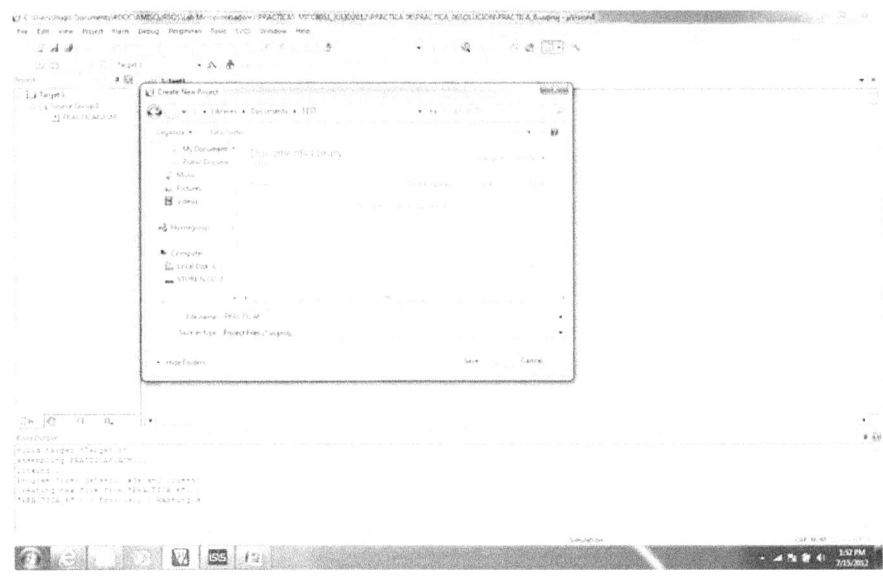

Figura 16.13: Asignación de nombre al Proyecto Nuevo. Paso 4

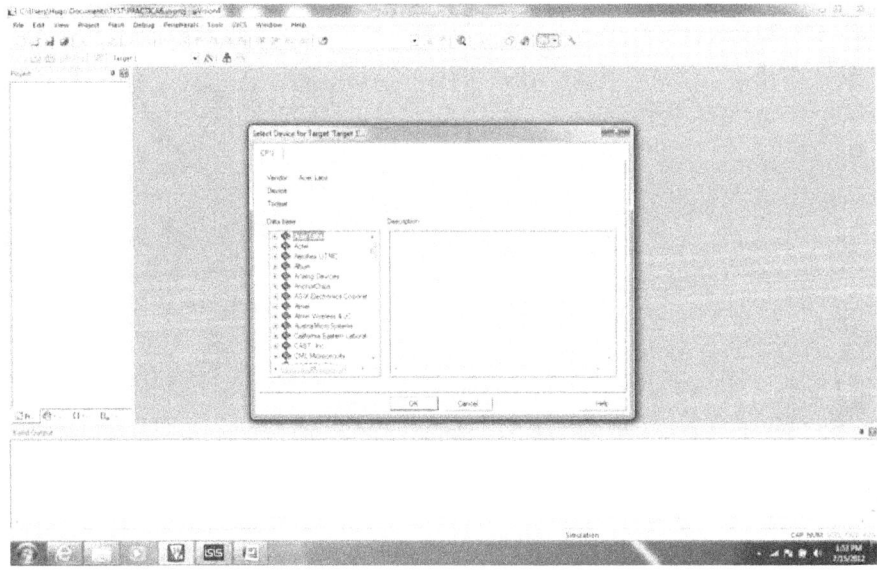

Figura 16.14: Selección del Microcontrolador. Paso 6

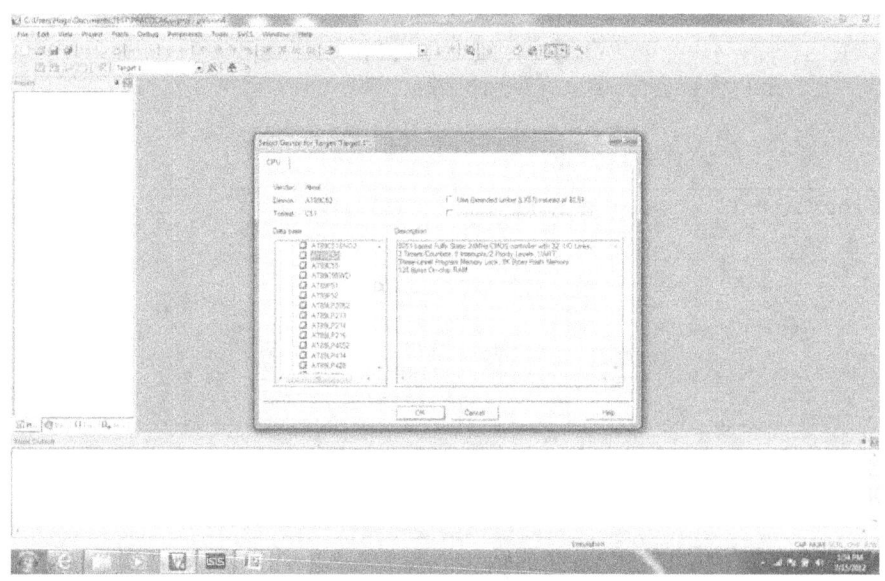

Figura 16.15: Elección del microcontrolador. Paso 7

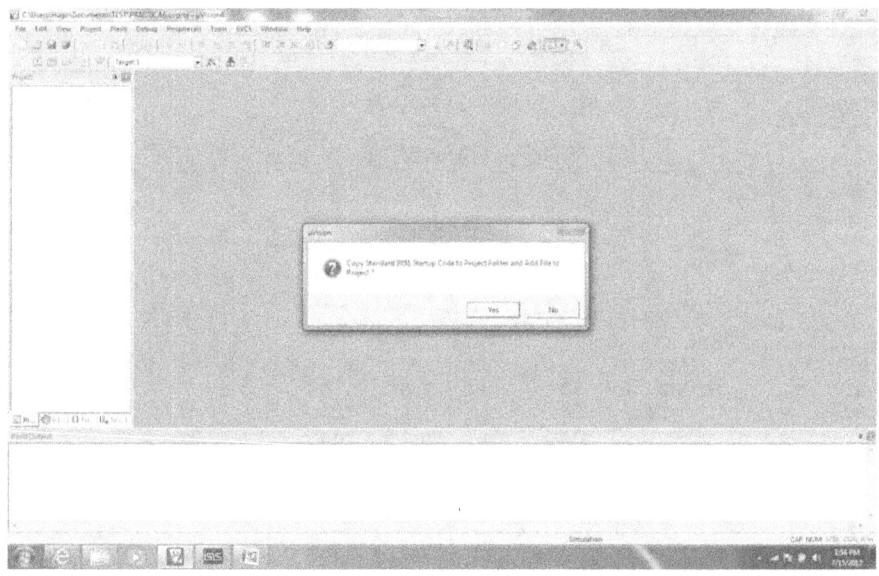

Figura 16.16: Últimos detalles para la creación de un Nuevo Proyecto. Paso 8

413

Creación del programa fuente con el editor de texto

1. En el menú File seleccione New, se abre una ventana nueva de texto (Text1). Ver figuras 16.17 y 16.18.

2. Digite el siguiente programa en la ventana de texto 20.

Programa 17 Rotación de LEDS en puertos P1 y P2

```
;===================================================
;                    PRACTICA 6
;===================================================
; El siguiente programa en lenguaje ensamblador implementa la
; rotacion de LEDs en puerto P1 y tambien en  puerto P2.
; Inicialmente el programa enciende LED_INICIO y espera por
; Tecla Inicio.Para iniciar rotacion apretar y luego liberar
; Tecla Inicio. El archivo ejecutable se lo implanta en la
; memoria de programa del Microcontrolador AT89C52 disponible
; en PROTEUS para la simulacion.
; Frecuencia XTAL = 12.0 MHz.
;===================================================

                    ORG 000H  ; Inicio del programa fuente
                    MOV     A, #0
                    MOV     P1, A; P1 salida
                    MOV     P2, A; P2 salida
                    CLR     P0.0; P0.0 salida
                    SETB    P0.0; Enciende LED_INICIO
                    SETB    P0.7; P0.7 entrada — tecla
APTECLA:            JB      P0.7, APTECLA; apretar tecla inicio
LITECLA:            JNB     P0.7, LITECLA; liberar tecla inicio
                    CLR     P0.0; Apaga LED_INICIO
                    MOV     R4, #01H
                    MOV     R5, #80H
REPETIR:    MOV             P1, R5
                    MOV     P2, R4
                    ACALL   RETARDO
                    MOV     A, R4
                    RR      A
                    MOV     R4, A
                    MOV     A, R5
                    RL      A
                    MOV     R5, A
                    SJMP REPETIR
; Subrutina RETARDO, dos lazos anidados
RETARDO:            MOV             R3, #200
L02:                MOV             R2, #255
L01:                DJNZ            R2, L01
                    DJNZ                    R3, L02
                    RET
                    END                     ; Fin del programa fuente
```

3. En menú file seleccione Save As. Guarde su programa fuente con extensión .ASM (PRÁCTICA6.ASM) en su carpeta de trabajo, click save. Guíese con la figura 16.19.

414

Figura 16.17: Creación del programa fuente con el editor de texto. Paso 1

Figura 16.18: Creación del programa fuente con el editor de texto. Paso 1

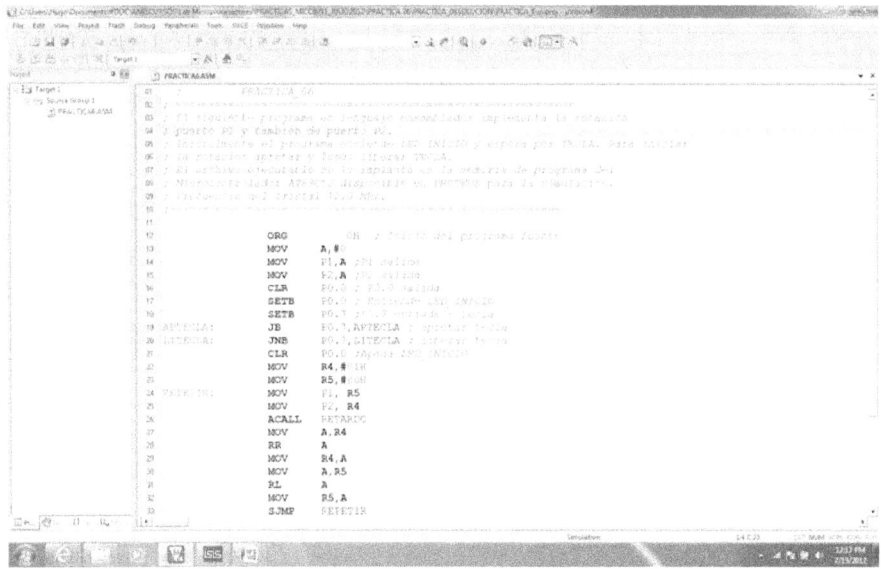

Figura 16.19: Creación del programa fuente con el editor de texto. Paso 3

Agregar archivos al proyecto

1. En la figura 16.20 se visualiza 'Target 1' en el espacio de trabajo del proyecto. Si no visualiza Target 1 haga clic en la pestaña inferior izquierda símbolo Files en el espacio de trabajo.

2. Expandir Target 1 (clic en +).

3. Con doble clic en "Source Group 1" se abre la ventana para agregar archivos. Seleccione 'Asm Source File', observar la figura 16.21

4. En la nueva ventana (Figura 16.22)seleccione el archivo PRÁCTICA6.ASM

5. Finalmente clic en el botón 'Add', luego clic en 'close'. Se obtiene la ventana correspondiente a la figura 16.23 .

6. Expandir Source Group 1 para asegurarnos que el archivo PRÁCTICA6.ASM fue agregado al proyecto (figura 16.24).

416

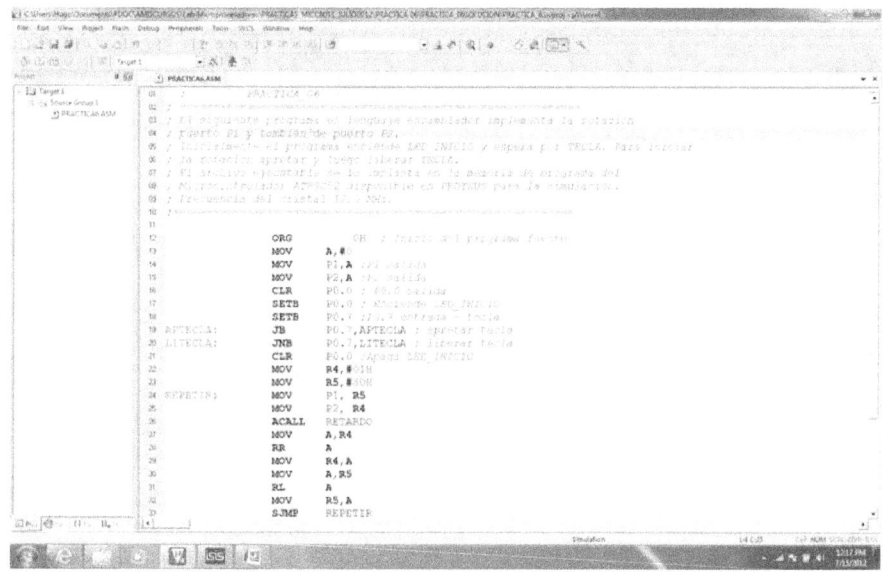

Figura 16.20: Agregar archivos al proyecto. Paso 1

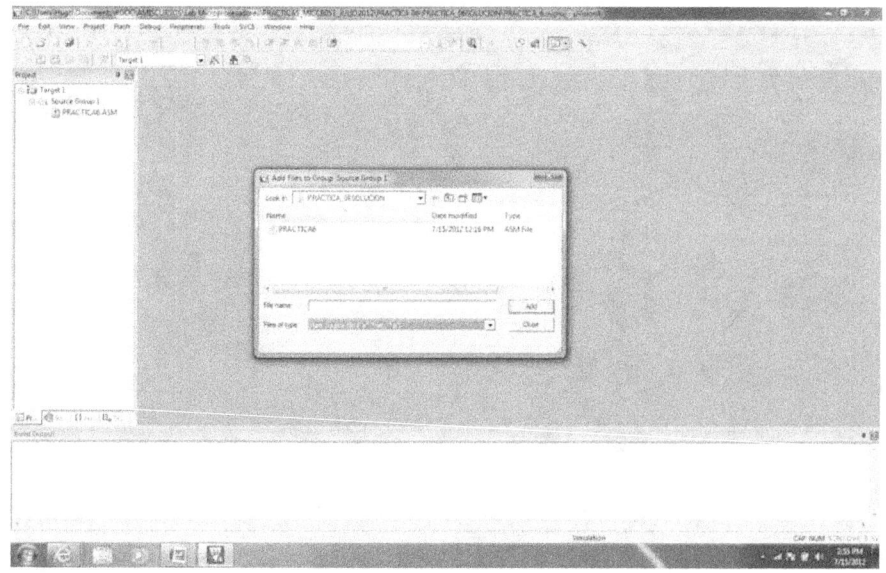

Figura 16.21: Agregar archivos al proyecto. Paso 3

417

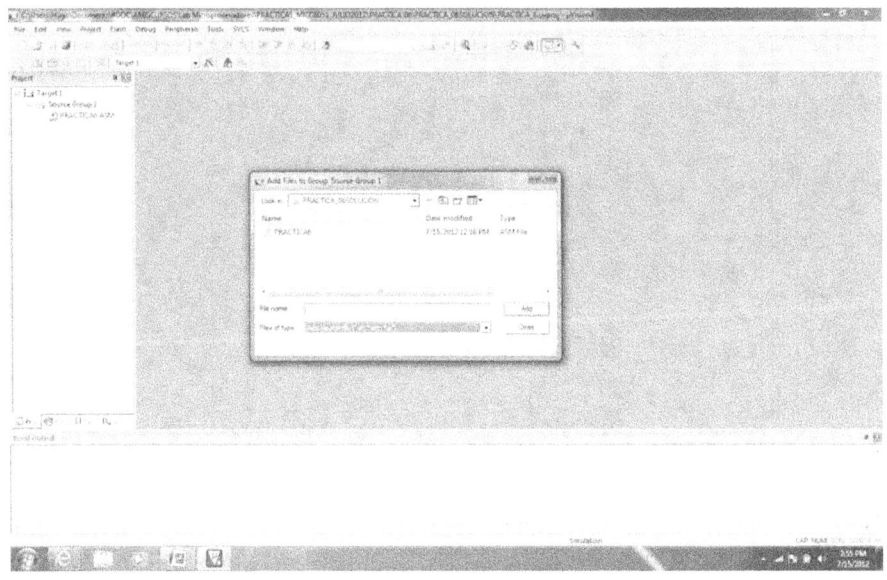

Figura 16.22: Agregar archivos al proyecto. Paso 4

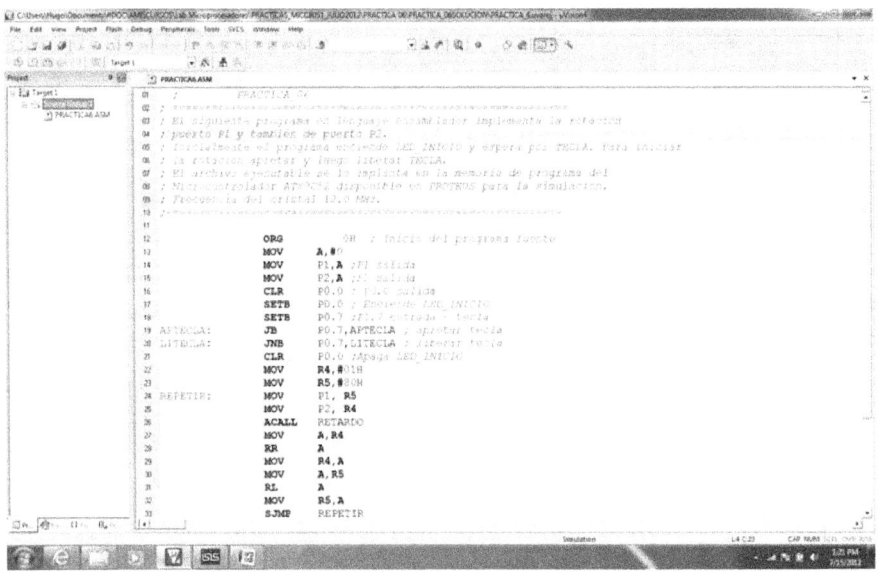

Figura 16.23: Agregar archivos al proyecto. Paso 5

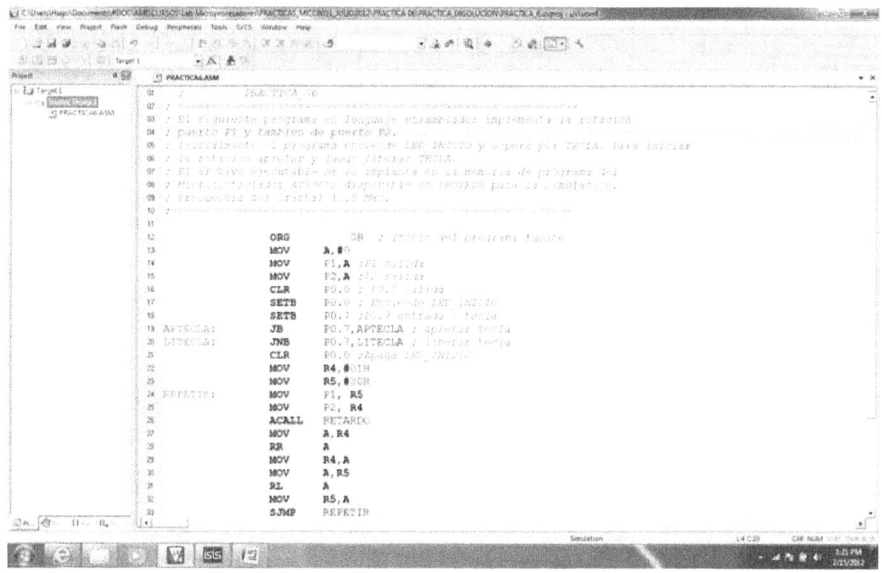

Figura 16.24: Agregar archivos al proyecto. Paso 6

Crear archivo ejecutable (.exe)

1. Hacer clic derecho en "target 1", seleccionar 'options for target 1'. En la nueva ventana seleccione 'Target' y cambie el XTAL a la frecuencia deseada, por ejemplo 12.0 MHz. Observar la figura 16.25.

2. Seleccione la pestaña 'Output' (Figura 16.26).

3. Según lo mostrado en la figura 16.27 marque 'Create HEX File'. Con click en OK se regresa al programa fuente.

4. Retornamos a la ventana del programa fuente (Figura 16.28).

5. Ahora click en pestaña 'Project' y seleccione 'Rebuild all Target Files' ,luego click. Ver figura 16.29.

6. Observe la ventana inferior (figura 16.30) "Build Output", esta reporta "0 errores, 0 advertencias".

7. Con esto se ha creado el archivo ejecutable PRÁCTICA6.EXE y estamos listos para programar la memoria de programa (flash) del microcontrolador AT89C52.

419

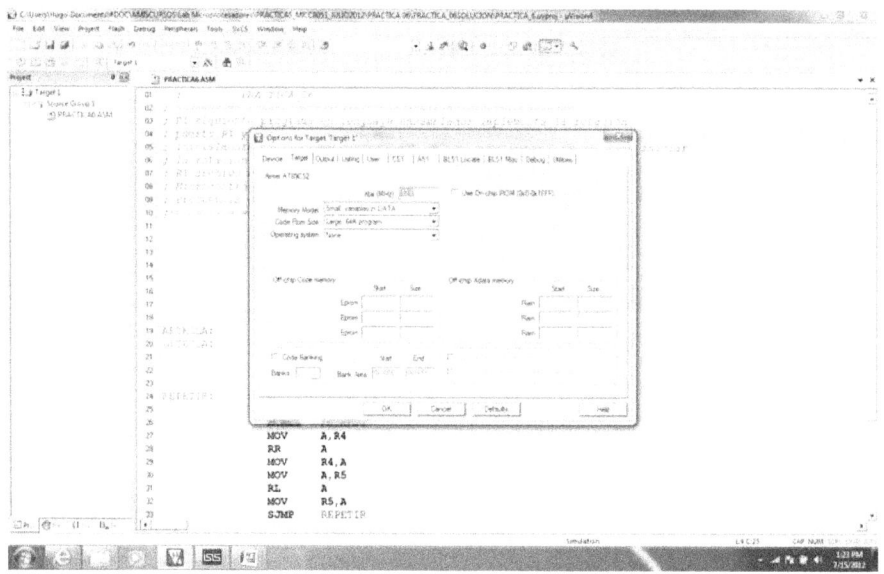

Figura 16.25: Crear archivo ejecutable. Paso 1

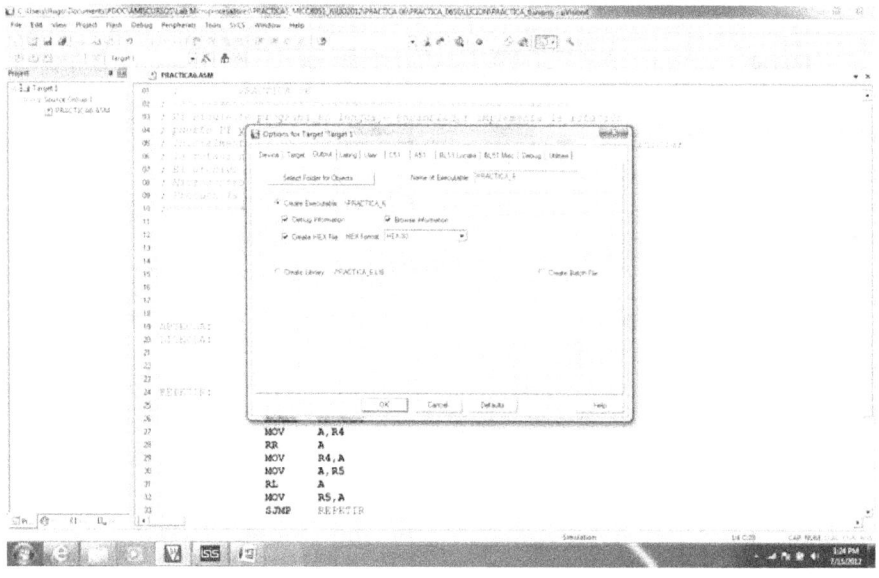

Figura 16.26: Crear archivo ejecutable. Paso 2

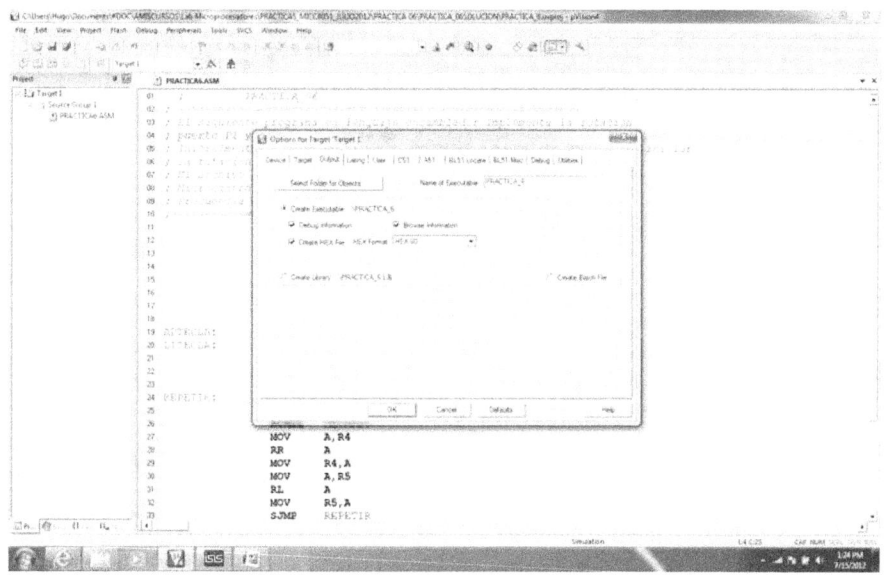

Figura 16.27: Crear archivo ejecutable. Paso 3

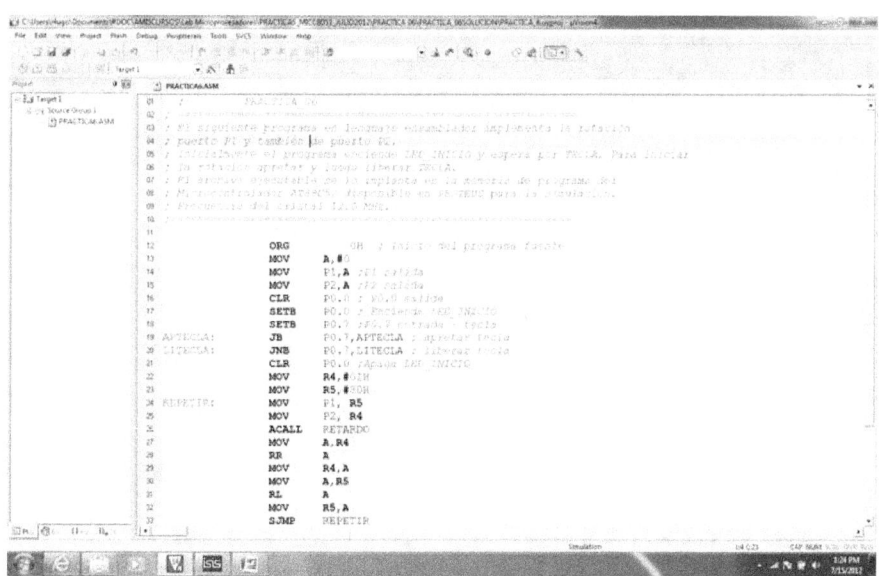

Figura 16.28: Crear archivo ejecutable. Paso 4

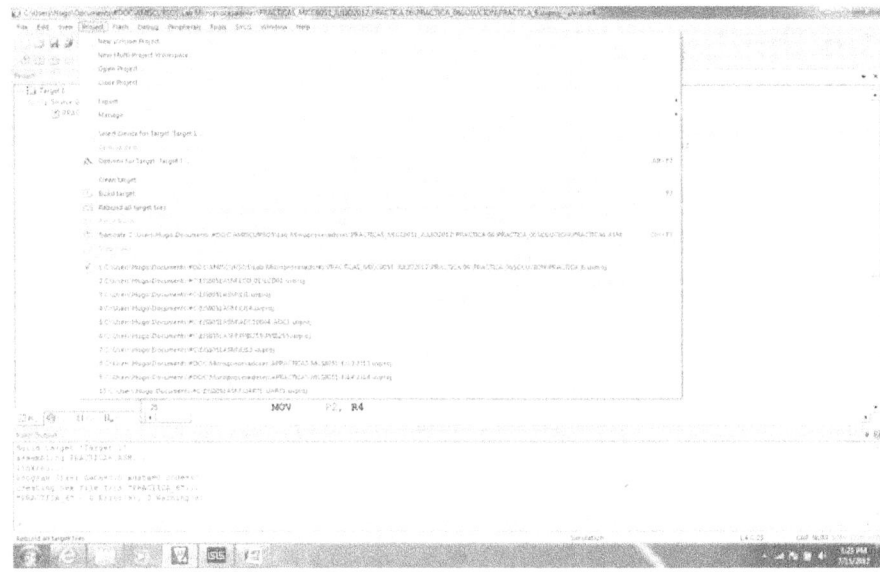

Figura 16.29: Crear archivo ejecutable. Paso 5

Figura 16.30: Crear archivo ejecutable. Paso 6

DEBUG: Ejecución Paso a Paso

Una vez ensamblado el programa se podrá ejecutar paso a paso, para lo cual es necesario habilitar el DEBUG.

1. En el menú Debug (figura 16.31) seleccione "Start/Stop Debug Session".

2. Click "Start/Stop Debug Session". Se obtiene lo detallado en la figura 16.32.

3. Ignore la ventana con click en OK. Observe la flecha amarilla, esto indica que estamos listos para la ejecución paso a paso del programa. Ahora podrá ejecutar paso a paso el código con Debug, Step into, Step out, Step over y RST. Se podrá observar los cambios que sufren los registros (figura 16.33) de acuerdo con la ejecución de cada instrucción. Analice el comportamiento de cada una de estas opciones e indique su funcionamiento en la hoja de trabajo.

4. Antes de proceder con la ejecución paso a paso, en menú "Peripherals" seleccione Port 0, Port 1 y Port 2, ubíquelos en la parte derecha de la pantalla para visualizar los cambios que ocurren con la ejecución paso a paso del programa. Guíese mediante la figura 16.34 .

5. Observe la ventana (figura 16.35)donde se visualiza Port 0, Port 1 y Port 2.

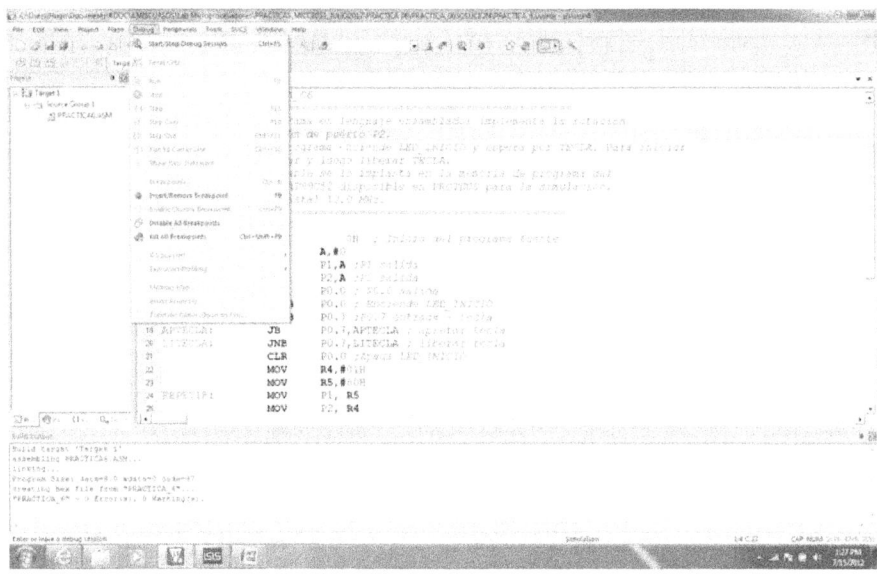

Figura 16.31: Ejecución Paso a Paso. Paso 1

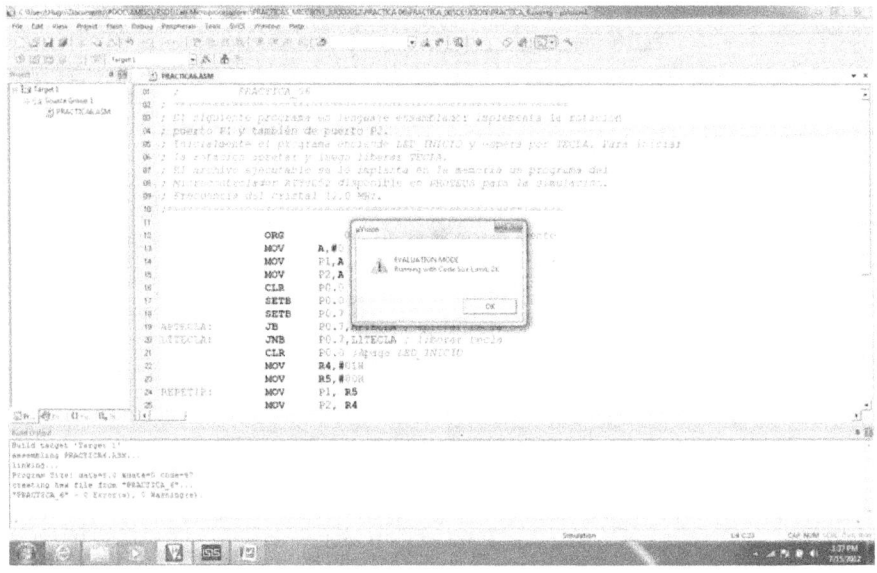

Figura 16.32: Ejecución Paso a Paso. Paso 2

424

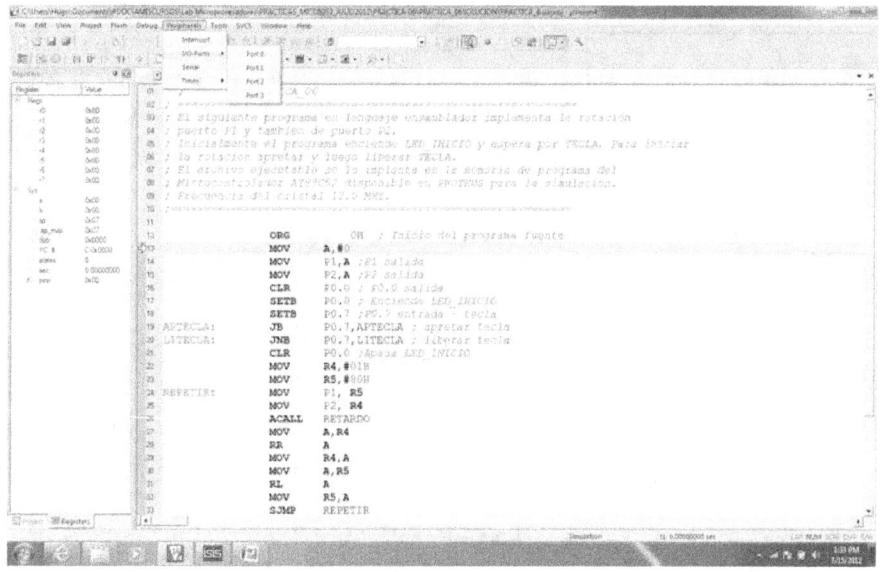

Figura 16.33: Ejecución Paso a Paso. Paso 3

Figura 16.34: Ejecución Paso a Paso. Paso 4

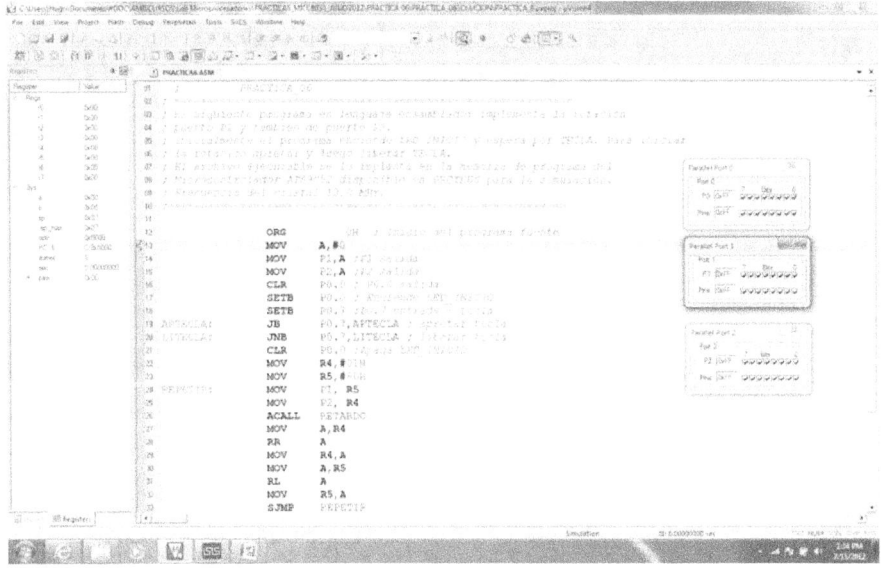

Figura 16.35: Ejecución Paso a Paso. Paso 5

Observación de varios registros

1. Proceda a ejecutar el programa paso a paso y observe los cambios en los distintos registros y en los puertos P0, P1 y P2.

2. Para ejecutar instrucciones paso a paso use step into, para salir de una subrutina use step out, para saltar una subrutina use step over.

Hoja de Trabajo

La Hoja de Trabajo correspondiente a esta práctica se muestra en el Anexo 16.12.

Simulación de un sistema digital basado en el MICC AT89C51RC2: rotación de LEDs en puertos P1 y P2

1. Construya en proteus el sistema digital detallado en la figura 16.36 .

2. En proteus abra ISIS (figura 16.37)

3. Seleccione Componente y luego P. Esto abrirá una ventana de selección de elementos (figura 16.38) en donde escogeremos los componentes a utilizar.

4. En Keywords ingresamos AT89C51RC2 y hacemos doble clic en el elemento de la derecha, esto transfiere el componente a nuestro ambiente

426

de trabajo. Hacemos lo mismo con LED GREEN, LED YELLOW, MINRES330R y BUTTON para que también estén disponibles para el armado del circuito.

Con estos elementos se puede empezar a dibujar el circuito arrastrando y pegando elementos del espacio de trabajo al plano de dibujo. Acercando el Mouse a los terminales de los componentes se los va uniendo hasta obtener las conexiones necesarias para el diseño del hardware detallado en la figura posterior.

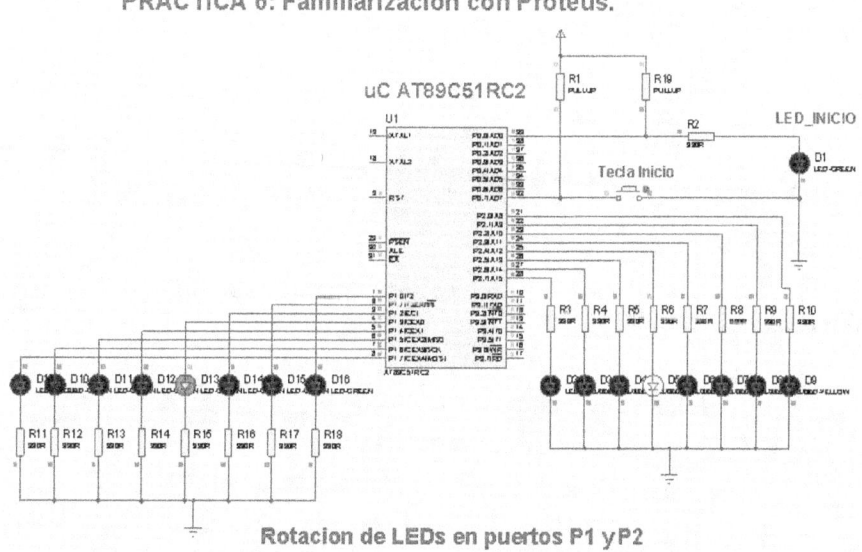

Figura 16.36: Simulación de un sistema digital basado en el MICC AT89C51RC2. Paso 1

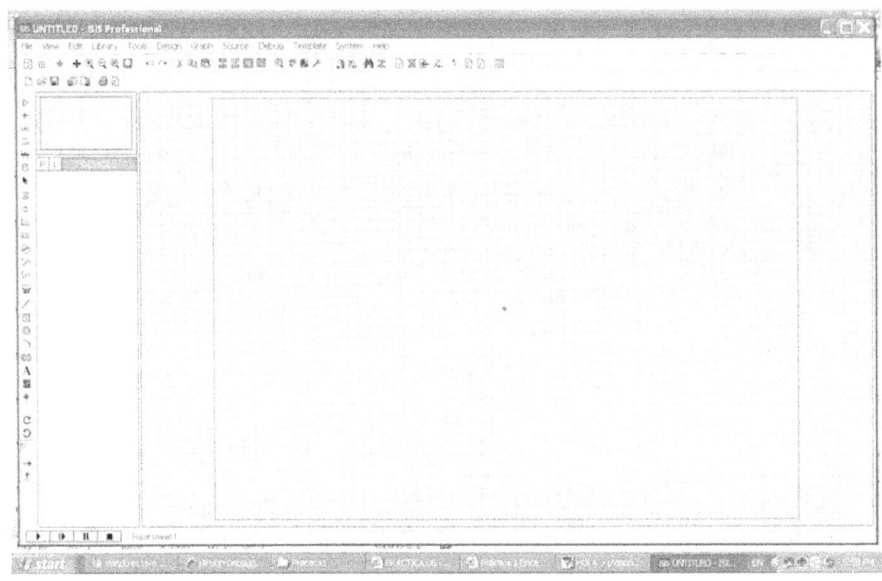

Figura 16.37: Simulación de un sistema digital basado en el MICC
AT89C51RC2. Paso 2

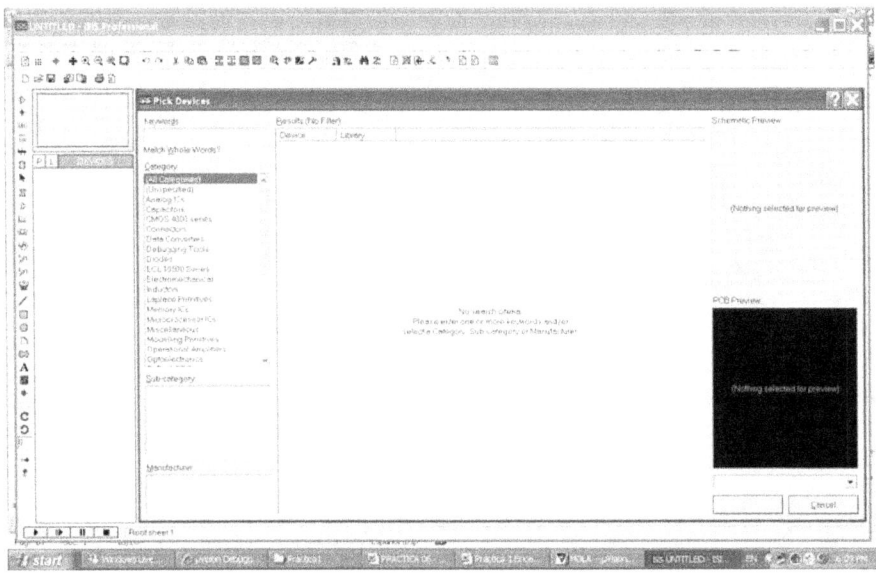

Figura 16.38: Simulación de un sistema digital basado en el MICC
AT89C51RC2. Paso 3

Programación del microcontrolador en proteus

- El ensamblador generó el archivo .hex que es el ejecutable que se usa para programar el microcontrolador.

- Haga un click derecho en el centro del Microcontrolador y en la ventana que se abre seleccione en la línea de Program File el ícono de la carpeta y aparecerá un directorio de búsqueda que tenemos que hacerlo apuntar al archivo PRÁCTICA6.HEX.

- Luego presione OK y está listo para la simulación. Guarde su diseño con nombre P# G# en su carpeta de trabajo.

- Presione PLAY en la parte inferior izquierda de la pantalla de ISIS y empezará la simulación. Aprete Tecla Inicio para iniciar LA ROTACIÓN.

- Muestre a su instructor la simulación del sistema digital. Tome fotos para el reporte.

16.12. ANEXO PRÁCTICA 6

Hoja de Trabajo

****

PARALELO: _____
GRUPO: _____
INTEGRANTE 1: _____
INTEGRANTE 2: _____
****

NOTA: Para activar la ejecución paso a paso click en pestaña DEBUG luego click en Start/Stop Debug Session. Para visualizar los puertos P0, P1, P2 y P3 active la pestaña Peripherals y seleccione I/O ports. Para visualizar código de máquina, active pestaña view y seleccione "Disassembly Window".
****

Conteste las siguientes preguntas

1. Después de RST escriba el contenido de:

Registros Núcleo CPU	Banco de Registros	Buffer de Puertos
A=	R0=	P0=
B=	R1=	P1=
SP=	R2=	P2=
PC=	R3=	P3=
DPTR=	R4=	
PSW=	R5=	
	R6=	
	R7=	

2. Después de ejecutar RR A dos veces el contenido de P2 es:

3. EL código de máquina de la instrucción MOV P2, A es:___. ¿Cuántos bytes ocupa en la memoria de programa? _____.

4. La instrucción MOV R4, # 01H, ¿Cuántos bytes ocupa en la memoria de programa? ____.

5. El código de máquina de la instrucción LITECLA: JNB P0.7, LITECLA es:___. ¿Cuántos bytes ocupa en memoria de programa? ____.

6. Después de ejecutar RL A tres veces, el contenido del registro P1 es:___.

430

7. El código de máquina de la instrucción MOV R5, # 80H es: _ _ _ _.
   Después de ejecutar la instrucción el contenido de R5 es: _ _ _ _.
   ¿Cuántos bytes ocupa en la memoria de programa? _ _ _ _ _.

8. Después de la ejecución de MOV R2, # 255, el contenido de R2 es:_.

9. Si estamos entrampados en la subrutina RETARDO, ¿de qué manera
   se regresa al programa principal para continuar con la ejecución paso
   a paso? Explique.

10. Determine el valor del RETARDO con XTAL de 12 MHz. Detalle en
    su reporte el cálculo del RETARDO.

16.13. Práctica 7: Contador Hexadecimal y Sistema de Alarma

16.13.1. OBJETIVOS

- Contador hexadecimal de un digito. Uso de Tabla de búsqueda para la conversión de binario a código de 7 segmentos.

- Implementar un sistema de ALARMA basado en las especificaciones de funcionamiento dadas por un diagrama de flujo funcional.

- Implementar tonos para ALARMA.

16.13.2. CONTENIDO

- Programa fuente de contador hexadecimal de un digito.

- Subrutina BIN7SEG.

- Diagrama de flujo funcional de sistema de ALARMA.

- Subrutina DELAY1.

- Subrutina DELAY2.

- Subrutina TONOS.

- Código de 7 segmentos para display tipo cátodo común.

- Conjunto de instrucciones en sitio web: http:// www.8052.com/set8051

Primera Parte

Editar, ensamblar y simular contador hex de un digito (CNTHEX.ASM).

Código Fuente de CNTHEX.ASM

El programa en lenguaje ensamblador para CNTHEX es:

Programa 18 Contador Hexadecimal de un dígito

```
; ********************************************************************
; Programa: CNTHEX.ASM
; Descripcion: Contador hexadecimal de un digito. El conteo HEXADECIMAL
; se visualiza en Display de 7 segmentos en puerto P1. Se requiere tabla
; de conversion BIN a 7 SEGTS. El contador avanza con tecla PB conectada
; en la patita P0.7. Usa registro interno B como contador binario.MICC
; AT89C52. XTAL=12 MHz.
; ********************************************************************
                    CSEG        AT      0x000
                    NOP
                    SETB        P0.7; la patita P0.7 entrada (PB).
                    MOV         A, #0
                    MOV         P1, #0; puerto P1 salida
                    LCALL       BIN7SEG; obtener codigo 7 segmentos
                    MOV         P1, A; visualiza digito 0
APRETA_PB:          JB          P0.7, APRETA_PB; apretar tecla PB
LIBERA_PB:          JNB         P0.7, LIBERA_PB; liberar tecla PB
                    INC         B; contador binario nibble bajo
                    ANL         B, #0FH; limita conteo hasta 00001111.
                    MOV         A, B
                    LCALL       BIN7SEG ; convierte BIN a codigo 7 SEGTS.
                    MOV         P1, A
                    SJMP        APRETA_PB
;********************************************************************
; Subrutina BIN7SEG: Conversion BIN a codigo 7 segmentos
; Tipo de display: anodo comun
; Entrada: valor BIN, nibble bajo en registro A
; Salida: codigo de 7 segmentos en registro A
BIN7SEG:            INC         A
; A <——— A+1
                    MOVC        A,@A+PC    ; A <——— PC+A
                    RET
; Si A=1 PC apunta a DB   0C0H
; Tabla codigo de 7 segmentos para display tipo anodo comun.
                    DB          0C0H       ; 0
                    DB          0F9H       ; 1
                    DB          0A4H       ; 2
                    DB          0B0H       ; 3
                    DB          99H        ; 4
                    DB          92H        ; 5
                    DB          82H        ; 6
                    DB          0F8H       ; 7
                    DB          80H        ; 8
                    DB          90H        ; 9
                    DB          88H        ; a
                    DB          83H        ; b
                    DB          0C6H       ; c
                    DB          0A1H       ; d
                    DB          86H        ; e
                    DB          8EH        ; f
; ******Fin Tabla de Conversion ************************************
                    END
```

Simulación de CNTHEX.ASM en Proteus

Construya en Proteus el circuito mostrado abajo y verifique su funcionamiento. El hardware para CNTHEX es:

- Microcontrolador AT89C52.

- Una botonera (tecla).

- Resistor PULLUP.

- Resistor MINRES330R

- Un display de 7 segmentos tipo ánodo común.

- Un generador tren de pulsos para automatizar el conteo hexadecimal.

Presente foto a color de CNTHEX funcionando y muestre su trabajo al instructor.

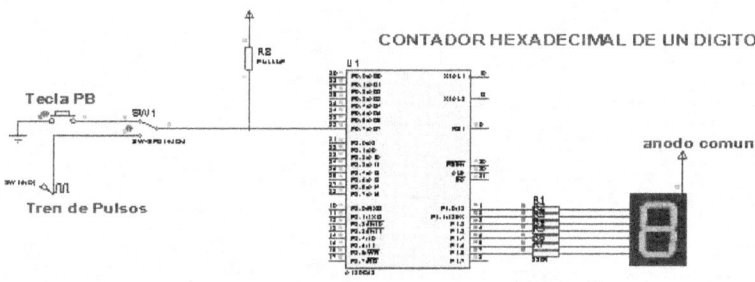

Figura 16.39: Simulación Contador Hexadecimal de un dígito en Proteus

Modificación de CNTHEX.ASM a contador BCD de un dígito

Modifique CNTHEX.ASM para que funcione como contador BCD de un dígito

- Llame al nuevo programa CNTBCD.ASM.

- Presente el listado de CNTBCD.ASM.

435

- Presente foto de CNTBCD funcionando en Proteus.

- Muestre esta modificación a su instructor.

Segunda Parte

Editar, ensamblar y simular ALARMA. El sistema ALARMA usa cuatro sensores que se conectan a las entradas P3.0, P3.1, P3.2 y P3.3, que corresponden con bodega 1, bodega 2, bodega 3 y bodega 4 respectivamente. Para efectos de esta práctica en lugar de los sensores se usa cuatro interruptores todos normalmente cerrados, cuando cualquiera de estos interruptores se abre genera una condición extraña que activa dos tonos en parlante conectado en las patitas P1.0 y P1.1. El hardware y las especificaciones del software de ALARMA se describen a continuación:

- Las especificaciones de funcionamiento se establecen en el diagrama de flujo funcional de ALARMA mostrado abajo.

- En esta segunda parte el estudiante implementa líneas de código en lenguaje ensamblador para el diagrama de flujo funcional de ALARMA.

- Conjunto de instrucciones en sitio web: http://www.8052.com/set8051

Con el objetivo de implementar ALARMA.ASM se muestran a continuación las subrutinas y el diagrama de flujo funcional correspondientes.

Programa 19 Subrutinas a utilizar en ALARMA

```
; *********************************************************************
; TONOS: Esta subrutina genera alternadamente en la patita P1.0 un tono
; de 500 Hz y en la patita P1.1 un tono de 1000 Hz. Usa XTAL=12 MHz.
; *********************************************************************
TONOS:          MOV             R3,#200D    ;repite 200 veces
                MOV             P1, #00H        ; P1 salida
L1MS:           SETB            P1.0
                LCALL           DELAY1 ; retardo de 1 ms.
                CLR             P1.0
                LCALL   DELAY1  ; retardo de 1 ms
                DJNZ    R3, L1MS
                MOV             R3,#200D ; repite 200 veces
L05MS:          SETB            P1.1
                LCALL   DELAY2; retardo de 0.5 ms
                CLR             P1.1
                LCALL   DELAY2 ; retardo de 0.5 ms
                DJNZ            R3, L05MS
                RET
;*********************************************************************
; Subrutina DELAY1 de un milisegundo, frecuencia de 500 Hz.
; Usa registro R2
;*********************************************************************
DELAY1:         MOV     R2, #250d
; lazo repite 250 veces
LZO1MS: NOP                     ; calibrar retardo con NOP
        NOP                                     ;
        DJNZ R2, LZO1MS ; decrementa R2, si distinto de cero ..
        RET                     ; regresar
; *********************************************************************
; Subrutina DELAY2 de 0.5 milisegundos, frecuencia de 1000 Hz.
; Usa registro R2
; *********************************************************************
DELAY2:         MOV             R2,#125D
LZO_05MS:               NOP
                        NOP
                        DJNZ            R2, LZO_05MS
                        RET
; *********************************************************************
; Codigo de siete segmentos para display catodo comun.
; *********************************************************************
        00111111B                       ; configura el 0
        00000110B                       ; configura el 1
        01011011B                       ; configura el 2
        01001111B               ; configura el 3
        01100110B               ; configura el 4
        01110001B               ; configura la F
; *********************************************************************
```

438

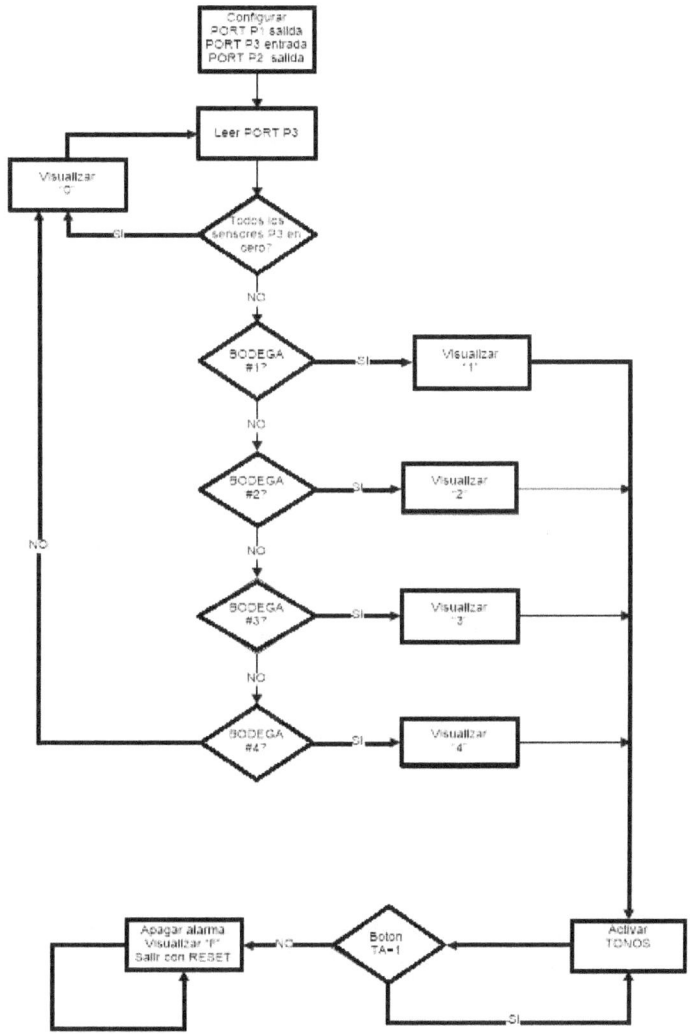

Figura 16.40: Diagrama de Flujo Funcional de Alarma

Codificación de **ALARMA.ASM**

- Edite ALARMA.ASM.

- Ensamble y ejecute paso a paso ALARMA.

- Con la ayuda del entorno uvisio4 mida con exactitud el valor de DE-LAY1 y DELAY2, muestre sus resultados.

Simulación de **ALARMA.ASM**

El hardware para ALARMA es:

- Microcontrolador AT89C52.

- Conecte un parlante en las patitas P1.0 y P1.1.

- Conecte al puerto de salida P2 un despliegue visual de 7 segmentos (cátodo común) para identificar la bodega que generó el estado de alarma.

- En la patita P3.5 conecte tecla TA (Tecla Apagar alarma).

- Implemente RESET maestro.

- El diseño del hardware para ALARMA se muestra a continuación.

- Se puede ver que bodega 2 genera estado de alarma.

- Muestre a su instructor los resultados de la simulación.

- Presente al menos tres fotos a color del funcionamiento de ALARMA. Tome como referencia la figura 16.41.

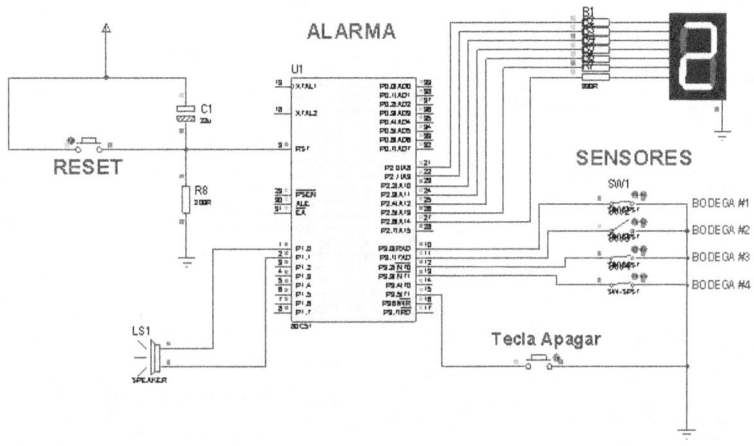

Figura 16.41: Simulación de ALARMA.ASM en Proteus

16.14. Práctica 8: Temporizadores + Interrupciones

16.14.1. OBJETIVOS

- Familiarizar al estudiante con la programación en lenguaje ensamblador de los temporizadores TMR0 y TMR1 del microcontrolador AT89C52.

- Familiarizar al estudiante con las interrupciones generadas por desborde de TMR0 o TMR1.

- Contador BCD multiplexado. Para refrescar el display se configura el TMR0 para que genere una interrupción cada 3 milisegundos.

- Familiarizar al estudiante con Tablas de Búsqueda para la conversión de binario a código de 7 segmentos.

16.14.2. CONTENIDO

- Programa fuente TMR.ASM
- Subrutina DELAY1 basada en semilla generada por TMR1.

- Programa fuente ContadorBCD.ASM

- Tabla de códigos de 7 segmentos.

- Subrutina DELAY basada en lazos anidados.

- Hoja de trabajo.

- Conjunto de instrucciones en sitio web: http://www.8052.com/set8051

16.14.3. INTRODUCCIÓN

TIMER 0: Como se puede ver en la figura 16.42. el TMR0 consiste de dos registros de función especial implementados en RAM y concatenados TH0:TL0, que representan la parte alta (TH0) y la parte baja (TL0) de un valor de 16 bits.

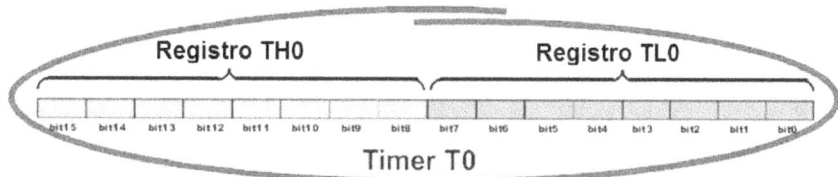

Figura 16.42: Estructura del Timer 0

Los registros de funciones especiales IE, TMOD y TCON están relacionados con el funcionamiento de TMR0 y TMR1, un ejemplo se muestra en la figura 16.43.

								Valor después del Reset
0	0	0	0	0	0	0	0	
GATE1	C/T1	T1M1	T1M0	GATE0	C/T0	T0M1	T0M0	NOMBRE DE BIT
bit7	bit6	bit5	bit4	bit3	bit2	bit1	bit0	

TMOD

T1M1	T1M0	MODO	DESCRIPCIÓN
0	0	0	Timer de 13 bits
0	1	1	Timer de 16 bits
1	0	2	Timer de 8 bits con auto-recarga
1	1	3	Timer0 en modo dividido

								Valor después del Reset
0	0	0	0	0	0	0	0	
TF1	TR1	TF0	TR0	IE1	IT1	IE0	IT0	NOMBRE DE BIT
bit7	bit6	bit5	bit4	bit3	bit2	bit1	bit0	

TCON

Registro IE (Interrupt Enable)

								Valor después del Reset
0	X	0	0	0	0	0	0	
EA		ET2	ES	ET1	EX1	ET0	EX0	NOMBRE DE BIT
bit7	bit6	bit5	bit4	bit3	bit2	bit1	bit0	

IE

Figura 16.43: Registros y Funciones especiales

TIMER 1: El TMR1 es idéntico a TMR0, excepto en modo 3. Esto significa que su funcionamiento es controlado por los mismos registros que acabamos de mostrar arriba. Como se puede ver en la figura 16.44 el TMR1 consiste de dos registros de función especial implementados en RAM y concatenados

TH1:TL1, que representan la parte alta (TH1) y la parte baja (TL1) de un valor de 16 bits.

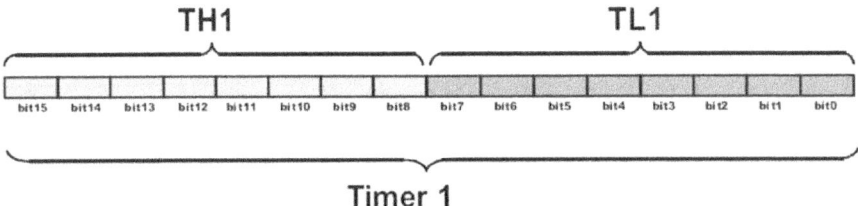

Figura 16.44: Estructura del TIMER1

A continuación se muestra el TMR0 en modo 1 (timer de 16 bits) siendo este uno de los modos más usado.

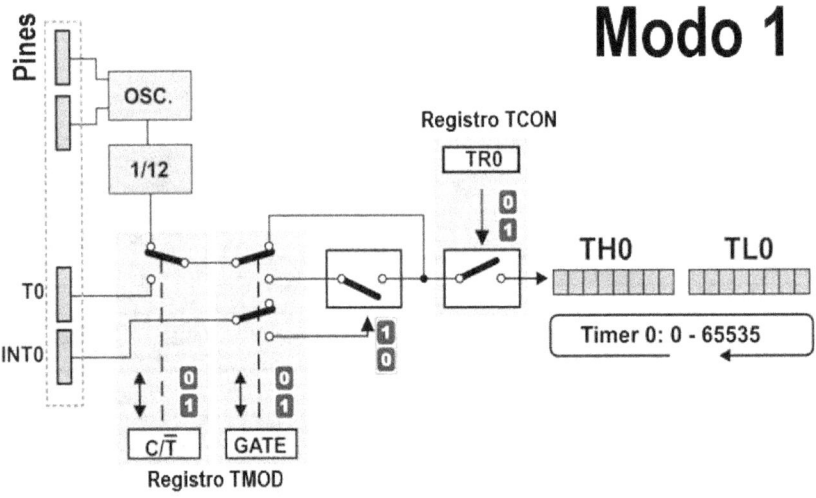

Figura 16.45: Estructura del TIMER0, modo 1

Primera Parte

Edite TMR.ASM, ensamble, corra y verifique su funcionamiento.

Código Fuente de TMR.ASM

El programa en lenguaje ensamblador para TMR.ASM es:

444

Programa 20 Uso de los timers TMR0 y TMR1 en MODO 1

```
;********************************************************************
; Descripcion: El TMR0 y TMR1 ambos operan en MODO 1. El programa
; principal permanece en un lazo infinito moviendo los leds de un
; display de 7 segmentos en el sentido de las manecillas del reloj.
; ********************************************************************
; STACK
                DSEG      AT        030H
INIC_STACK:     DS        0AH
; VECTOR RESET
                CSEG      AT 0x000
                JMP       XRST          ; Vector RST
; VECTOR DE INTERRUPCION DE TIMER T0.
                ORG          00BH
                JMP       TIM0_ISR ; Salta a subrutina TIM0_ISR
                ORG       100H
XRST:           MOV       SP,#0x2F; Inicializa SP con 0x2F
                MOV TMOD,#11H; Selecciona TIMER0 Y TIMER1 EN MODO 1
                MOV       TH0,#3CH          ; PARA 25 HZ TH0:TL0=63C0H
                MOV       TL0,#0B0H         ; DESBORDA CADA 40 ms
                MOV       R5,#0FFH
                SETB      TR0    ; Habilita TMR0
                MOV       IE,#82H ; Habilita su interrupcion TMR0
                CLR       C
                CLR       TF1
                CLR       TR1
                MOV       P2,#00H
                MOV       A,#01H
                MOV       R6,A
LOOP1:  MOV     P2, R6    ; visualiza en display de 7 segmentos
                LCALL     DELAY1;retardo para pausa de 0.5 segundos
                MOV       A, R6
                RL        A; rota leds en sentido manecillas de reloj
                MOV       R6,A
                SJMP      LOOP1; Lazo infinito
;********************************************************************
;*SUBRUTINA DE SERVICIO DE INTERRUPCION DE TIMER0.
TIM0_ISR:       MOV       A, R5
                RRC A; Rota registro A a traves de bandera CY
                MOV       R5, A
        MOV P1, R5 ; Contenido de A se transfiere a P1
        MOV       TH0,#3CH ;RECARGA T0 PARA 25 HZ TH0:TL0=63C0H
                MOV       TL0,#0B0H
            RETI; Regresa a lazo infinito parpadea P2.0
;********************************************************************
;TIMER 1 EN MODO 1 IMPLEMENTA DELAY1 DE 50 MILISEGUNDOS CON
;XTAL=12MHz.
DELAY1: MOV     R7, #1   ;repite semilla 1 vez
                CLR       TR1
LAZO:           MOV       TH1, #3CH
                MOV       TL1, #0B0H
                SETB      TR1
LAB8:           JNB       TF1, LAB8
                CLR       TF1
                DJNZ      R7, LAZO
                RET
;********************************************************************
                END       ; Fin del programa fuente
;********************************************************************
```

Análisis de TMR.ASM

1. En uVision4 ejecute paso a paso TMR. Desde lazo infinito emule desborde de TMR0 para que salte a la subrutina de servicio de interrupción, en la subrutina de servicio considere la instrucción RRC A y escriba el contenido de registro A después de su ejecución. Ejecute RETI para regresar nuevamente al programa principal en lazo infinito.

2. Construya el sistema digital mostrado en la figura 16.46 y verifique su funcionamiento. Tome foto a color a la pantalla.

3. Modifique DELAY1 para que los leds del display de 7 segmentos se muevan cada segundo, esto implica calcular el número de veces que se tiene que repetir la semilla generada por TMR1. Con este cambio muestre a su instructor su funcionamiento.

4. Incluya en su hoja de trabajo (Anexo 16.15) la subrutina DELAY1 modificada.

Simulación de TMR.ASM modificado en Proteus

Con TMR.ASM modificado construya el sistema digital mostrado en la figura 16.46 y muestre al instructor su funcionamiento.

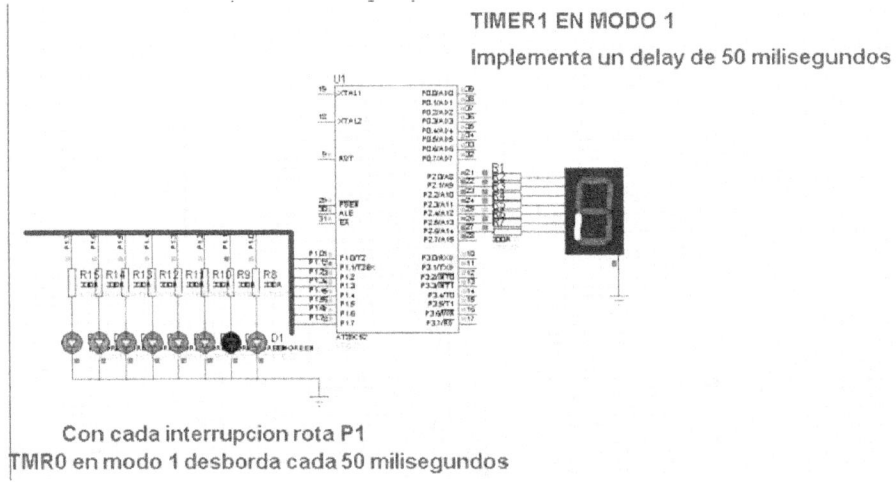

Figura 16.46: Sistema digital de TMR.ASM en Proteus

Segunda Parte

Edite ContadorBCD.asm, ensamble, corra y verifique su funcionamiento.

Código Fuente de ContadorBCD.asm

El código correspondiente se encuentra listado dentro de los programas 21 y 23

Programa 21 Contador BCD de dos dígitos

```
*************************************************************************
; Descripcion: Contador BCD de dos digitos con puerto P2 multiplexado
; para la gestion  de los dos digitos del contador BCD. El registro R1
; representa al digito de las unidades y el registro R2 al digito de
; las decenas. Para la seleccion de los digitos se usa P3.0 y P3.1. Pa-
; ra el refrescamiento del display se usa la interrupcion por desborde
; de TMR0 configurado en modo 1,la interrupcion se genera cada 3 mili-
; segundos.
;************************************************************************
FLAG      BIT      00H;variable tipo bit. Bit 0 de loc 20H en memoria RAM
          ORG      0x000
INICIO: LJMP       INICIO1
;                  INTERRUPCION TIMER 0
;************************************************************************
; SUBRUTINA DE SERVICIO PARA TIMER 0
          ORG      000BH   ;VECTOR 000BH ASOCIADO CON "TIMER 0"
          LJMP     INTMR0;SALTA A CUERPO DE SUBRUTINA DE SERVICIO
;************************************************************************
          ORG      0080H
INICIO1:  MOV      SP,#2FH; INICIO DE LA PILA 2F+1
          NOP
          CLR      FLAG
          LCALL    TMR0INI
          MOV      P2,#00H ; puerto P2 salida
          MOV      P0,#0FFH ; P3 salida, selecciona digitos
          NOP
          CLR      P3.0
          CLR      P3.1
          MOV      R1,#0  ;
          MOV      R2,#0  ;
BUCLE1: INC      R1  ;
          CJNE     R1,#0AH,PAUSA
          MOV      R1,#0  ;
          INC      R2  ;
          CJNE     R2,#0AH,PAUSA
          MOV      R2,#0  ;
PAUSA:    ACALL    DELAY ;DEFINE velocidad del conteo.
          JMP      BUCLE1
;************************************************************************
TMR0INI:  ORL      IE,#10000010B;habilita interupcion de TMR0
          MOV      TMOD,#00000001B;configura TMR0 en MODO 1
          LCALL    TMR0RUN;carga y arranque de TMR0
          RET
;************************************************************************
TMR0RUN:
;Esta subrutina recarga y arranca TMR0.
;El calculo del valor hexadecimal  de la recarga de TMR0 es el siguiente:
;Se usa XTAL=11.0592 MHz.
; T=(12/FOSC)x(65536-valor) ==> T= 1.085 useg x (65536-VALOR)
;Para T=1 mseg:     valor=TH0:TL0=64614==>0FC66H
;Para T=3 mseg:     valor=TH0:TL0=62771==>0F533H
;Para T=1/20 seg: valor=TH0:TL0=19453==>4BFDH
;Para T=1/30 seg: valor=TH0:TL0=34814==>87FEH
          CLR      TR0                 ;detiene conteo
          MOV      TH0,#0F5H           ;carga TMR0: con F583H
          MOV      TL0,#33H            ; = 3 milisegundos
          SETB     TR0                 ;reinicia conteo
          RET
;************************************************************************
```

448

```
INTMR0:  ;Subrutina de Servicio de Interrupcion de TMR0.
                  ;Lo primero que hace es reinicializar y arrancar TMR0.
                  LCALL   TMR0RUN  ;recarga y arranca TMR0
                  NOP
                  JNB     FLAG,DIG1 ;FLAG determina digito a refrescar
                  SETB    P3.1 ;deshabilita digito menos significativo
DIG10:            MOV     A,R2 ;
                  MOV     DPTR,#100H
                  MOVC    A,@A+DPTR; obtener codigo 7 segmentos
                  MOV     P2,A ;
                  CLR     P3.0 ;habilita digito mas significativo
                  JMP     SALIR
DIG1:             SETB    P3.0 ;deshabilita digito mas significativo
                  MOV     A,R1
                  MOV     DPTR,#100H
                  MOVC    A,@A+DPTR ;obtener codigo 7 segmentos
                  MOV     P2,A ;
                  CLR     P3.1 ;habilita digito menos significativo
SALIR:            CPL     FLAG
                  RETI    ;regresa al programa principal
;***********************************************************************
;TABLA DE CODIGO DE 7 SEGMENTOS PARA DISPLAY   CATODO COMUN
                  ORG            100h
TABLA:   DB            03FH; "0"
                  DB             006H; "1"
                  DB             05BH; "2"
                  DB             04FH; "3"
                  DB             066H; "4"
                  DB             0EDH; "5"
                  DB             0FCH; "6"
                  DB             0A7H; "7"
                  DB             07FH; "8"
                  DB             0EFH; "9"

;***********************************************************************
;TABLA DE CODIGO DE 7 SEGMENTOS PARA DISPLAY   ANODO COMUN
;                 ORG            100H
;TABLA: DB             0C0H    ;0
                  DB             0F9H      ;1
                  DB             0A4H      ;2
                  DB             0B0H      ;3
                  DB             99H       ;4
                  DB             92H       ;5
                  DB             82H       ;6
                  DB             0F8H      ;7
                  DB             80H       ;8
                  DB             90H       ;9
                  DB             88H       ;a
                  DB             83H       ;b
                  DB             0C6H      ;c
                  DB             0A1H      ;d
                  DB             86H       ;e
                  DB             8EH       ;f
;Subrutina DELAY, con cristal de 11.0592 MHz consume 214.77 ms
DELAY:   MOV     R3,#255
DEL1:             MOV     R4,#255
DEL2:             NOP
                  DJNZ    R4,DEL2
                  DJNZ    R3,DEL1
                  RET
                  END
```

Análisis de ContadorBCD.ASM

1. En uVision4 ejecute paso a paso hasta ingresar a BUCLE1, emule desborde de TMR0 para que salte a la subrutina de servicio de interrupción.

2. Por primera vez en la subrutina de servicio, Cuál es el contenido del registro A después de ejecutar MOVC A, @A+DPTR ? .

3. Ejecute RETI para regresar nuevamente al programa principal BUCLE1.

4. Construya el sistema digital mostrado en la figura 16.47 y verifique su funcionamiento. Tome foto a color a la pantalla.

5. Modifique DELAY para que ContadorBCD de dos digitos cuente segundos. Muestre a su instructor el contador de segundos.

6. Incluya en su hoja de trabajo (Anexo 16.15) la subrutina DELAY modificada.

Simulación de ContadorBCD.ASM modificado en Proteus

Con ContadorBCD.ASM modificado construya el sistema digital mostrado en la figura 16.47 y muestre al instructor su funcionamiento.

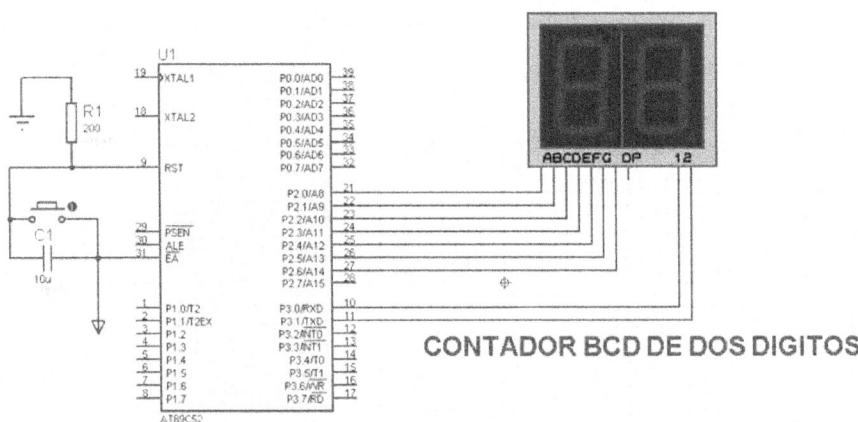

Figura 16.47: Sistema digital de ContadorBCD.ASM en Proteus

16.15.   ANEXO PRÁCTICA 8

Hoja de Trabajo

****

RESPONDER:

1. En Parte A: al entrar por primera vez en la subrutina de servicio de interrupción determine el contenido del registro A después de ejecutar RRC A.

2. En Parte A: reescriba el lazo infinito LOOP1 para que los leds del display de siete segmentos se muevan en el sentido contrario a las manecillas del reloj.

3. En Parte A: escriba aquí la subrutina DELAY1 modificada y basada en TMR1 en modo 1 para que los leds del display de 7 segmentos se muevan con cada segundo.

4. En Parte B: al entrar por primera vez en la subrutina de servicio determine el contenido del registro A después de ejecutar MOVC A, @A+DPTR.

5. En Parte B: calcule el valor hexadecimal de carga de TMR0 en modo 1 para que genere una interrupción cada 10 milisegundos. Muestre todos sus cálculos.

6. En parte B: escriba aquí la subrutina DELAY modificada para que ContadorBCD cuente segundos.

****

451

16.16. Práctica 9: Teclado Matricial 4x4 + Pantalla LCD Alfanumérica

16.16.1. OBJETIVOS

- Familiarizar al estudiante con la gestión en lenguaje ensamblador de un teclado matricial 4x4.

- Familiarizar al estudiante con la gestión en lenguaje ensamblador de una pantalla LCD alfanumérica.

- Conjunto de instrucciones en sitio web: http://www.8052.com/set8051

16.16.2. CONTENIDO

- Primera Parte: Gestión de Teclado Matricial 4x4

  - Introducción.
  - Diagrama de flujo de la gestión de teclado.
  - Fichero INCLUDE (GKEYPAD1.ASM)
  - Programa Fuente KEYPAD1.ASM.
  - Esquemático para KEYPAD1.

- Segunda Parte: Gestión de Pantalla LCD 2x16

  - Introducción.
  - Programa Fuente LCD01.ASM.
  - Fichero INCLUDE (LCD2X16.ASM)
  - Simulación: Esquemático para LCD1.
  - Hoja de trabajo.

- Tercera Parte: Tarea

  - Especificaciones de la tarea a desarrollar en casa.

16.16.3. PRIMERA PARTE: GESTIÓN DE TECLADO MATRICIAL 4X4

Introducción

Un teclado matricial, como el de la figura 16.48 es un simple arreglo de botones conectados en filas y columnas, de modo que se pueden leer varios botones con el mínimo número de pines requeridos. Un teclado matricial 4x4 solamente ocupa 4 líneas de un puerto para las filas y otras 4 líneas para las columnas, de este modo se pueden leer 16 teclas utilizando solamente 8 líneas de un microcontrolador. Para eliminar los rebotes generados por una botonera o tecla es necesario introducir un retardo de aproximadamente 20 milisegundos como se muestra a continuación. De igual manera cuando se utiliza un teclado debemos eliminar rebotes cada vez que el usuario oprima una tecla. Una comparación entre un procedimiento con y sin antirebotes se da en la figura 16.49.

Figura 16.48: Teclado Matricial 4x4

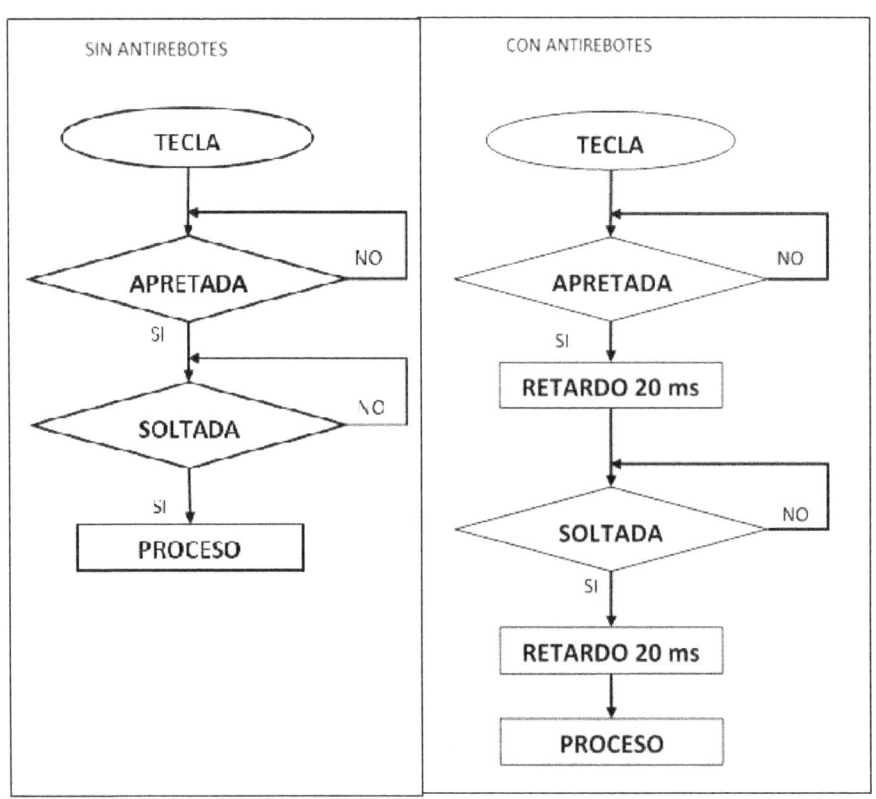

Figura 16.49: Procedimiento con y sin antirebotes

Diagrama de flujo de la gestión de teclado

Para explicar de mejor manera como se desarrollará la gestión del teclado se presenta un Diagrama de Flujo de Exploración de Teclado (figura figura 16.50), en el que se observa que si el usuario no apreta ninguna tecla la exploración continua indefinidamente mientras que cuando se oprime una tecla sale con el número de orden de la tecla pulsada.

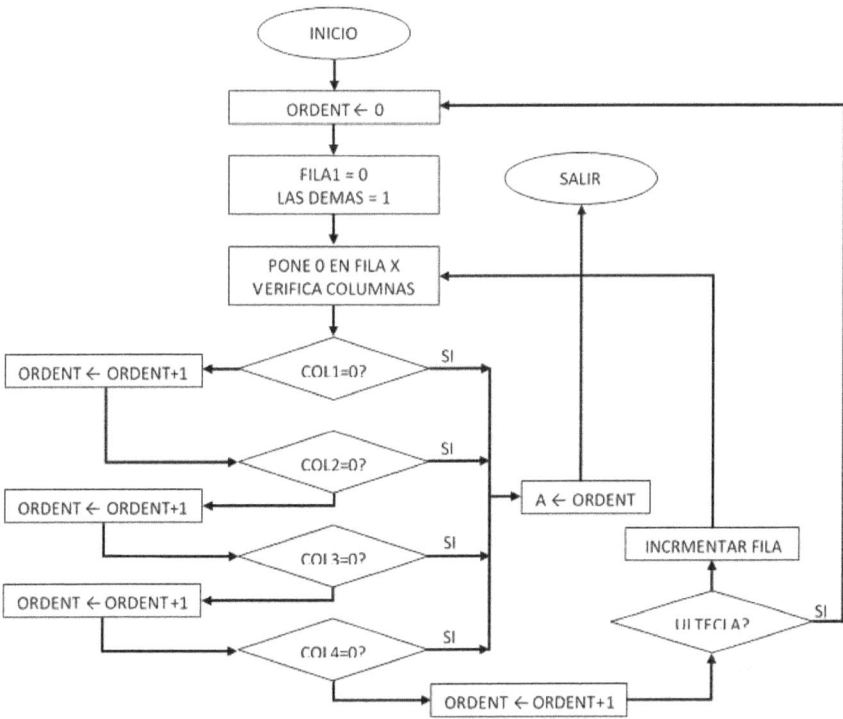

Figura 16.50: Diagrama de Flujo de Exploración de Teclado

Fichero INCLUDE (GKEYPAD1.ASM)

Para una eficiente codificación del programa principal KEYPAD1.ASM utilizaremos un fichero llamado GKEYPAD1.ASM que lo adjuntaremos al código de nuestro programa principal mediante la instrucción INCLUDE (GKEYPAD1.ASM). Este fichero contiene las subrutinas siguientes:

- EXPLORA: explora teclado matricial 4x4 hasta que usuario oprima una tecla. Usa puerto P1 para la gestión del teclado.

- Filas: P1.0, P1.1, P1.2 y P1.3 salidas

- Columnas: P1.4, P1.5, P1.6 y P1.7 entradas

- DELAY20MS: usada para eliminar rebotes

- Tabla ORDA7SEG: convierte No. de orden de tecla a código de 7 segmentos

El código correspondiente a GKEYPAD1.ASM se encuentra listado dentro de los programas 23 y 24

Programa 23 Fichero GKEYPAD1.ASM

```
;*******************************************************************
; Archivo INCLUDE (GKEYPAD1.ASM)
;*******************************************************************
; Teclado Hexadecimal 4x4 modelo proteus
;               DB       07H, 08H, 09H, 0AH
;               DB       04H, 05H, 06H, 0BH
;               DB       01H, 02H, 03H, 0CH
;               DB       0FH, 00H, 0EH, 0DH
;*******************************************************************
; El # de orden de las teclas es:
;               DB       01, 02, 03, 04
;               DB       05, 06, 07, 08
;               DB       09, 10, 11, 12
;               DB       13, 14, 15, 16
;*******************************************************************
EXPLORA:        MOV      A, #0X00
                MOV      ORDENT, A
                MOV      A, #0FEH
NEXT:           INC      ORDENT
CO:             MOV      P1, A; 0xFE (habilita primera fila con un 0).
                JB       P1.4, C1
                SJMP     SALIR0
C1:             INC      ORDENT
                JB       P1.5, C2
                SJMP     SALIR1
C2:             INC      ORDENT
                JB       P1.6, C3
                SJMP     SALIR2
C3:             INC      ORDENT
                JB       P1.7, UTECLA
                SJMP     SALIR3
UTECLA: MOV     R4, ORDENT
        CJNE R4, #16D, ROTAFILA; verifica si ultima tecla es (#16).
                MOV      ORDENT, #0X00
                SJMP     EXPLORA
ROTAFILA:RL     A; rota para habilitar siguiente fila
                         ;(se habilita con un cero).
                SJMP     NEXT
SALIR0: MOV     A, ORDENT; coloca numero de orden en registro A
                LCALL    DELAY20MS; elimina rebotes al apretar tecla
COL4:   JNB     P1.4, COL4; espera hasta que usuario afloja tecla
                ACALL    DELAY20MS; elimina rebotes al aflojar tecla
                RET      ; retorna a programa principal
SALIR1: MOV     A, ORDENT
                LCALL DELAY20MS
COL5:           JNB      P1.5, COL5
                ACALL    DELAY20MS
                RET
SALIR2: MOV     A, ORDENT
                LCALL    DELAY20MS
COL6:           JNB      P1.6, COL6
                ACALL    DELAY20MS
                RET
SALIR3: MOV     A, ORDENT
                ACALL    DELAY20MS; elimina rebotes
COL7:           JNB      P1.7, COL7
                LCALL    DELAY20MS; elimina rebotes
                RET
;*************************************************************
```

```
;*******************************************************************
;  Subrutina DELAY20MS
;  Retardo de 20 ms usada para eliminar rebotes
;  XTAL=12.0 MHz.
DELAY20MS:      MOV       R2, #20
LAZO2:          MOV       R3, #250
LAZO1:          NOP
                NOP
                DJNZ      R3, LAZO1
                DJNZ      R2, LAZO2
                RET
;*******************************************************************
;               ORG       $
;  Tabla de codigo de 7 segmentos para display catodo comun.
;  TABLA:        NOP
;               DB        3FH;      "0"
;               DB        06H;      "1"
;               DB        5BH;      "2"
;               DB        4FH;      "3"
;               DB        66H;      "4"
;               DB        0EDH;     "5"
;               DB        0FCH;     "6"
;               DB        0A7H;     "7"
;               DB        7FH;      "8"
;               DB        0EFH;     "9"
;*******************************************************************
;  ORDA7SEG convierte el numero de orden de tecla en codigo de 7 segmen-
;  tos. El registro A contiene el numero de orden de la tecla apretada
;  en teclado 4x4. La instruccion MOVC A,@A+DPTR accede ORDA7SEG donde
;  el registro A actua como indice que apunta al codigo de 7 segmentos
;  correspondiente al numero de orden almacenado en A. Ver teclado hexa-
;  decimal 4x4 modelo proteus.
;*******************************************************************
                ORG       $
ORDA7SEG:       DB        00H       ;
                DB        07H       ; 7 numero de orden 1
                DB        7FH       ; 8
                DB        0EFH      ; 9
                DB        77H       ; A
                ;─────────────────
                DB        66H       ; 4 numero de orden 5
                DB        0EDH      ; 5
                DB        07DH      ; 6
                DB        7CH       ; B
                ;─────────────────
                DB        06H       ; 1 numero de orden 9
                DB        5BH       ; 2
                DB        4FH       ; 3
                DB        39H       ; C
                ;─────────────────
                DB        71H       ; F numero de orden 13
                DB        3FH       ; 0
                DB        79H       ; E
                DB        5EH       ; D numero de orden 16
                ;─────────────────
;*******************************************************************
;               Fin de archivo INCLUDE
;*******************************************************************
```

Programa Fuente KEYPAD1.ASM

KEYPAD1.ASM explora un teclado matricial 4x4, visualiza el número de orden de la tecla que el usuario oprime en el puerto P3, además muestra en un display de 7 segmentos el dígito hexadecimal que corresponde a la tecla pulsada.

Como ejemplo de teclado 4x4 se usa el modelo disponible en Proteus. Este programa usa el fichero INCLUDE (GKEYPAD1.ASM).

Edite KEYPAD1.ASM, ensamble, corra y verifique su funcionamiento.

El código correspondiente a KEYPAD1.ASM se encuentra listado dentro del programa 25.

Programa 25 KEYPAD1.ASM

```
;*********************************************************************
; Programa: KEYPAD1.ASM
; Descripcion: Este programa explora un teclado matricial 4x4, visualiza
; el numero de orden en puerto P3 de tecla que el usuario oprime, ademas
; muestra en un display de 7 segmentos el digito hexadecimal que corres-
; ponde con la tecla pulsada. Como ejemplo de teclado 4x4 se usa el mode-
; lo disponible en proteus.
; Usa fichero INCLUDE (GKEYPAD1.ASM).
;*********************************************************************
; Programa Principal
                ORG     0x000
                LJMP    INICIO
                $INCLUDE (GKEYPAD1.ASM)
                NOP
INICIO:         NOP
                MOV     DPTR, #ORDA7SEG
                MOV     P2, #00; P2 SALIDA
                MOV     P3, #00; P3 SALIDA
LAZO:           NOP
                LCALL   EXPLORA ; retorna numero de orden en registro A
                MOV     P3, A; visualiza No. de orden de tecla apretada
                MOVC A,@A+DPTR; accede tabla de conversion a 7 segmentos
                MOV     P2, A; visualiza valor hex de la tecla apretada
                SJMP    LAZO
                END
;*********************************************************************
```

Analizar KEYPAD1: estudiar el funcionamiento de subrutina EXPLORA.

1. Arranque el Debug.

2. En la pestaña periféricos habilite Port 1, Port 2 y Port 3.

3. Inicie acciones paso a paso hasta la ejecución de subrutina EXPLORA.

4. Durante la ejecución de subrutina EXPLORA haga 2 veces clic en la patita P1.4 de Port 1.

5. Ejecute MOV P3, A. Escriba el No. de orden que se visualiza en P3.

6. Ejecute MOVC A, @A+DPTR.

7. Ejecute MOV P2, A: escriba el valor hexadecimal que se visualiza en P2.

8. En el teclado matricial 4x4 identifique la tecla correspondiente.

9. Repita paso 4 con patita P1.5, P1.6 y con P1.7.

Esquemático para KEYPAD1

Construya el sistema digital indicado en la figura 16.51 y muestre al instructor su funcionamiento.

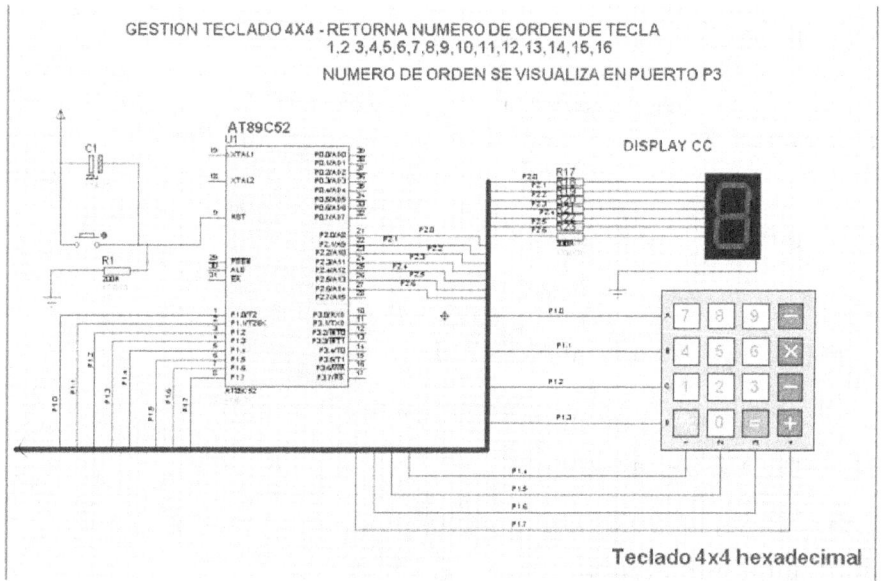

Figura 16.51: Esquemático para KEYPAD1.ASM

16.16.4. SEGUNDA PARTE: GESTIÓN DE PANTALLA LCD 2X16

Introducción

Pantalla LCD

Una pantalla LCD 2x16 contiene 2 líneas de texto con 16 caracteres visibles cada una. Cada caracter consiste de una matriz de puntos de 5x7 o 5x10. El control del contraste se lo hace aplicando un voltaje variable a la patita VEE tal como se ilustra en la figura 16.52.

Algunas pantallas incorporan un led azul o verde para la luz de fondo lo que requiere de un resistor (330R) limitante de corriente. La unidad de control de estas pantallas se basa en el microcontrolador Hitachi HD44780, toda la información necesaria para su funcionamiento llega a las patitas D7 D6 D5 D4 D3 D2 D1 D0 donde el HD44780 la procesará como comando o como dato (ASCII), lo cual depende del estado de la patita RS:

- RS=0 lo trata como comando

- RS=1 lo trata como dato (ASCII)

Estas pantallas LCD contienen tres bloques de memoria:

- DDRAM Display Data RAM;

- CGRAM Character Generator RAM; y

- CGROM Character Generator ROM

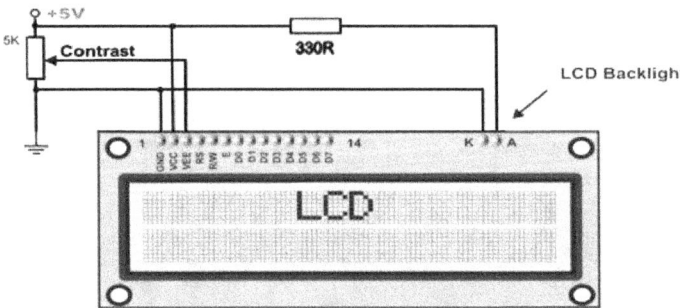

Figura 16.52: Pantalla LCD 2x16

En la figura 16.53 se muestran los Comandos para el controlador LCD (Controlador Hitachi HD44780):

COMANDOS	RS	RW	D7	D6	D5	D4	D3	D2	D1	D0	TIEMPO DE EJECUCIÓN
Borrar display	0	0	0	0	0	0	0	0	0	1	1.64mS
Cursor a inicio	0	0	0	0	0	0	0	0	1	x	1.64mS
Modo de funcionamiento	0	0	0	0	0	0	0	1	I/D	S	40uS
Control ON/OFF	0	0	0	0	0	0	1	D	U	B	40uS
Desplazamiento del cursor	0	0	0	0	0	1	D/C	R/L	x	x	40uS
Modo de transferencia	0	0	0	0	1	DL	N	F	x	x	40uS
Acceso a memoria CG RAM	0	0	0	1	Dirección de la CG RAM						40uS
Acceso a memoria DD RAM	0	0	1	Dirección de la DD RAM							40uS
Leer bandera 'ocupado'	0	1	BF	Dirección de la DD RAM							-
Escritura CGRAM/DDRAM	1	0	D7	D6	D5	D4	D3	D2	D1	D0	40uS
Lectura CGRAM/DDRAM	1	1	D7	D6	D5	D4	D3	D2	D1	D0	40uS

I/D	1 = Incremento (en 1) 0 = Decremento (en 1)		R/L	1 = Desplazamiento a la derecha 0 = Desplazamiento a la izquierda
S	1 = Desplazamiento del display encendido 0 = Desplazamiento del display apagado		DL	1 = Interfaz a 8 bits 0 = Interfaz a 4 bits
D	1 = Display encendido 0 = Display apagado		N	1 = Display en dos líneas 0 = Display en una línea
U	1 = Cursor encendido 0 = Cursor apagado		F	1 = Formato a 5x10 puntos 0 = Formato a 5x7 puntos
B	1 = Parpadeo del cursor encendido 0 = Parpadeo del cursor apagado		D/C	1 = Desplazamiento del display 0 = Desplazamiento del cursor

Figura 16.53: Comandos Controlador Hitachi HD44780

Programa Fuente LCD01.ASM

Edite LCD01.ASM, ensamble, corra y verifique su funcionamiento. El código correspondiente a LCD01.ASM se encuentra listado dentro del programa 26.

Programa 26 LCD01.ASM

```
;*********************************************************************
; Programa: LCD01.ASM
; Descripcion: Este programa pone en movimiento un mensaje en una Pan-
; talla LCD 2x16.Para gestion de Pantalla LCD 2x16 se incluye el fi-
; chero INCLUDE (LCD2x16.ASM). Se usa la directiva INCLUDE. XTAL=12MHz
; *********************************************************************
;                   PROGRAMA PRINCIPAL
                    ORG      0000H
                    LJMP     INICIO
                    $INCLUDE (LCD2X16.ASM)
                    NOP
INICIO:             MOV      P3, #00H
ACALL  LCD_INI

                    ACALL    LCD_CLR
                    ACALL    LCD_MOV_IZQ
REPITE:  ACALL      LCD_F1_C17
                    MOV      R1, #00H
                    CLR      A
                    MOV      DPTR, #MENSAJE; direccion base del mensaje
LAZO:               MOVC     A,@A+DPTR
                    CJNE     R1, #30H, SEGUIR; verifica fin cadena
                                            ; de caracteres
                    SJMP     REPITE
SEGUIR:  ACALL      LCD_DATO
                    ACALL    DELAY; determina velocidad del movimiento
                    INC      R1
                    MOV      A, R1
                    SJMP     LAZO
                    NOP
; *********************************************************************
                    ORG      $
MENSAJE:            DB       'MICROCONTROLADOR AT89S52','0'
                    ; El ASCII '0' se usa como FIN de la
                    ;cadena de caracteres
; *********************************************************************
                    END
```

Fichero INCLUDE (LCD2X16.ASM)

El código correspondiente a LCD01.ASM se encuentra listado dentro de los programas 27 y 28.

Programa 27 Fichero INCLUDE (LCD2X16.ASM)

```
; ******************************************************************
; Fichero INCLUDE (LCD2X16.ASM)
; ******************************************************************
; Bus datos Puerto P2 interfaz de 8 bits. Control RS y EN las patitas
; P3.6 y P3.7 respectivamente.Listado de subrutinas para la gestion
; de una pantalla LCD 2x16 alfanumerica.
; P_EN: Genera pulso de 1 us. XTAL=12 MHz. DELAY2MS .DELAY50US
; ******************************************************************
; Definicion de patitas para el control de la pantalla LCD.
; P2 es el puerto de datos para LCD.
            EN                EQU        P3.7
            RS                EQU        P3.6
; ******************************************************************
; Subrutina P_EN, segun hoja de datos de la pantalla LCD duracion mi-
; nima 250 nseg.
            P_EN:             SETB        EN
                    NOP
                    CLR        EN
                    RET
; ******************************************************************
; LCD_INI: Esta rutina se encarga de realizar la secuencia de inicia-
; lizacion del modulo LCD de acuerdo con los tiempos dados por el fa-
; bricante. Se especifican los valores de DL (interfaz), N (# de li-
; neas) y F (Font). Interfaz de 8 lineas con el bus de datos del MICC,
; 2 lineas de 16 caracteres de 5 x 10 pixeles.
    LCD_INI:MOV     A, #3CH; interfaz de 8 bits , 1 linea , 5x10 puntos
            ACALL   LCD_CMD
            MOV     A, #0CH; (D=1) enciende pantalla , apaga cursor
            ACALL   LCD_CMD
            RET
; ******************************************************************
; Esta subrutina procesa un comando, el comando debe colocarse en el
; registro A.
        LCD_CMD:        CLR     RS; Hitachi procesa comando.
            MOV     P2, A; Colocar comando en bus datos
            ACALL   P_EN; Pulso
            ACALL   DELAY50US; espera 50 us.
            RET                 ; Regresa
; ******************************************************************
; Esta subrutina procesa un dato (ASCII). El dato debe colocarse en
; registro A.
        LCD_DATO:       SETB    RS; Define dato
            MOV     P2, A; El dato viene en ACC
            ACALL   P_EN; Pulso
            ACALL   DELAY50US; Espera 50 us
            RET     ; Regresa
; ******************************************************************
; Esta subrutina borra DDRAM y retorna el cursor a casa (primera fila ,
; primera columna).
        LCD_CLR:MOV     A, #01H; Borra pantalla (DDRAM), cursor a casa.
            ACALL   LCD_CMD; ejecuta comando.
            ACALL   DELAY2MS; esperar 2 ms
            RET                 ; Retorna
; ******************************************************************
; Esta subrutina ubica el cursor en la primera fila primera columna.
        LCD_FILA1:MOVA, #80H; cursor a primera fila , primera columna
            ACALL   LCD_CMD
            RET
; ******************************************************************
```

```
; ******************************************************************
; Esta subrutina ubica el cursor en la segunda fila primera columna.
LCD_FILA2:MOV A, #0C0H; cursor a segunda fila , primera columna
                ACALL   LCD_CMD
                RET
; ******************************************************************
; Esta subrutina ubica el cursor en la primera fila primera columna 17
; primera posicion oculta.
LCD_F1_C17:     MOV     A, #90H; cursor a primera fila columna 17
                ACALL   LCD_CMD;
                RET
; ******************************************************************
; Esta subrutina mueve pantalla y cursor. La pantalla desplaza a la
; izquierda y el cursor se auto-incrementa con cada escritura en DDRAM.
LCD_MOV_IZQ:MOV A, #07H; 000001 I/D S:modo entrada datos: la pantalla
                ACALL   LCD_CMD; desplaza a la izquierda
                RET             ; y cursor autoincrementa.
; ******************************************************************
; Esta subrutina mueve pantalla a la izquierda sin escribir o leer
; DDRAM
LCD_IZQ:                MOV     A, #18H
                        ACALL   LCD_CMD
                        RET
; ******************************************************************
; Esta subrutina mueve pantalla a la derecha sin escribir o leer
; DDRAM
LCD_DER:                MOV     A, #1CH
                        ACALL   LCD_CMD
                        RET
; ******************************************************************
                ORG     $; 100H
; Subrutina DELAY50US
DELAY50US:      MOV     R3, #02H
DEL2:           MOV     R2, #06H
DEL1:           NOP
                DJNZ    R2, DEL1
                DJNZ    R3, DEL2
                RET
; ******************************************************************
; Subrutina DELAY2MS. Con XTAL=12 MHz.
; Para 2.3 milisegundos R3=03H
; Para 4.5 milisegundos R3=06H
DELAY2MS:       MOV     R3, #06H
DEL2M:  MOV     R2, #0FFH
DEL1M:  NOP
                DJNZ    R2, DEL1M
                DJNZ    R3, DEL2M
                RET
; ******************************************************************
; Retardo aproximado de 0.154 segundos
DELAY:  MOV     R3, #200
DEL21:          MOV     R2, #0FFH
DEL11:          NOP
                DJNZ    R2, DEL11
                DJNZ    R3, DEL21
                RET
; ******************************************************************
;               Fin de archivo INCLUDE
; ******************************************************************
```

467

Analizar LCD01

Estudiar el funcionamiento de las subrutinas del fichero INCLUDE.
Arranque el Debug.

1. En pestaña periféricos habilite Port 2 y Port 3, en pestaña View habilite call stack windows y también memory 1.

2. Inicie acciones paso a paso hasta llegar a la instrucción ACALL LCDINI.

3. Ejecute ACALL LCDINI y escriba valor de P2. Qué representa valor de P2? Explique.

4. Ejecute ACALL LCDCLR y escriba valor de P2. Qué representa valor de P2? Explique.

5. Ejecute ACALL LCDMOVIZQ y escriba valor de P2. Qué representa valor de P2? Explique.

6. Ejecute ACALL LCDF1C17 y escriba valor de P2. Qué representa valor de P2? Explique.

7. Ejecute MOV DPTR, MENSAJE y escriba valor DPTR. Qué representa su valor? Explique.

8. En ventana memory1 ingrese dirección DPTR. Que observa en esta ventana? Explique.

9. Ejecute MOVC A, @A+DPTR y escriba valor de A. Qué representa su valor? Explique.

10. Continúe hasta etiqueta SEGUIR y ejecute ACALL LCDDATO y escriba valor de P2. Qué representa su valor? Explique. Escriba estado de bit RS.

11. Ejecute por segunda vez ACALL LCDDATO y escriba valor de P2. Qué representa su valor? Explique.

Simulación: Esquemático para LCD1

Construya el sistema digital de la figura 16.54 y muestre al instructor su funcionamiento.

PRACTICA 9: Parte B

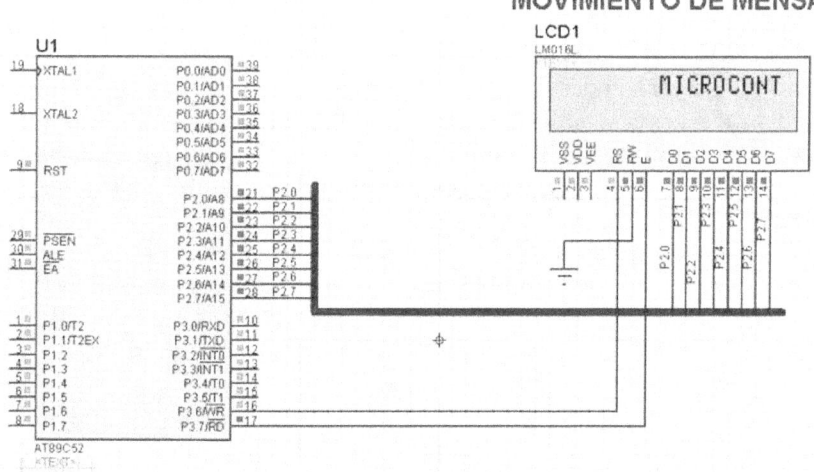

Figura 16.54: Esquemático para LCD1

Hoja de Trabajo

Ver Anexo 16.17

16.16.5. TERCERA PARTE: TAREA

Especificaciones de la tarea a desarrollar en casa

****

Dispositivos:
MICC AT89C52
Teclado matricial 4x4
Pantalla LCD 2x16
Programa: TAREA.ASM
Descripción: Diseñar un sistema digital similar a Parte A, con la diferencia de que ahora se desea visualizar en pantalla LCD un mensaje diferente para cada tecla, por ejemplo si el usuario apreta la tecla cuyo número de orden es 5 se visualiza 'orden # 5', la tecla con número de orden 10 visualiza 'orden # 10', etc..
Nota: use directiva INCLUDE.
****

16.17. ANEXO PRÁCTICA 9

Hoja de Trabajo

****

RESPONDER:

- Primera Parte:

  1. Durante la ejecución de subrutina EXPLORA haga 2 veces clic en la patita P1.4 de Port 1.

  2. Ejecute MOV P3, A. Escriba el # de orden que se visualiza en P3

  3. Ejecute MOVC A, @A+DPTR.

  4. Ejecute MOV P2, A: escriba el valor hexadecimal que se visualiza en P2=_____.

  5. En el teclado matricial 4x4 identifique la tecla correspondiente

  6. Repita con patita P1.5, P1.6 y con P1.7.

- Segunda Parte:

  1. Ejecute ACALL LCD_ INI y escriba valor de P2. ¿Qué representa valor de P2? Explique.

  2. Ejecute ACALL LCD_ CLR y escriba valor de P2. ¿Qué representa valor de P2? Explique.

  3. Ejecute ACALL LCD_ MOVIZQ y escriba valor de P2. ¿Qué representa valor de P2? Explique.

  4. Ejecute ACALL LCD_ F1_ C17 y escriba valor de P2. ¿Qué representa valor de P2? Explique.

  5. Ejecute MOV DPTR, # MENSAJE y escriba valor DPTR. ¿Qué representa su valor? Explique.

  6. En ventana memory 1 ingrese dirección DPTR. ¿Qué observa en esta ventana? Explique.

  7. Ejecute MOVC A, @A+DPTR y escriba valor de A. ¿Qué representa su valor? Explique.

  8. Continúe hasta etiqueta SEGUIR y ejecute ACALL LCD_ DATO y escriba el valor de P2. ¿Qué representa su valor? Explique. Escriba estado de bit RS.

  9. Ejecute por segunda vez ACALL LCD_ DATO y escriba valor de P2. ¿Qué representa su valor? Explique.

- Tercera Parte:

1. Simular en PROTEUS el sistema digital y muestre a su instructor el funcionamiento del programa TAREA.exe al inicio de PRÁC-TICA 10.

****

16.18. Práctica 10: Comunicación Serial de Datos (Lenguaje Ensamblador)

16.18.1. OBJETIVOS

- Familiarización con el UART del MICC AT89C52.

- Estudiar el fichero INCLUDE (GUART.ASM) para gestión del UART.

- Ingreso de datos con teclado matricial 4x4

- Comunicación del AT89C52 con Terminal Virtual, los datos ingresan por teclado ASCII de la PC.

16.18.2. CONTENIDO

- Primera Parte

  - Introducción a la comunicación serial de datos.
  - Programa Fuente UART1.ASM
  - Fichero INCLUDE (GUART.ASM)
  - Fichero INCLUDE (GKEYPAD1.ASM)
  - Diagrama esquemático: simulación

- Segunda Parte

  - Especificaciones del diseño.

16.18.3. PRIMERA PARTE

Introducción a la comunicación serial de datos

Comunicación Serial

La comunicación serial que se caracteriza por transmitir un bit detrás de otro sobre una sola línea, es una de las maneras más sencillas de poner en comunicación un microcontrolador con el mundo exterior, ya sea con una PC o con otro microcontrolador. Los tipos de comunicación pueden ser:

- Simplex: la comunicación es en un solo sentido, es decir los datos siempre viajaran del transmisor al receptor (figura 16.55).

Figura 16.55: Simplex

- Full Duplex o Duplex completo: la comunicación es en ambos sentidos simultáneamente (figura 16.56).

Figura 16.56: Full Duplex o Duplex completo

- Half Duplex o Semi-duplex: la comunicación puede ser en ambos sentidos pero NO simultáneamente (figura 16.57).

Figura 16.57: Half Duplex o Semi-duplex

El modo de comunicación puede ser:

- Síncrono: síncrono significa que el dato es enviado junto con la señal de reloj del transmisor (figura 16.58).

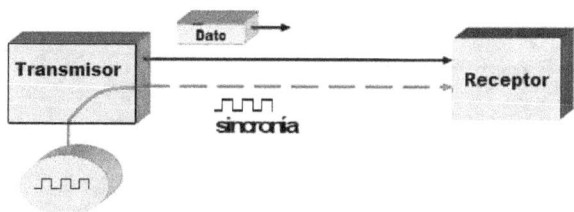

Figura 16.58: Modo de Comunicación Síncrono

- Asíncrono: significa que el transmisor y receptor tienen sus propios generadores de baudios con la misma frecuencia, pero independientes (figura 16.59).

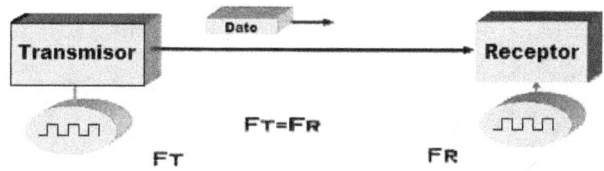

Figura 16.59: Modo de Comunicación Asíncrono

El protocolo de comunicación asíncrono con bit de arranque (start bit) y bit de parada (stop bit) asociado con el estándar RS232C se muestra en la figura 16.60:

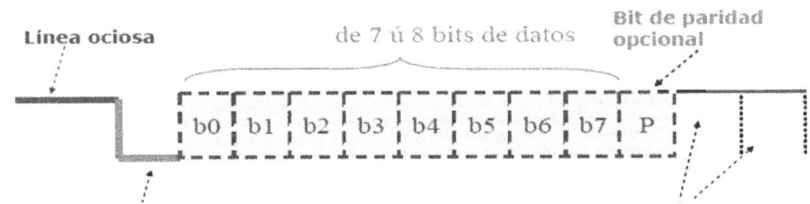

Figura 16.60: Protocolo de Comunicación Asíncrono

La especificación eléctrica del estándar RS232C es:

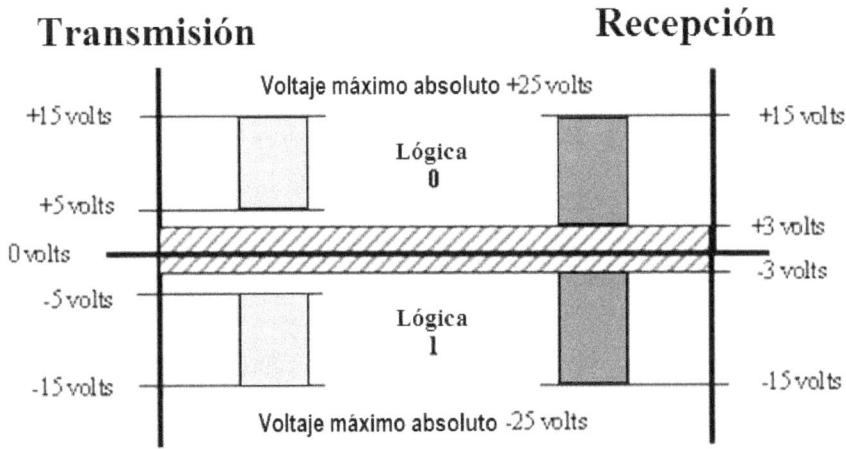

Figura 16.61: Especificación eléctrica del estándar RS232C

La especificación mecánica (conector DB9) se encuentra en la figura 16.62. El puerto serial basado en el UART con el estándar RS232C se muestra en la figura 16.63.

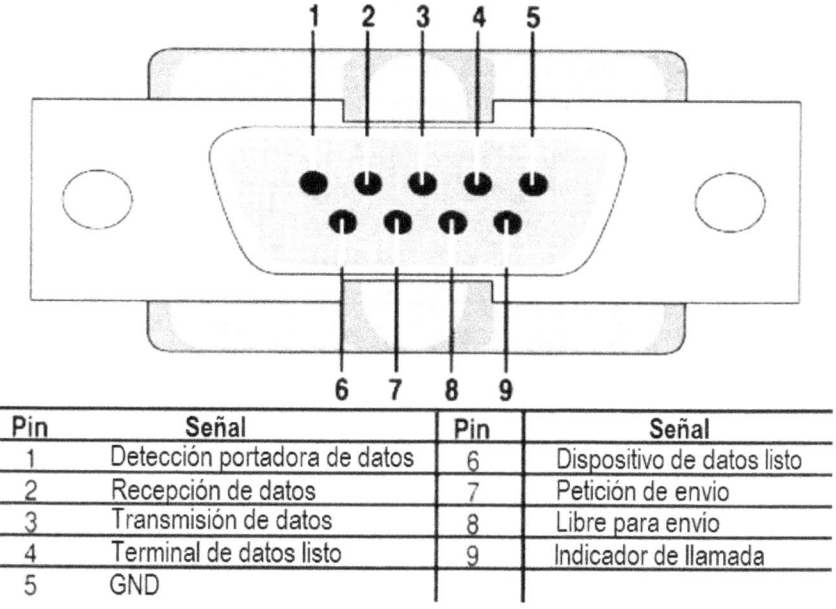

Pin	Señal	Pin	Señal
1	Detección portadora de datos	6	Dispositivo de datos listo
2	Recepción de datos	7	Petición de envio
3	Transmisión de datos	8	Libre para envio
4	Terminal de datos listo	9	Indicador de llamada
5	GND		

Figura 16.62: Especificación mecánica conector DB9

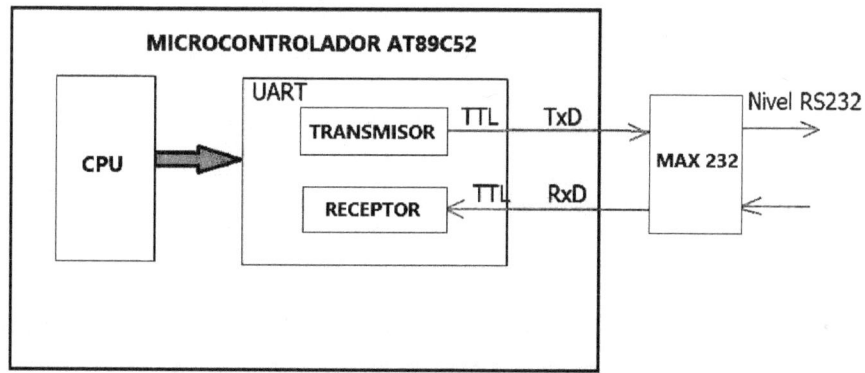

Figura 16.63: Puerto serial basado en el UART

Programación del UART en Lenguaje Ensamblador

El AT89C52 tiene dos patitas usadas para la Transmisión y Recepción serial asíncrona de datos. La patita P3.0 (RxD) para recibir y P3.1 (TxD) para transmitir, compatibles TTL.

El registro de control SCON del puerto serial (figura 16.64) es el siguiente:

SM0	SM1	MODO	DESCRIPCIÓN	TASA DE BAUDIOS
0	0	0	Registro de desplazamiento	1/12 de la frecuencia del cristal de cuarzo
0	1	1	UART de 8 bits	Determinada por el Timer1
1	0	2	UART de 9 bits	1/32 de la frecuencia de cuarzo (1/64 de la frecuencia de cuarzo)
1	1	3	UART de 9 bits	Determinada por el Timer1

Figura 16.64: Serial Port Control (SCON) Register

- SM2=0: puesto que no estamos con un sistema de múltiples procesadores.

- REN: Habilita o deshabilita el receptor. REN=1 habilita la recepción serial de datos.

- TB8: noveno bit dato, no usado en esta práctica, por lo tanto mantenga TB8=0. Usado en modo 2 y 3.

- RB8: noveno bit dato en receptor. No usado en esta práctica, por lo tanto mantenga RB8=0. Usado en modo 2 y 3.

- TI: bandera de estado del transmisor. TI=1 indica buffer del transmisor vacío. TI=0 indica buffer del transmisor lleno.

- RI: bandera del receptor. RI=1 indica buffer del receptor lleno. RI=0 indica buffer del receptor vacío.

Para transmitir bytes la programación del UART sigue los pasos siguientes:

- Cargar TMOD con 20H: indica el uso del TIMER 1 en modo2 como generador de baudios (velocidad del puerto serial).

- Para fijar los baudios cargar TH1 con el valor calculado, en lo posible, con un cristal de 11.0592 MHz.

- SCON se carga con 50H: define modo 1 (1 bit start, 1 bit stop y 8 bits datos).

- Ejecutar SETB TR1 (arranca timer 1-generador de baudios).

- CLR TI (encera bandera TI)

- El byte a transmitir se carga en el buffer del transmisor SBUF.

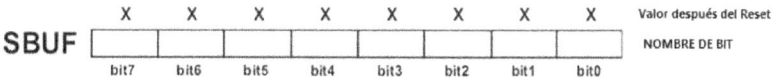

Figura 16.65: SBUF Register

- Se hace la consulta del estado de la bandera TI con: "JNB TI, xx"para saber si el byte se ha transferido completamente.

- Para continuar transmitiendo cargar SBUF con el byte siguiente, es decir repetir desde ante-penúltimo paso.

Programa Fuente UART1.ASM

UART1.ASM detecta la tecla pulsada de un teclado matricial 4x4, la identifica y le asigna un código ASCII desde una tabla.

El código ASCII de la tecla se transmite a la TERMINAL VIRTUAL en cuya pantalla se configura el caracter correspondiente.

Adicionalmente el programa visualiza en el puerto P0 el valor binario del código ASCII. Observe que el puerto P0 requiere PULLUPS.Observe también el uso de la directiva INCLUDE.

Edite UART1.ASM, ensamble, corra y verifique su funcionamiento.

El código correspondiente a UART1.ASM se encuentra listado dentro del programa 29.

Programa 29 UART1.ASM

```
;******************************************************************
; Programa: UART1.ASM
;******************************************************************
; MICC: AT89C52
; XTAL: 11.059 MHz
; Baudios: 9600 bps
;******************************************************************
; Incluye: Fichero GUART.ASM para gestion de UART.
; Incluye: Fichero GKEYPAD1.ASM para gestion de teclado matricial 4x4
;******************************************************************
;                    PROGRAMA PRINCIPAL
;******************************************************************
                ORG      00H
                LJMP     INICIO
                $INCLUDE        (GKEYPAD1.ASM)
                $INCLUDE        (GUART.ASM)
INICIO:         NOP
; Inicializa puntero de pila y puerto serial (UART)
                MOV      SP, #2Fh; inicializa puntero de pila 2F+1
                MOV      P0, #0  ; Puerto P0 salida
                ACALL    UART     ; configura y arranca el UART
;visualiza mensaje de cabecera en terminal virtual
                ACALL    MENSA
                NOP
PP:             ACALL    EXPLORA; explora teclado matricial 4x4
                MOV      P2,A; visualiza # de orden en P2
                ACALL    ORDASCII; devuelve ASCII en registro A
                MOV      P0, A       ; visualiza su valor en P0
                ACALL    SEROUT; ASCII bit a bit a la terminal vitual
                SJMP     PP; repite proceso
;******************************************************************
;Subrutina MENSA visualuza mensaje MENSAJE en Terminal Virtual
MENSA:  NOP
                MOV      DPTR, #MENSAJE; direccion del mensaje
CADENA: MOV     A, #0
                MOVC     A,@A+DPTR
                JZ       FIN ;sale con NULL caracter (0)
                ACALL    SEROUT
                INC      DPTR; incrementa puntero de datos
                SJMP     CADENA
FIN:            RET
;******************************************************************
;Subrutina que accede la tabla TASCII y devuelve en A codigo ASCII
ORDASCII:       MOV      DPTR, #TASCII
                MOVC     A,@A+DPTR
                RET
;******************************************************************
; Mensaje CABECERA termina con NULL caracter (0).
MENSAJE:        DB 'TRANSMISION SERIAL DE DATOS',13,13
                DB 'Usa Teclado Matricial 4X4', 13, 13
                DB 'Apretar cualquier tecla:', 13,0
; ******************************************************************
                END             ; Fin del PP
;******************************************************************
```

Analizar UART1: estudiar funcionamiento de las subrutinas de INCLUDE (GUART.ASM).

1. Arranque el Debug.

2. En la pestaña periféricos habilite Port 0, Port 1, Port 2 y Puerto Serial.

3. Inicie acciones paso a paso hasta llegar a la instrucción ACALL UART.

4. Ejecute la instrucción ACALL UART y observe el resultado en ventana Serial Channel.

5. Escriba estado de banderas TI, RI, de registro SBUF y la velocidad de transmisión baudios BPS.

6. Ejecute paso a paso la subrutina MENSA hasta llegar a la instrucción ACALL SEROUT.

7. Ejecute esta primera vez la instrucción ACALL SEROUT, luego escriba el estado de las banderas TI y RI y el contenido del registro SBUF.

8. Con la opción Step Out salga de la subrutina MENSA.

9. Observe que el contador del programa apunta a la instrucción ACALL EXPLORA, ejecútela.

10. Para salir de subrutina EXPLORA haga clic 2 veces en la patita P1.7 de Port 1.

11. Ejecute MOV P2, A. Escriba el No. de orden que se visualiza en P2.

12. Avance hasta la ejecución de MOV P0, A. Escriba el contenido de P0 y explique lo que representa.

13. Nuevamente ejecute ACALL SEROUT y escriba el contenido de SBUF y el estado de TI, RI.

14. Repita lazo PP si es necesario.

Fichero INCLUDE (GUART.ASM)

El código correspondiente a GUART.ASM se encuentra listado dentro del programa 30.

Programa 30 Fichero INCLUDE (GUART.ASM)

```
; ************************************************************************
;  Fichero INCLUDE (GUART.ASM)
; ************************************************************************
;  Las subrutinas para la gestion del Puerto Serial son:
;************************************************************************
;  UART: esta subrutina configura la comunicacion serial asincrona.
;************************************************************************
;  El Timer 1 se usa como generador de baudios en modo auto-racarga de
;  8 bits. Asi, el bit M1 de TMOD se pone a 1 y los bits M1, C/T y
;  GATE se ponen en cero. Bit SMOD en registro PCON puede usarse para
;  doblar la velocidad Aqui SMOD=0 se obtiene K=1. Si SMOD=1, entonces
;  K=2. SCON se usa para definir comunicacion serial en modo 1, UART
;  de 8 bits habilitar modulo  receptor con bit REN=1.Bit TR1 en  re-
;  gistro TCON se enciende para habilitar timer 1, generador baudios.
;  TI=1 indica que se ha completado la Transmision serial. El Registro
;  TH1 contiene el conteo que determina la velocidad de Transmision.
;  Con oscilador de 11.0592 MHz, TH1 es 0FDH (-3D) para 9600 bps. TH1
;  es 0E8H (-24D) para 1200 bps.
            UART:       MOV      TMOD, #20H   ;Timer 1 Mode 2
                        ANL      PCON, #7FH; SMOD = 0,
                        MOV      TH1, #0FDH; 9600 bps y 11.0592MHz
                        MOV      SCON, #50H; Enciende SM1 y REN
                        SETB     TR1              ; Arranca timer
                        SETB     TI               ; Buffer SBUF vacio
                        RET                       ; Retorno
; ************************************************************************
;  SERIN: Esta subrutina consulta el estado de RI, si RI=1 el RECEPTOR
;  mueve el dato a su registro SBUF. Cuando se lee el dato desde SBUF,
;  debemos encerar la bandera RI. RI=0 marca estatus vacio de su SBUF,
;  es decir permite recibir bit a bit el proximo dato.
; ************************************************************************
SERIN:            JNB      RI, $    ; receptor ocupado, esperar con RI=0.
                  MOV      A, SBUF; obtener byte desde SBUF con RI=1
                  CLR      RI                  ; encerar RI
                  ANL      A, #7FH; encerar MSB para ASCII
                  RET                          ; regresar
; ************************************************************************
;  SEROUT: Esta subrutina consulta el estado de TI, si TI=1 (status SBUF
;  vacio) se carga el buffer del transmisor. Debemos encerar la bandera
;  TI para marcar estatus SBUF lleno, es decir transmisor ocupado trans-
;  mitiendo el dato bit a bit.
; ************************************************************************
SEROUT: JNB       TI,$     ; TI=0, transmisor ocupado. Espera por TI=1.
                  MOV      SBUF,A   ;nuevo byte a SBUF para transmitir
                  CLR      TI       ;transmisor ocupado.
                  RET
; ************************************************************************
;  Fin de fichero INCLUDE (GUART.ASM).
; ************************************************************************
```

Fichero INCLUDE (GKEYPAD1.ASM)

Este fichero contiene las subrutinas siguientes:

- EXPLORA: explora teclado matricial 4x4 hasta que usuario oprima una tecla. Usa puerto P1 para la gestión del teclado.

- Filas: P1.0, P1.1, P1.2 y P1.3 salidas

- Columnas: P1.4, P1.5, P1.6 y P1.7 entradas

- DELAY20MS: usada para eliminar rebotes

- Tabla ORDA7SEG: convierte No. de orden de tecla a código de 7 segmentos

El código correspondiente a GKEYPAD1.ASM se encuentra listado dentro de los programas 31 y 32

Programa 31 Fichero GKEYPAD1.ASM

```
;**********************************************************************
; Archivo INCLUDE (GKEYPAD1.ASM)
;**********************************************************************
; Teclado Hexadecimal 4x4 modelo proteus
;              DB        07H, 08H, 09H, 0AH
;              DB        04H, 05H, 06H, 0BH
;              DB        01H, 02H, 03H, 0CH
;              DB        0FH, 00H, 0EH, 0DH
;**********************************************************************
; El # de orden de las teclas es:
;              DB        01, 02, 03, 04
;              DB        05, 06, 07, 08
;              DB        09, 10, 11, 12
;              DB        13, 14, 15, 16
;**********************************************************************
EXPLORA:       MOV       A, #0X00
               MOV       ORDENT, A
               MOV       A, #0FEH
NEXT:          INC       ORDENT
CO:            MOV       P1, A; 0xFE (habilita primera fila con un 0).
               JB        P1.4, C1
               SJMP      SALIR0
C1:            INC       ORDENT
               JB        P1.5, C2
               SJMP      SALIR1
C2:            INC       ORDENT
               JB        P1.6, C3
               SJMP      SALIR2
C3:            INC       ORDENT
               JB        P1.7, UTECLA
               SJMP      SALIR3
UTECLA: MOV    R4, ORDENT
        CJNE R4, #16D, ROTAFILA; verifica si ultima tecla es (#16).
               MOV       ORDENT, #0X00
               SJMP      EXPLORA
ROTAFILA:RL    A; rota para habilitar siguiente fila
                         ;(se habilita con un cero).
               SJMP      NEXT
SALIR0: MOV    A, ORDENT; coloca numero de orden en registro A
               LCALL     DELAY20MS; elimina rebotes al apretar tecla
COL4:   JNB    P1.4, COL4; espera hasta que usuario afloja tecla
               ACALL     DELAY20MS; elimina rebotes al aflojar tecla
               RET       ; retorna a programa principal
SALIR1: MOV    A, ORDENT
               LCALL DELAY20MS
COL5:          JNB       P1.5, COL5
               ACALL     DELAY20MS
               RET
SALIR2: MOV    A, ORDENT
               LCALL     DELAY20MS
COL6:          JNB       P1.6, COL6
               ACALL     DELAY20MS
               RET
SALIR3: MOV    A, ORDENT
               ACALL     DELAY20MS; elimina rebotes
COL7:          JNB       P1.7, COL7
               LCALL     DELAY20MS; elimina rebotes
               RET
;********************************************************************
```

```
;*******************************************************************
; Subrutina DELAY20MS
; Retardo de 20 ms usada para eliminar rebotes
; XTAL=12.0 MHz.
DELAY20MS:      MOV     R2, #20
LAZO2:          MOV     R3, #250
LAZO1:          NOP
                NOP
                DJNZ    R3, LAZO1
                DJNZ    R2, LAZO2
                RET
;*******************************************************************
;               ORG     $
; Tabla de codigo de 7 segmentos para display catodo comun.
; TABLA:        NOP
;               DB      3FH;    "0"
;               DB      06H;    "1"
;               DB      5BH;    "2"
;               DB      4FH;    "3"
;               DB      66H;    "4"
;               DB      0EDH;   "5"
;               DB      0FCH;   "6"
;               DB      0A7H;   "7"
;               DB      7FH;    "8"
;               DB      0EFH;   "9"
;*******************************************************************
; ORDA7SEG convierte el numero de orden de tecla en codigo de 7 segmen-
; tos. El registro A contiene el numero de orden de la tecla apretada
; en teclado 4x4. La instruccion MOVC A,@A+DPTR accede ORDA7SEG donde
; el registro A actua como indice que apunta al codigo de 7 segmentos
; correspondiente al numero de orden almacenado en A. Ver teclado hexa-
; decimal 4x4 modelo proteus.
;*******************************************************************
                ORG     $
ORDA7SEG:       DB      00H     ;
                DB      07H     ; 7 numero de orden 1
                DB      7FH     ; 8
                DB      0EFH    ; 9
                DB      77H     ; A
                ;------------------------
                DB      66H     ; 4 numero de orden 5
                DB      0EDH    ; 5
                DB      07DH    ; 6
                DB      7CH     ; B
                ;------------------------
                DB      06H     ; 1 numero de orden 9
                DB      5BH     ; 2
                DB      4FH     ; 3
                DB      39H     ; C
                ;------------------------
                DB      71H     ; F numero de orden 13
                DB      3FH     ; 0
                DB      79H     ; E
                DB      5EH     ; D numero de orden 16
                ;------------------------
;*******************************************************************
;                       Fin de archivo INCLUDE
;*******************************************************************
```

Analizar UART1: estudiar funcionamiento de las subrutinas de ambos ficheros INCLUDE.

1. Arranque el Debug.

2. En la pestaña periféricos habilite Port 0, Port 1, Port 2 y Puerto Serial.

3. Inicie acciones paso a paso hasta llegar a la instrucción ACALL UART.

4. Ejecute la instrucción ACALL UART y observe el resultado en ventana Serial Channel.

5. Escriba estado de banderas TI, RI, de registro SBUF y la velocidad de transmisión baudios BPS.

6. Ejecute paso a paso la subrutina MENSA hasta llegar a la instrucción ACALL SEROUT.

7. Ejecute esta primera vez la instrucción ACALL SEROUT, luego escriba el estado de las banderas TI y RI y el contenido del registro SBUF.

8. Con la opción Step Out salga de la subrutina MENSA.

9. Observe que el contador del programa apunta a la instrucción ACALL EXPLORA, ejecútela.

10. Para salir de subrutina EXPLORA haga clic 2 veces en la patita P1.7 de Port 1.

11. Ejecute MOV P2, A. Escriba el No. de orden que se visualiza en P2= .

12. Avance hasta la ejecución de MOV P0, A. Escriba el contenido de P0 y explique lo que representa.

13. Nuevamente ejecute ACALL SEROUT y escriba el contenido de SBUF y el estado de TI, RI.

14. Repita lazo PP si es necesario.

15. Modifique el lazo PP de tal forma que la Terminal Virtual use el Teclado ASCII de la PC en lugar del teclado matricial 4x4. Para evaluar PRACTICA 10 muestre al instructor la simulación con teclado 4x4 y con el teclado ASCII de la PC.

Diagrama Esquemático: Simulación

Construya el sistema digital indicado en la figura 16.66 y muestre al instructor su funcionamiento.

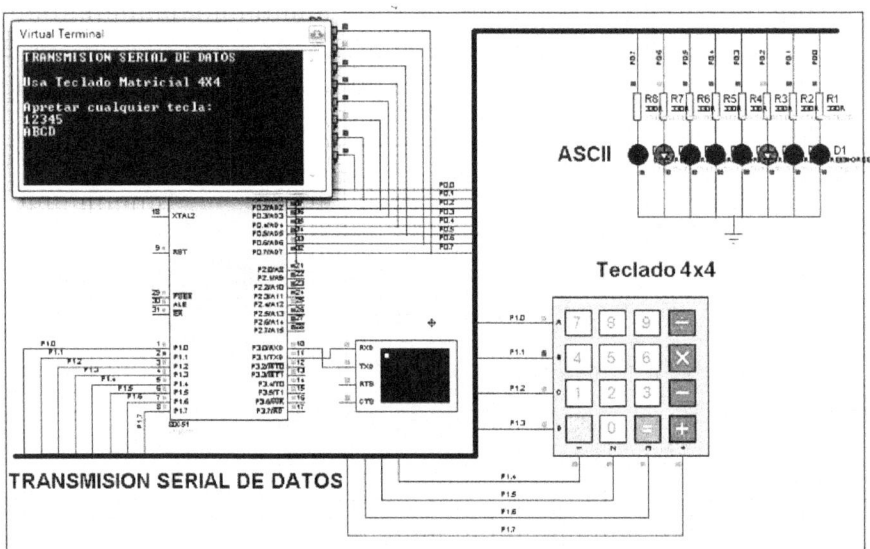

Figura 16.66: Esquemático para UART1.ASM

16.18.4. SEGUNDA PARTE

Diseño

UARTPC.ASM

```
*******************************************************************
```
Edite UARTPC.ASM, ensamble, corra y verifique su funcionamiento.
```
*******************************************************************
```
Programa: UARTPC.ASM

Especificaciones:

Poner en comunicación la Terminal Virtual con el UART de MICC AT89C52 usando interrupciones, es decir cada vez que el usuario apriete una tecla de la PC el receptor del UART genera una interrupción. Con cada interrupción la subrutina de servicio ISR ejecuta las acciones siguientes:

- Visualiza en puerto P1 el ASCII de la tecla pulsada.

- Retransmite a la Terminal Virtual el ASCII de la tecla pulsada.

- Visualiza el ASCII en pantalla LCD2x16 (conectada en puerto P2). Los caracteres ASCII aparecen de derecha a izquierda con cada escritura en DDRAM.

Lazo infinito PP hace lo siguiente:

- Espera por la tecla enter.

- Cuando el usuario apreta enter, se entra a lazo anidado LOOP1 donde la pantalla LCD se pone en movimiento con el mensaje ingresado mediante la subrutina ISR, para regresar al paso 1 en lazo PP apretar Tecla P0.0, donde nuevamente espera por Tecla enter.

Se sale de lazo infinito PP con cada interrupción.
```
;*******************************************************************
```
; Incluya: Fichero GUART.ASM para gestión de UART.
; Incluya: Fichero LCD2X16.ASM para gestión de pantalla LCD2x16.
; Use directica INCLUDE.
```
;*******************************************************************
```
SIMULACIÓN: construya el sistema digital y muestre al instructor su funcionamiento.
```
;*******************************************************************
```

489